第2版

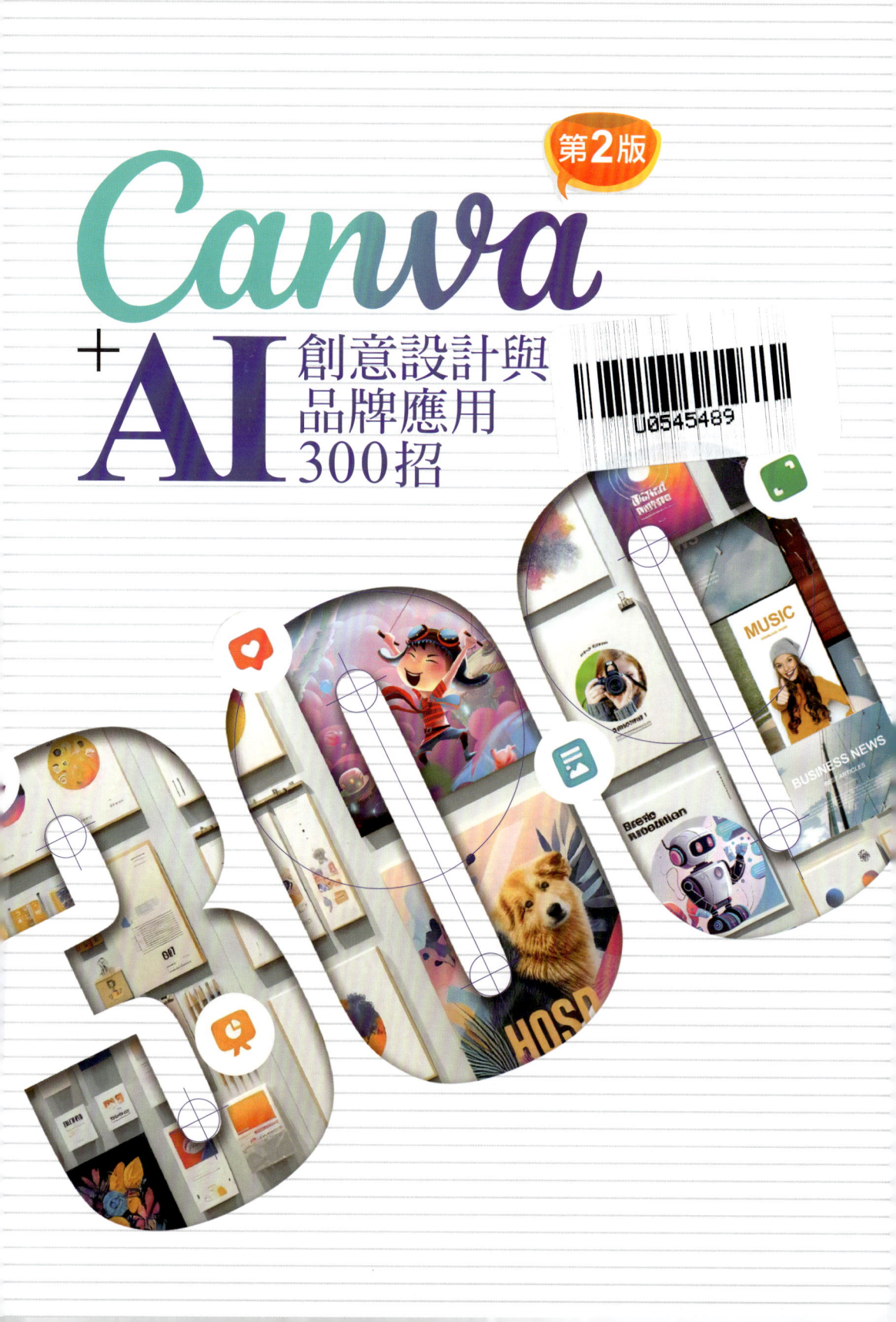

Canva
+AI 創意設計與品牌應用300招

關於文淵閣工作室
ABOUT

常常聽到很多讀者跟我們說：我就是看你們的書學會用電腦的。

是的！這就是寫書的出發點和原動力，想讓每個讀者都能看我們的書跟上軟體的腳步，讓軟體不只是軟體，而是提昇個人效率的工具。

文淵閣工作室創立於 1987 年，創會成員鄧文淵、李淑玲在學習電腦的過程中，就像每個剛開始接觸電腦的你一樣碰到了很多問題，因此決定整合自身的編輯、教學經驗及新生代的高手群，陸續推出 「快快樂樂全系列」 電腦叢書，冀望以輕鬆、深入淺出的筆觸、詳細的圖說，解決電腦學習者的徬徨無助，並搭配相關網站服務讀者。

隨著時代推進與讀者需求的多元化，文淵閣工作室在原有的 Office 及多媒體網頁設計系列基礎上，持續拓展著作範疇，涵蓋影像編修及創意應用...等多元主題。在閱讀本書過程中有任何疑問，歡迎造訪文淵閣工作室網站或透過電子郵件與我們聯繫。

- 文淵閣工作室網站　http://www.e-happy.com.tw
- 服務電子信箱　e-happy@e-happy.com.tw
- Facebook 粉絲團　http://www.facebook.com/ehappytw

總 監 製：鄧君如　　　　責任編輯：鄧君如
監　　督：鄧文淵・李淑玲　執行編輯：熊文誠・鄧君怡・李昕儒

本書學習資源
RESOURCE

本書是新手與進階玩家的最佳選擇，不藏私分享設計技巧，無論使用免費或付費版功能，都能提升創意與應用價值。內容以 Canva 線上版為示範，結合社群熱門話題與實務情境，從 **設計力**、**創作力**、**職場力** 三面向，以 Tip 導向式分類整理成十個單元。

✦ 學習地圖介紹

學習地圖頁面網址：**https://bit.ly/ehappy-ACU088100**
以電腦瀏覽器開啟即可進入 (請注意！網址輸入時須確保字母大小寫正確，以避免無法正常開啟)。若使用行動裝置，可掃描右側 QR code 進入。

- 關於文淵閣工作室
- 關於這本書
- **各單元學習資源**：依各單元操作示範使用的 AI 提示描述用句、主題範例、影片、影片...等素材檔案。
- **附錄電子檔**：包含附錄 A "Q & A 解答常見疑問" 與附錄 B "專案展示與分享" 二個主題。

✦ 取得各單元原始專案、完成專案、AI 描述詞與素材

於學習地圖 **各單元學習資源**，選按單元名稱即可進入該單元主頁。每個單元內容依照 Tip 編號整理，每個 Tip 依示範內容包含：<mark>Canva 原始專案</mark>、<mark>提問描述</mark>、<mark>素材</mark>、<mark>完成專案</mark>...等主題，分別是各單元中用到的 AI 提示詞、專案、相關文字與需匯入的資料檔案。以 **Part 06** 為例：

STEP 01 先確認目前閱讀的單元與 Tip 編號，接著於學習地圖 **各單元學習資源** 中選按要開啟的單元，在此選按 Part 06。

STEP 02 於該單元頁面，選按欲瀏覽的 Tip 編號左側 ▶，即可展開對應的詳細內容 (再按一下 ▼ 則為收合內容)。

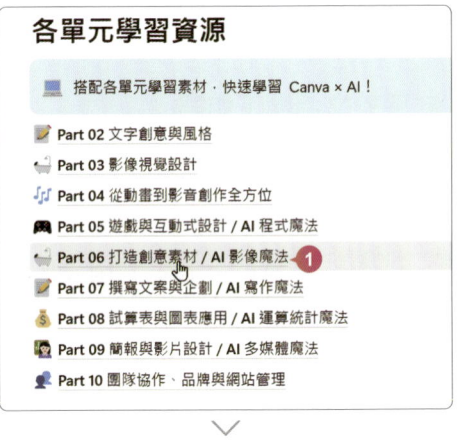

- Tip 編號
- 付費版技巧標註
- 單元編號與名稱
- 作品操作前、後展示
- AI 生圖提示描述 (Prompt)
- 操作步驟

4

STEP 03 於 **原始專案 (Before)** 或 **完成作品 (After)** 選按連結書籤，會於新的視窗開啟本書提供的範本，再選按 **檢視範本** 鈕與 **在編輯器開啟** 鈕，即可將該專案複製到自己的 Canva 帳號中並開始使用。

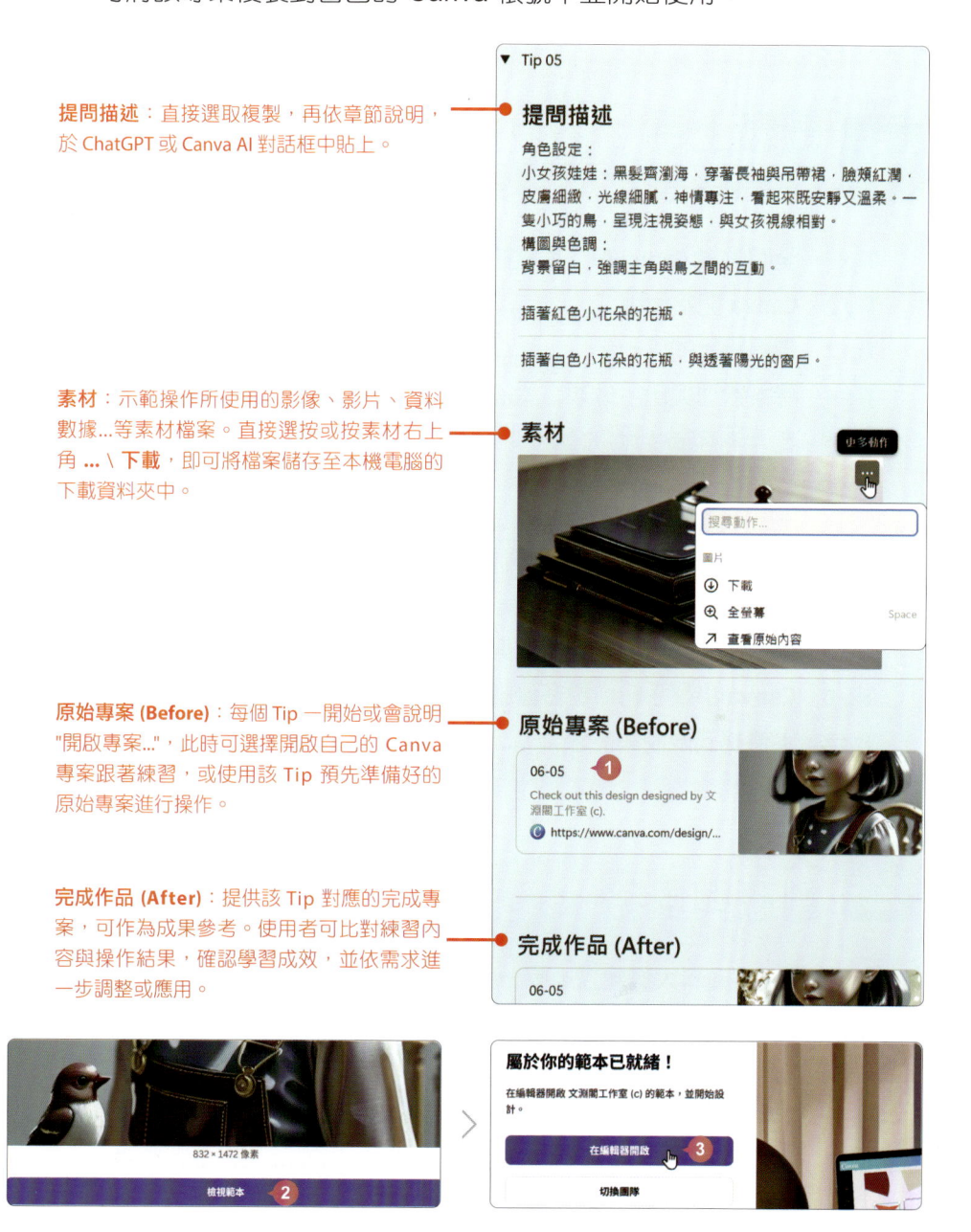

提問描述：直接選取複製，再依章節說明，於 ChatGPT 或 Canva AI 對話框中貼上。

素材：示範操作所使用的影像、影片、資料數據...等素材檔案。直接選按或按素材右上角 ... \ **下載**，即可將檔案儲存至本機電腦的下載資料夾中。

原始專案 (Before)：每個 Tip 一開始或會說明 "開啟專案..."，此時可選擇開啟自己的 Canva 專案跟著練習，或使用該 Tip 預先準備好的原始專案進行操作。

完成作品 (After)：提供該 Tip 對應的完成專案，可作為成果參考。使用者可比對練習內容與操作結果，確認學習成效，並依需求進一步調整或應用。

單元目錄
CONTENTS

▶ 設計力

Part 1 輕鬆上手 Canva 設計與專案管理

- Tip 1　全面解鎖 Canva AI：從靈感發想到內容產出 1-2
- Tip 2　Canva 開始使用 1-3
- Tip 3　創意設計的第一步 1-5
- Tip 4　專案管理與自訂分類 1-10
  - ◆ 重新命名、刪除或救回被刪除的專案 1-10
  - ◆ 排序專案資料 1-11
  - ◆ 用資料夾分類整理專案 1-12
  - ◆ 為重要專案或資料夾標註星號 1-13
  - ◆ 自訂 "區段" 分類管理標註星號的項目 1-13
- 👑 Tip 5　"魔法切換" 改變專案尺寸與類別 1-15
- Tip 6　Canva 小幫手給你更多建議 1-16
- Tip 7　上傳格式限制與需求 1-18

Part 2 文字 創意與風格

- 👑 Tip 1　純文字資料大量建立，單一款式設計 2-2
- 👑 Tip 2　圖、文資料大量建立，多款式設計 2-5
- 👑 Tip 3　大量文字翻譯 2-9
- 👑 Tip 4　上傳字型 2-11
- Tip 5　一次變更指定的文字字型與顏色 2-13

Tip 6	多重文字陰影設計	2-15
Tip 7	用照片填滿文字	2-17
Tip 8	3D 浮雕立體字設計	2-20
👑 Tip 9	氣球文字與更多英文字母圖像元素設計	2-23
👑 Tip 10	AI "魔法變形工具" 3D 圖像與材質文字	2-25
👑 Tip 11	文字任意變形工具	2-27

Part 3 影像視覺設計

Tip 1	快速找到風格相近的照片或元素	3-2
Tip 2	利用圖層管理與排列設計元素	3-4
	◆ 調整元素排列順序	3-4
	◆ 選取多個元素並群組	3-5
	◆ 圖層鎖定固定元素	3-5
Tip 3	自動 / 手動調整照片亮度、對比和其他屬性	3-6
	◆ 自動調整	3-6
	◆ 區域選擇與細節設定	3-7
Tip 4	快速改變照片中的特定顏色	3-8
Tip 5	漸層背景設計	3-10
	◆ 利用背景顏色產生漸層效果	3-10
	◆ 利用元素產生漸層效果	3-11
	◆ 利用照片產生漸層效果	3-12
Tip 6	鏡面倒影效果	3-13
Tip 7	模糊照片背景產生淺景深效果	3-16
👑 Tip 8	AI 移除照片背景	3-17
👑 Tip 9	AI 背景產生器	3-19
👑 Tip 10	商品圖批量去背套用場景	3-20
👑 Tip 11	AI "魔法橡皮擦" 擦除照片中不需要的部分	3-23
	◆ 利用 "點擊" 與 "Brush" 擦除	3-23
	◆ 利用 "文字" 擦除影像中的文字	3-24

- Tip 12 AI "魔法編輯工具" 快速合成與轉換影像 3-25
  - ✦ 合成背景 3-25
  - ✦ 合成情境照擺拍道具 3-27
- Tip 13 AI "魔法展開" 自動延展照片 3-28
- Tip 14 AI "魔法抓取" 分離照片的主體與背景 3-30
- Tip 15 AI 技術為舊照片修復瑕疵 3-32
- Tip 16 選取影像 \ 編輯應用程式：Image Upscaler 3-34
- Tip 17 為人物或物體加上白邊效果 3-36
- Tip 18 超出框架的照片設計 3-37
- Tip 19 用拼貼與裁切呈現照片創意 3-41
  - ✦ 加入照片拼貼 3-41
  - ✦ 裁切照片與調整間距 3-43
- Tip 20 二張照片的融合效果 3-44
  - ✦ 套用漸層元素 3-44
  - ✦ 融合漸層效果 3-47
  - ✦ 調整融合照片 3-49
- Tip 21 手繪設計 3-50
- Tip 22 實物模型設計 3-52

Part 4　從動畫到影音創作全方位

- Tip 1 用 "魔法動畫工具" 快速依設計內容套用動畫 4-2
- Tip 2 設計自訂路徑元素動畫效果 4-3
- Tip 3 指定文字、圖片...等物件動畫播放時間點 4-5
- Tip 4 剪輯影片頭、尾片段 4-7
- Tip 5 剪輯影片中間片段 4-8
- Tip 6 設計多範本影片片頭並統一風格 4-9
  - ✦ 套用多款片頭範本 4-9
  - ✦ 統一專案風格 4-10

Tip 7	設計影片片頭文字、元素與背景音訊 ..**4-12**
	✦ 修改範本文字與加入品牌元素 4-12
	✦ 替換範本影片 4-13
	✦ 修改頁面時間與加入背景音訊 4-14
Tip 8	設計 YouTube 影片片尾.....................**4-15**
Tip 9	剪輯音訊與調整播放片段 **4-17**
Tip 10	音訊混音與淡入淡出效果 **4-18**
	✦ 插入第二個音訊 4-18
	✦ 為音訊加入淡入淡出效果 4-19
♛ Tip 11	音訊同步節拍.....................................**4-20**
Tip 12	加入或移除影片轉場效果 **4-21**
	✦ 加入轉場效果 4-21
	✦ 變更或刪除轉場效果 4-22
Tip 13	影片濾鏡套用.....................................**4-23**
Tip 14	影片白平衡、亮度對比、飽和度調整 ..**4-24**
♛ Tip 15	影片背景移除.....................................**4-26**
Tip 16	調整影片播放速度 **4-28**
Tip 17	幫影片上字幕.....................................**4-29**
	✦ 幫影片加上唯讀輔助字幕 4-29
	✦ 幫影片自動生成字幕 4-31
	✦ 變更字幕樣式及套用動畫 4-33
Tip 18	錄製攝影機與螢幕雙畫面以及旁白音訊 ..**4-34**
	✦ 螢幕與攝影機雙畫面同步錄製 4-34
	✦ 錄製旁白 4-37
♛ Tip 19	橫式影片快速轉換為直式影片 **4-39**
Tip 20	AI 文字轉語音 **4-41**
Tip 21	AI 虛擬主播 D-ID **4-43**
	✦ 連結與註冊 4-43
	✦ 使用預設人像與口音 4-44
	✦ 使用自訂人像與預錄聲音檔 4-45
Tip 22	利用關鍵字快速生成 AI 音樂素材.......**4-47**

▶ 創作力

Part 5 遊戲與互動式設計 AI 程式魔法

Tip 1 **Canva Code 打造屬於你的互動作品** 5-2
- 一次了解 Canva Code 5-2
- AI 讓設計變簡單，只要 4 步驟！..........5-2
- 創作不迷路：互動內容從構思開始！................5-3

Tip 2 **Canva Code 常見問題**..............................5-4
- Canva Code 是否有使用次數的限制？................5-4
- Canva Code 每次產生的作品都相同嗎？..............5-4
- Canva Code 可以保存輸入的資料嗎？................5-4
- 可以上傳自己的圖片嗎？............................5-4
- 可以上傳自己的音訊檔嗎？..........................5-4

Tip 3 **看看 AI 能做什麼**................................5-5
- 套用預設範本 / 倒數計時器 5-5
- 添加音效 5-7

Tip 4 **從想法到成品，只要對話就能完成！** 5-9
- 描述遊戲 / 營養分類挑戰 5-9
- 提出修改描述 5-10
- 套用音效 5-11

Tip 5 **管理你的 Canva Code 作品** 5-12

Tip 6 **切換並預覽對應的作品版本** 5-13

Tip 7 **教學互動應用** 5-14
- 英文單字配對與趣味抽題破冰遊戲 5-14
- 3D 太空探索遊戲 - 專業引導請 ChatGPT 幫幫忙 5-18
- 鋼琴節旋律節奏達人 - 音效與畫面設計 5-22

Tip 8 **生活互動應用** 5-27
- 記帳管理平台 - 圖表化、匯出與列印報表 5-27
- 全球貨幣轉換器和趨勢圖表 5-32

Tip 9 **行銷互動應用** 5-34
- 抽獎遊戲 5-34
- 專屬你的推薦清單 - 製作問答遊戲並填寫表單送優惠碼 5-37

Tip 10	將作品嵌入簡報中 5-42
Tip 11	將作品發佈至網站 5-43
Tip 12	整合互動設計・打造專屬展示平台 5-44
Tip 13	取得作品的原始程式碼 5-46
Tip 14	取得作品的詳細描述 5-47
Tip 15	取得互動設計的完整圖文解說資料 5-48

Part 6　打造創意素材 AI 影像魔法

Tip 1	AI 生圖第一步 6-2
	✦ 以描述生成影像 6-2
	✦ 查看生成的影像與描述 6-4
	✦ 下載生成的影像 6-4
Tip 2	以原圖調整關鍵細節 6-5
👑 Tip 3	提升影像解析度 6-7
Tip 4	AI 影像管理 6-8
👑 Tip 5	結合影像材質與風格，強化商品設計 6-9
	✦ 描述商品特色 6-9
	✦ 融合材質影像生成專屬商品視覺 6-10
	✦ 背景產生器優化視覺呈現 6-12
👑 Tip 6	依品牌識別設計海報 6-14
	✦ 描述海報宣傳內容 6-14
	✦ 附加品牌識別說明頁 6-15
	✦ AI "魔法抓取文字" 6-17
👑 Tip 7	觀光導覽圖設計 6-19
	✦ 生成旅遊景點、地標插畫影像 6-19
	✦ AI "魔法抓取" 分離影像主體與背景 6-20
	✦ 擷取 Google Map 地圖 6-23
	✦ 附加 Google 地圖影像生成地圖插畫 6-24
	✦ 合成插圖與地圖 6-25
	✦ 插入元素豐富地圖設計 6-28

▶ 職場力

Part 7 撰寫文案與企劃
AI 寫作魔法

Tip 1	建立文件：看看 AI 能做什麼	7-2
Tip 2	建立文件：描述並生成指定類型文件	7-4
Tip 3	建立文件：套用範本打造專業格式與設計	7-6
Tip 4	設計文件上方橫幅	7-7
Tip 5	"魔法文案工具" 快速發想文案與新點子	7-9
Tip 6	編排圖文並茂的視覺文件	7-11
	✦ 為文件添加照片與元素	7-11
	✦ 為文件添加表格	7-12
	✦ 為文件添加多欄式排版設計	7-13
	✦ 為文件添加 YouTube 影片	7-13
	✦ 為文件添加影片	7-14

Part 8 試算表與圖表應用
AI 運算統計魔法

Tip 1	Canva 試算表新體驗	8-2
Tip 2	用 AI 快速建立試算表內容	8-3
Tip 3	匯入 Excel 與 CSV 資料	8-5
Tip 4	新增、刪除列和欄與合併儲存格	8-7
Tip 5	新增及刪除工作表	8-8
Tip 6	用 "魔法文案工具" 修正資料	8-9
	✦ 刪除指定內容	8-9
	✦ 變更指定內容	8-10
Tip 7	為資料套用數字、日期格式	8-12
Tip 8	用公式運算資料數值	8-13
	✦ 四則運算公式	8-13
	✦ 公式的延伸複製	8-13

	✦ 數學與統計函數	8-14
Tip 9	用 "魔法公式工具" 執行運算任務	**8-15**
	✦ 簡單描述	8-15
	✦ 加入欄位與任務要求的描述	8-16
Tip 10	設計底色與框線優化試算表	**8-18**
Tip 11	用 "魔法圖表" 快速視覺化	**8-19**
	✦ 依試算表建立圖表	8-19
	✦ 將圖表添加至目前的工作表	8-20
	✦ 將圖表添加至新的頁面	8-20
	✦ 將圖表添加至其他專案	8-20
Tip 12	設計圖表樣式與元素	**8-21**
	✦ 變更圖表類型	8-21
	✦ 調整圖表樣式與顏色	8-21
	✦ 設計背景與標題	8-23
👑 Tip 13	用篩選器呈現互動式圖表資料分析	**8-24**
Tip 14	套用圖表與試算表範本快速完成專案	**8-25**
Tip 15	試算表中建立下拉式選單	**8-26**

Part 9　簡報與影片設計 AI 多媒體魔法

Tip 1	包含多種設計類型的 Canva 專案	**9-2**
	✦ 建立多元設計	9-2
	✦ 多重設計的限制	9-3
Tip 2	簡報的圖文自動排版	**9-4**
Tip 3	想法結合圖像一鍵生成視覺設計	**9-5**
Tip 4	想法結合圖像一鍵生成專業簡報	**9-8**
Tip 5	結合影音素材一鍵完成剪輯	**9-12**
👑 Tip 6	Canva AI 生成影片 Create a video clip	**9-14**

Part 10 團隊協作 品牌與網站管理

- **Tip 1** 建立和管理團隊 10-2
  - ◆ 建立團隊 10-2
  - ◆ 建立多個團隊與切換 10-3
  - ◆ 團隊重新命名 10-3
  - ◆ 刪除團隊 10-4
- **Tip 2** 邀請成員加入團隊 10-6
- **Tip 3** 將成員從團隊移除 10-7
- **Tip 4** 設定邀請成員或是離開團隊的權限 10-9
- **Tip 5** 允許同網域的成員加入團隊 10-10
- **Tip 6** 團隊角色與權限設定 10-11
- **Tip 7** 變更與接收團隊擁有權 10-12
- **Tip 8** 在團隊中建立群組 10-14
- **Tip 9** 與整個團隊分享專案 10-15
- **Tip 10** 與指定的團隊成員或群組分享專案 10-16
  - ◆ 以指定團隊成員方式分享專案 10-16
  - ◆ 以指定群組方式分享專案 10-17
- **Tip 11** 與團隊分享資料夾內的所有設計、圖像 10-18
- **Tip 12** 建立品牌工具組 10-20
  - ◆ 品牌標誌與顏色 10-20
  - ◆ 品牌自訂主題顏色 10-21
  - ◆ 品牌字型 10-22
  - ◆ 品牌口吻 10-23
  - ◆ 品牌照片、圖像、圖示 10-25
- **Tip 13** 建立品牌範本與套用 10-26
  - ◆ 建立品牌範本並設定核准權限 10-26
  - ◆ 套用品牌範本 10-27
- **Tip 14** 品牌範本建立的設計需核准才可分享、下載 10-28

	✦ 啟用核准功能	10-28
	✦ 提交專案設計核准	10-29
Tip 15	建立網站設計專案	**10-31**
Tip 16	網站設計跨平台預覽及調整	**10-34**
	✦ 為頁面命名設定導覽選單名稱	10-34
	✦ 以電腦或行動裝置模式預覽網站	10-35
	✦ 跨平台版面調整	10-36
Tip 17	將網站發佈至免費網域	**10-37**
Tip 18	將網站發佈至透過 Canva 購買的新網域	**10-39**
👑 Tip 19	將網站發佈至自己購買的網域	**10-41**
Tip 20	取消已發佈的網站	**10-43**
Tip 21	管理發佈的網域	**10-44**
	✦ Canva 免費網域名稱的變更或移除	10-44
	✦ 取消 Canva 代購網域自動續訂	10-45
	✦ 管理第三方網域	10-46
Tip 22	管理發佈的網站	**10-47**
👑 Tip 23	Canva 網站數據分析	**10-49**

本書另於附錄 A、B 匯集 Canva 使用者常見疑問 Q&A，以及作品展示與分享技巧。附錄內容以 PDF 電子檔形式提供，請至學習地圖 **附錄電子檔** 專區下載。

附錄 A　Q & A 解答常見疑問

Q 1	Canva 素材商用版權需知	**A-2**
Q 2	訂閱與其他購買費用的報帳方法	**A-3**
Q 3	設計電子書線上翻書效果	**A-6**
👑 Q 4	查看有多少人瀏覽你的設計	**A-10**
Q 5	找不到之前完成的設計專案	**A-15**

Q 6	上傳 PDF 文件進行設計	A-16
Q 7	上傳 PowerPoint 簡報進行設計	A-17
👑 Q 8	將簡報專案轉換成影片或網站專案	A-18
👑 Q 9	將專案還原成之前製作的版本	A-19
Q 10	快速取得知名品牌的識別設計與標準色彩	A-20
Q 11	顯示尺規和輔助線、印刷出血	A-21
Q 12	印刷的關鍵要素	A-22

附錄 B 專案展示與分享

Tip 1	充滿說服力的展示技巧	B-2
Tip 2	遠端遙控簡報	B-12
Tip 3	透過電子郵件與特定對象分享	B-14
Tip 4	透過連結將設計與他人分享	B-16
👑 Tip 5	分享專案範本讓知道連結的使用者使用	B-19
Tip 6	上傳社群平台與了解音樂授權	B-20
👑 Tip 7	用排程工具管理社群貼文	B-22
Tip 8	了解 Canva 專案可供下載的檔案類型	B-25
Tip 9	下載簡報 PPTX 檔案	B-27
Tip 10	下載為影像檔或 PDF 文件檔案類型	B-31
Tip 11	下載為列印用 PDF 檔案類型	B-32
Tip 12	下載為影片或 GIF 動畫檔案類型	B-33
👑 Tip 13	下載為可縮放 SVG 向量檔案	B-34
👑 Tip 14	取得高品質與大尺寸設計檔	B-35
Tip 15	Canva Print 列印你的設計	B-36
Tip 16	用 "課程" 輕鬆組織專案與素材	B-40

PART

01

輕鬆上手 Canva
設計與專案管理

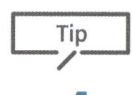

Tip 1 全面解鎖 Canva AI：從靈感發想到內容產出

Canva AI 結合智慧設計與生成式工具，使用者只需輸入簡單描述，即可快速完成各類型內容創作。

即使沒有設計背景或寫作經驗，也能透過 Canva AI 提供的智慧工具，輕鬆打造專業的內容。從版面設計、圖像編修、程式設計、數據統計，到語言潤飾與翻譯，Canva AI 都能快速完成，大幅提升創作效率，讓靈感具體實現。以下是 Canva 的六大應用優勢：

- **文案生成・靈感湧現不設限**：Canva AI 魔法文案工具，讓文案創作事半功倍，可自動生成標語、社群貼文、簡報說明…等內容；依主題、語氣、字數快速調整，協助突破靈感瓶頸，並支援多語系輸出。

- **視覺設計・影像處理更智慧**：Canva AI 魔法工作室具備多項智慧影像處理功能，大幅提升設計效率。包含影像去背、物件移除與修補、展開與延伸、畫質增強、背景產生器…等功能。

- **影音創作・語音字幕全自動**：Canva AI 降低影音製作門檻，支援字幕自動生成、多語系辨識與文字轉語音，並提供影片模板、動畫轉場與音效，輕鬆完成品牌、社群或教學影片。

- **程式設計・動態內容自動生成**：Canva Code 幫你把靈感變互動！不需寫程式，從遊戲、學習測驗、生活創意，到品牌行銷，一切輕鬆實現。

- **主圖插圖一鍵生成**：輸入描述，Canva AI 即可生成符合主題風格的圖片、背景、插圖，從產品視覺、社群配圖到海報主圖都能快速製作。支援多種風格與畫面比例，讓視覺創作更直覺，也更具創造力。

- **試算圖表・數據統計更輕鬆**：Canva 試算表結合直覺式操作與 AI 智能，讓你輕鬆整理與統計資料，還可套用多款主題範本，快速打造專業視覺化報表。

Canva AI 不只是輔助工具，更是設計與寫作的 "靈感加速器"！從發想到成品輸出，全面減輕 "從零開始" 的壓力，讓每一位使用者都能快速創造專業級內容。

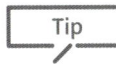

Tip 2　Canva 開始使用

使用 Canva 前，需先註冊一組帳號才能開始使用，本節將一步一步帶你完成註冊動作，並熟悉主要畫面及各個基礎功能。

註冊帳號

STEP 01　開啟瀏覽器，於網址列輸入「https://www.canva.com/」，進入 Canva 網站，選按右上角 **註冊** 鈕，接著再選擇自己習慣的註冊方式，在此選按 **以 Google 繼續**。

STEP 02　依步驟完成帳號登入，接著詢問用途，在此選按合適的項目即完成。(若出現免費試用 Canva Pro 的訊息，選按右上角 **稍後再說** 略過。)

認識首頁

完成帳號註冊後自動進入 Canva 首頁,透過下圖標示,認識各項功能與所在位置:

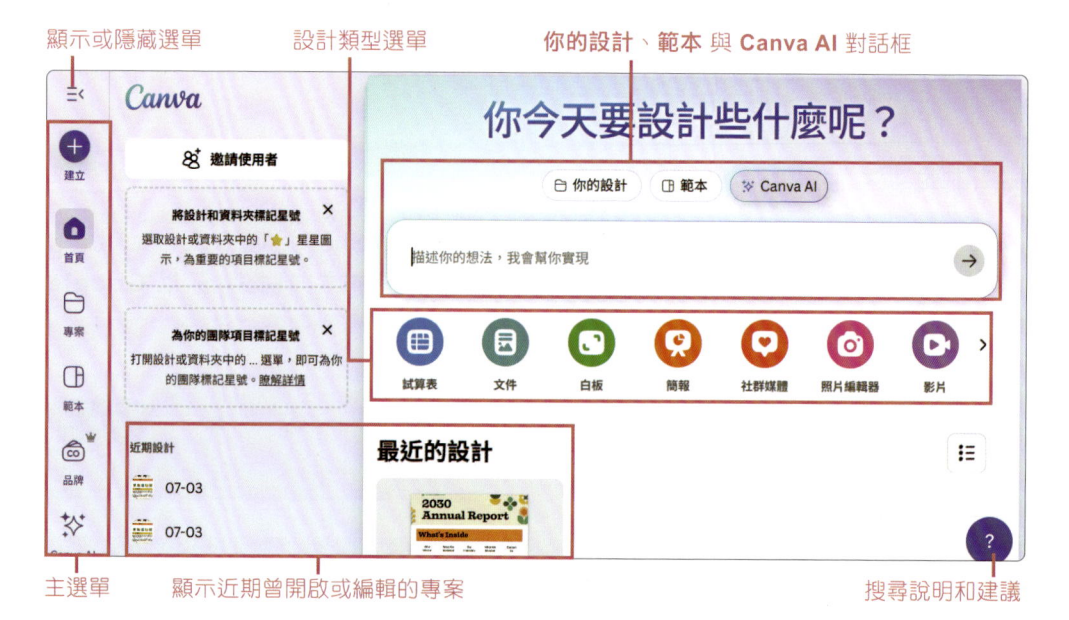

- 顯示或隱藏選單
- 設計類型選單
- 你的設計、範本 與 Canva AI 對話框
- 主選單
- 顯示近期曾開啟或編輯的專案
- 搜尋說明和建議

範本資源

除了使用搜尋或是選擇設計類型開啟範本,於主選單選按 **範本**,可依 **商務、社交媒體、影片、行銷**...等項目,篩選出最適合使用的範本,再選按該範本縮圖即可使用。

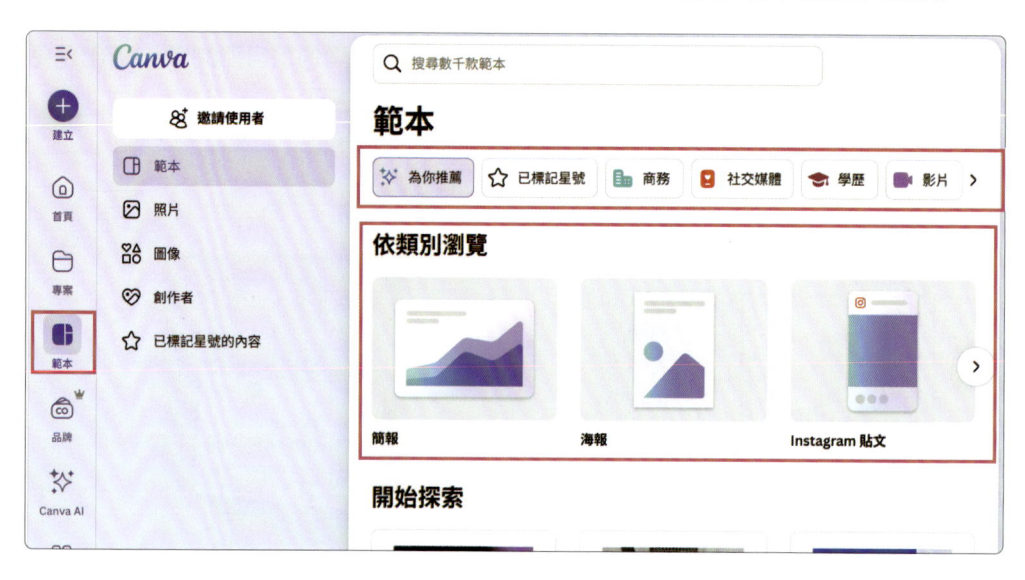

1-4

Tip 3 創意設計的第一步

利用各式範本,開始你的創意設計!進入 "專案編輯畫面" 會看到豐富的功能、媒體素材元素以及多樣輔助工具。

建立專案

除了從範本開始建立專案,也可以利用首頁的設計類型選單,選按類型項目後,會出現該類型推薦主題及相關範本,於主題清單列選按最右側的 > 可出現更多主題,選按合適的主題即可建立該主題專案。

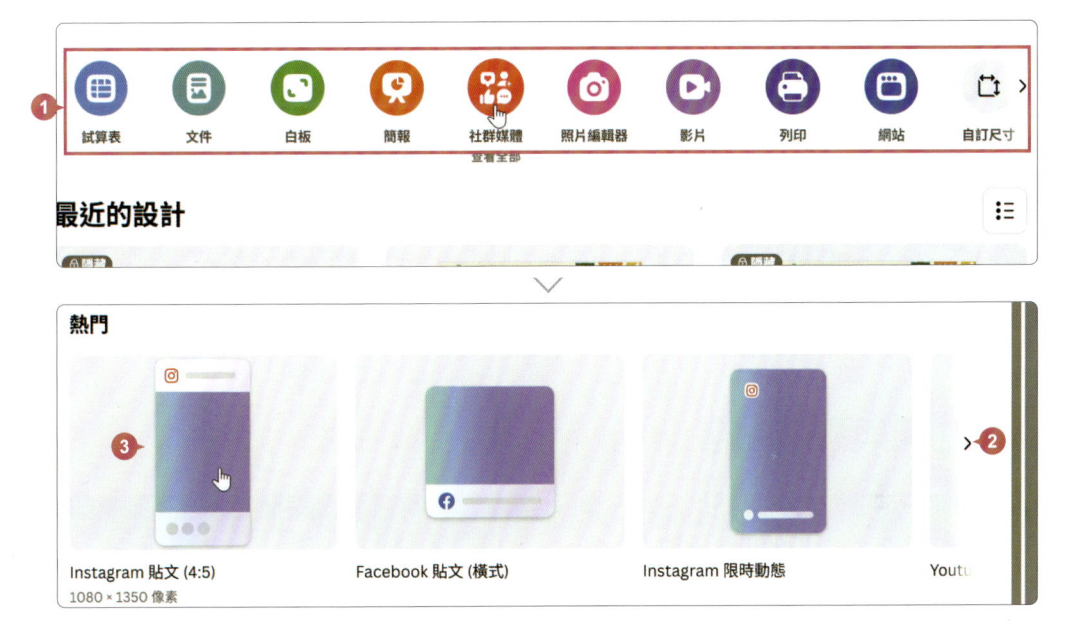

另外,也可選按首頁左上角 建立 鈕,清單中選按欲使用的類型,會列項空白專案或相關範本供你選用;也可以於上方的搜尋列輸入關鍵字尋找類型。

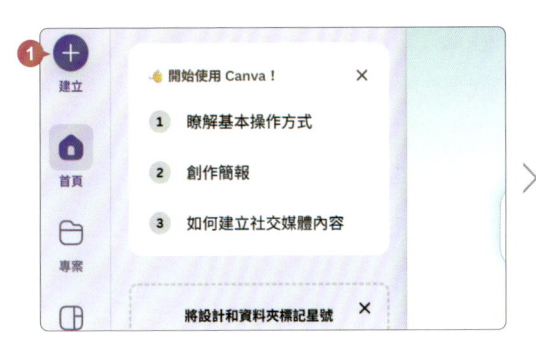

專案編輯畫面

開始編輯專案前，透過下圖標示，先熟悉 Canva 專案編輯畫面的各項功能：

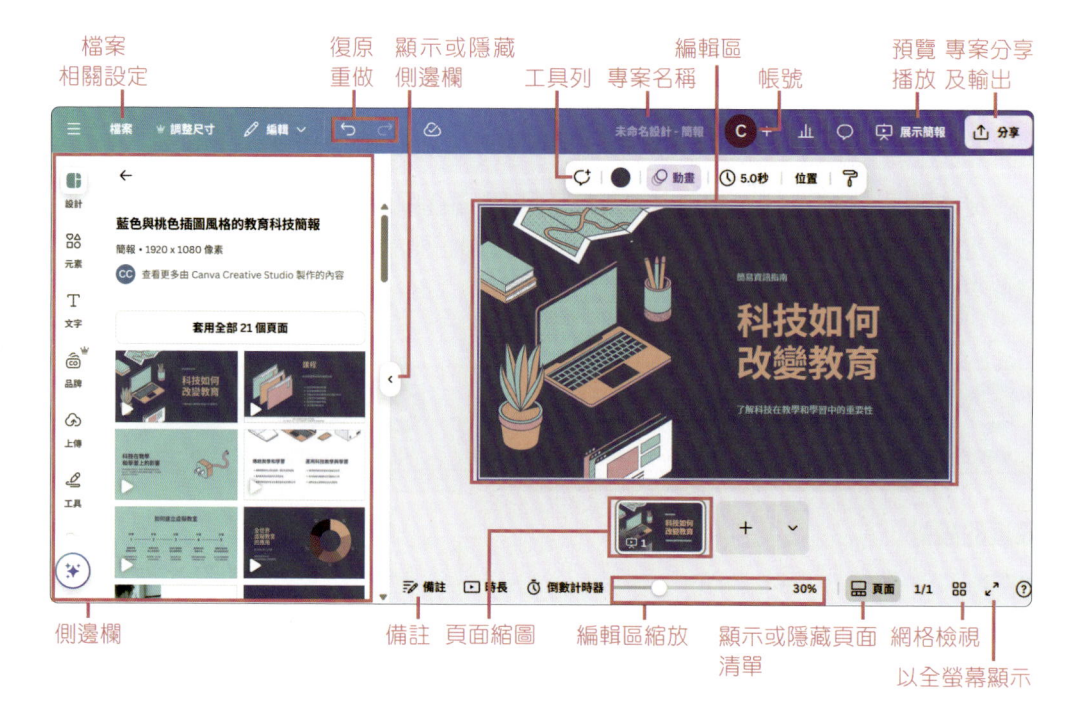

標註說明：
- 檔案相關設定
- 復原 重做
- 顯示或隱藏側邊欄
- 工具列
- 專案名稱
- 編輯區
- 帳號
- 預覽播放
- 專案分享及輸出
- 側邊欄
- 備註
- 頁面縮圖
- 編輯區縮放
- 顯示或隱藏頁面清單
- 網格檢視
- 以全螢幕顯示

檔案功能與雲端儲存

選按 **檔案**，可依作業需求提供尺規、輔助線、邊距...等功能設定，此外部分功能有 👑 圖示，表示該功能需付費訂閱才能使用。

由於 Canva 採雲端作業，操作過程都會自動儲存專案，可以於選單列透過 ☁ 圖示確認是否儲存；或選按 **檔案**，清單中檢查 **儲存** 項目右側是否有顯示 **已儲存所有變更**。

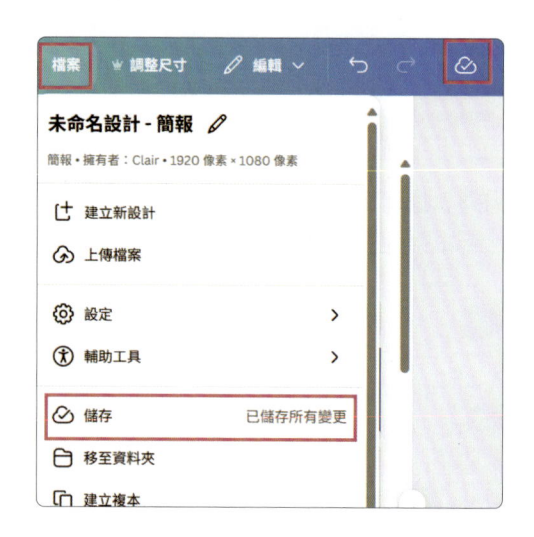

掌握設計關鍵的側邊面板

專案編輯畫面左側的側邊面板，是使用者進行設計時的主要工具區域，包含了許多功能和資源，幫助使用者快速找到並加入作品。

■ **快速取用內容**：滑鼠指標移至側邊面板任一功能項目上方，即會展開面板，選按需要加入設計的範本、元素、文字、照片...等內容後，將滑鼠指標移出側邊面板，即會自動收合面板。

■ **更多功能**：側邊面板預設有 **設計**、**元素**、**文字**、**品牌**、**上傳**、**工具**、**專案**、**應用程式** 功能，滑鼠指標移至側邊面板 **應用程式**，捲軸稍往下捲動，清單中可看到更多隱藏功能，選按想要使用的項目，即可快速啟用。

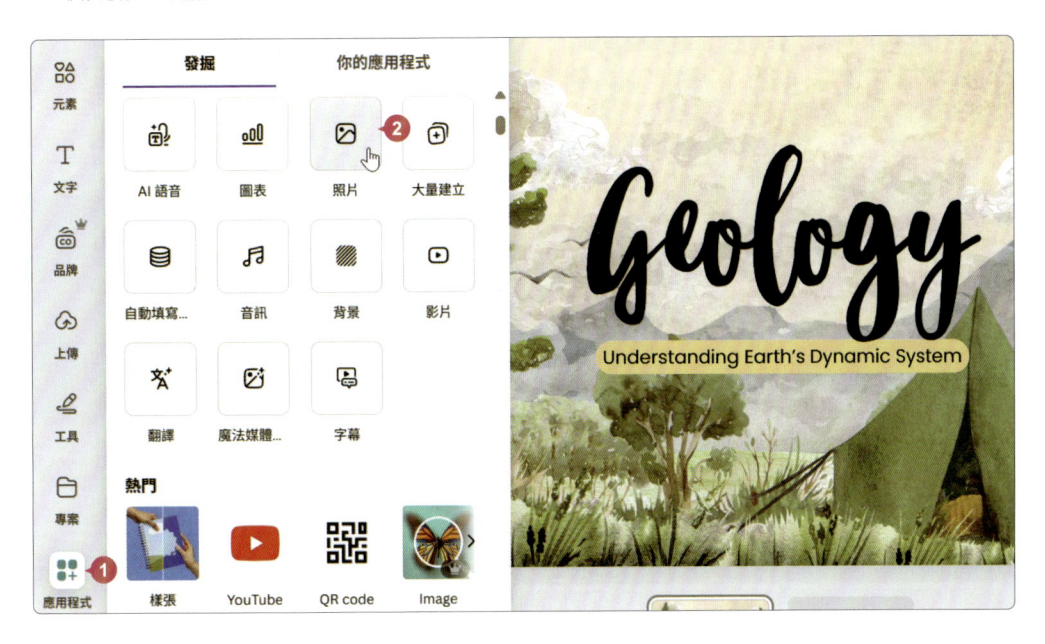

頁面檢視方式

建立專案過程中,可以切換不同的頁面檢視比例或方式,方便操作與適時做出調整。

- **顯示比例**:可以透過頁面右下角滑桿左右拖曳,放大或縮小設計頁面,以符合最適顯示比例;也可以選按 **縮放**,套用預設的百分比數值,或 **符合畫面大小**、**填滿畫面**,快速切換你想要的顯示方式。

- **頁面清單** (或時間軸):在頁面底部選按 **頁面** 可顯示或隱藏頁面清單,頁面清單中會顯示該專案的所有頁面縮圖,可以輕鬆在頁面之間選按切換;也可以利用拖曳方式,快速調整頁面順序。

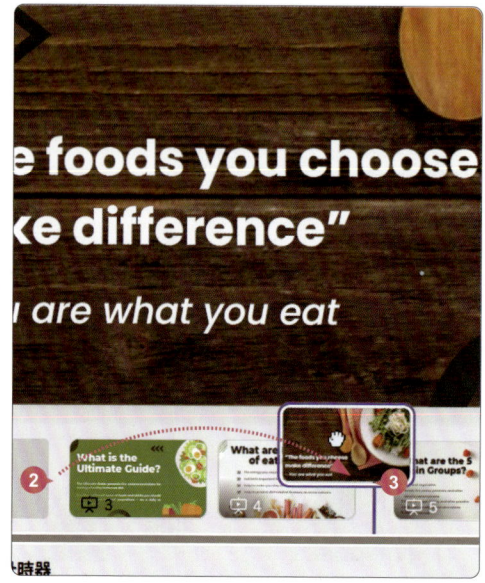

● **網格檢視**：畫面右下角選按 🔠 可切換至 **網格檢視**，輕鬆管理頁面。於 **網格檢視** 模式，滑鼠指標移至頁面縮圖右上角選按 ⋯，可以新增、複製、刪除與隱藏頁面；也可以用拖曳方式，快速調整頁面順序；若要返回編輯畫面可選按 🔠 關閉網格檢視。

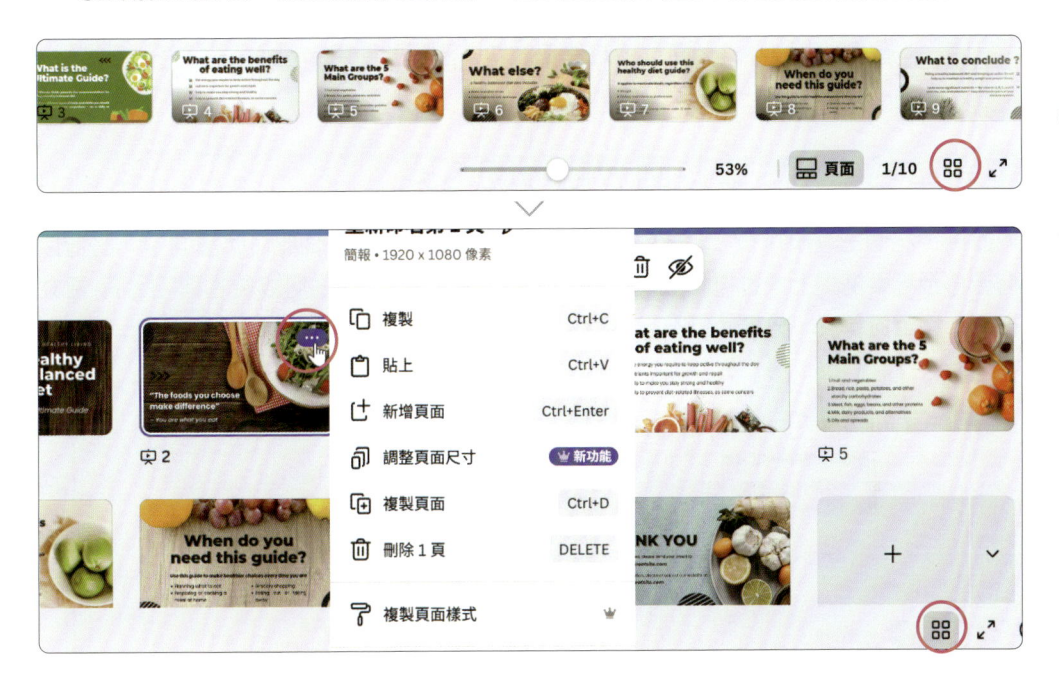

● **全螢幕顯示**：頁面右下角選按 ⤢ 可切換至全螢幕模式 (或按 Ctrl + Alt + P 鍵)，按一下滑鼠左鍵可跳至下一頁；或按 ↑、↓、←、→ 可前後翻頁。展示過程中可按 Esc 鍵；或選按右下角 ⤢ 結束全螢幕顯示。

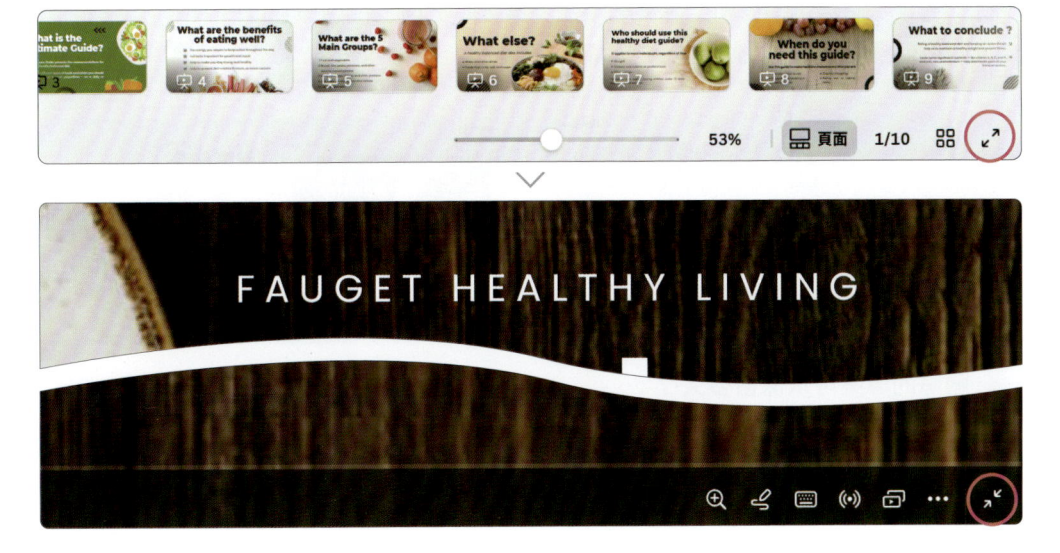

1-9

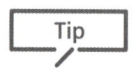

Tip 4 專案管理與自訂分類

設計完成的專案作品、上傳的照片、影片素材媒體，以及常用元素，均可透過資料夾輕鬆分類整理，方便下次快速瀏覽並使用。

重新命名、刪除或救回被刪除的專案

於首頁，左側主選單選按 **專案**，建立的專案都會自動儲存並整理在此畫面中。將滑鼠指標移至專案縮圖上，選按右上角 ⋯，清單最上方選按專案名可變更名稱，另有 **建立複本**、**移至資料夾**、**分享** 和 **移至垃圾桶**...等功能。

如果欲還原之前刪除的專案，開啟選單狀態下，於首頁左下角選按 **垃圾桶**，可看到被刪除的專案，將滑鼠指標移至專案縮圖上，選按右上角 ⋯ \ **還原** 即可。(也可以選按 **影像** 或 **視訊** 標籤查看已刪除的照片及影片素材)

> **小提示**
>
> **刪除的專案可以保留多久？**
>
> 刪除的專案會存放在垃圾桶 30 天，這期間都可以復原，超過期限即會自動刪除，若想提早從垃圾桶移除，可於刪除的專案選按右上角 ⋯ \ **從垃圾桶刪除**。

排序專案資料

排序專案資料的用意在於優化專案管理，提升查找效率和工作流程的順暢度，特別是在面對大量設計項目或團隊合作時，更顯得重要。

STEP 01 於首頁，左側主選單選按 **專案 \ 設計** 標籤，可瀏覽所有專案設計作品，預設會依專案相關性排序。

STEP 02 於 **專案** 畫面右上角，選按排序方式 **最相關內容**，再選按合適的排序方式；另外，可以選按右側 鈕，切換為 **以清單形式檢視**，可以清楚瀏覽每個專案的 **擁有者**、**類型** 與 **最近一次編輯**...等資訊。

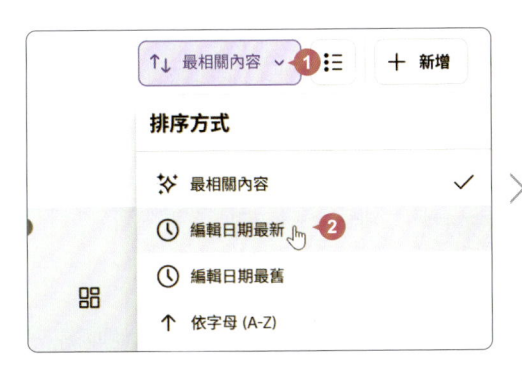

1-11

用資料夾分類整理專案

專案 項目中不僅可以管理已建立的專案，還能建立資料夾，分類整理各別專案。

STEP 01 於首頁，左側主選單選按 **專案**，將滑鼠指標移至專案或之前上傳的照片、影片素材縮圖上，選按右上角 … \ **移至資料夾**。

STEP 02 於 **全部** 標籤選按 **你的專案**，若已建立資料夾可直接選按合適的資料夾，或清單左下角選按 **+ 建立新資料夾**。

STEP 03 輸入資料夾名稱，選按 **移至新資料夾** 鈕，即可在 **資料夾** 項目下看到剛剛建立的資料夾 (該專案會直接移至該資料夾中)。

1-12

為重要專案或資料夾標註星號

Canva 的標註星號功能是一項簡單而有效的管理工具，標註星號的專案或資料夾會出現在首頁 **已標記星號的內容** 清單中，幫助使用者快速找到和開啟重要設計項目和資源。

STEP 01 於首頁 **最近的設計** 清單或於左側主選單選按 **專案**，滑鼠指標移至想標註的專案或資料夾名稱上，會出現一星形圖示，選按該星形圖示。

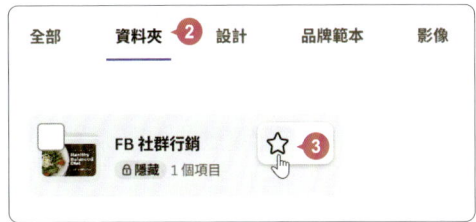

STEP 02 於左側面板 **已標記星號的內容** 清單中即可看到剛剛標註星號的專案或資料夾。

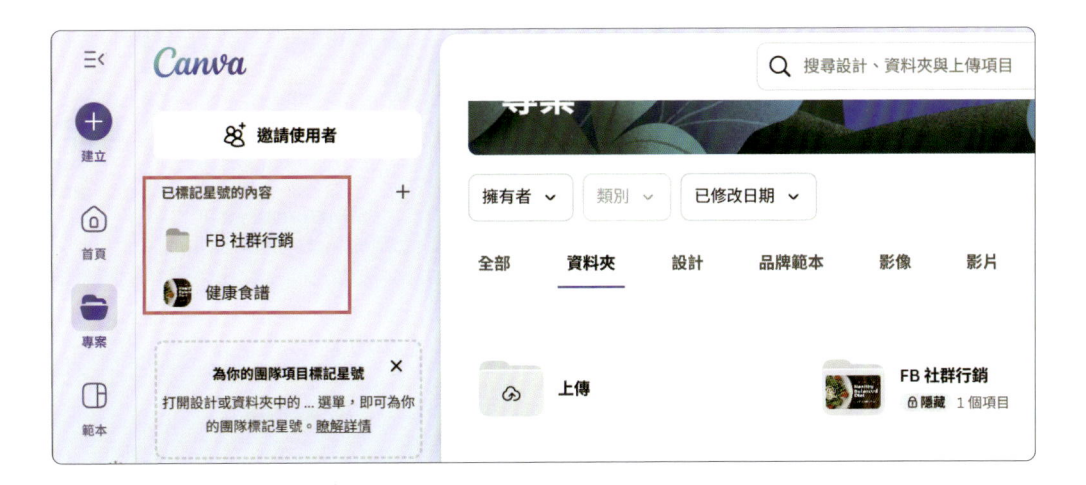

自訂 "區段" 分類管理標註星號的項目

已標註星號的專案或資料夾不僅顯示在左側面板 **已標記星號的內容** 清單中，還可自訂 "區段" 分類管理。

STEP 01 於首頁左側面板選按 **建立區段**，會於清單中產生一新區段。輸入新區段名稱，選按新區段右微笑表情符號圖示，為區段選取合適的表情符號。(若要重新命名或刪除區段，可選按區段右側 圖示再選按合適功能套用。)

STEP 02 可將 **已標記星號的內容** 清單中的專案或資料夾拖曳至區段名稱上方,即可加入該分類進行管理。

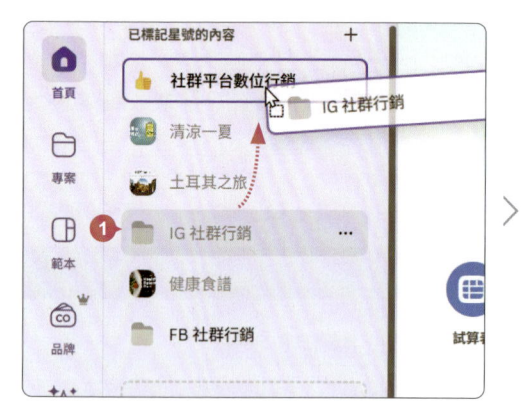

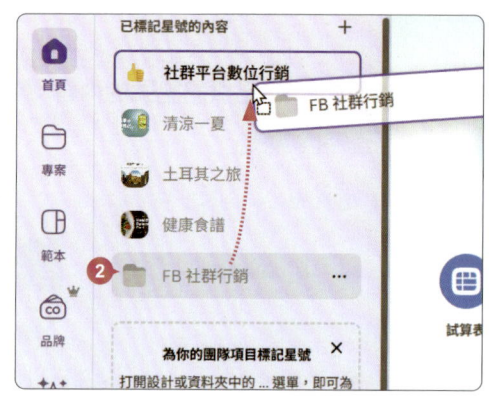

STEP 03 **建立區段** 功能,特別適用於管理大量專案。選按區段左側 ⌄,可展開與收合區段,讓資料更一目了然,並保持介面清晰有序,有助於提高整體設計效率。

1-14

Tip 5 "魔法切換" 改變專案尺寸與類別

Canva 付費版本可使用 **調整尺寸** 功能，輕鬆調整專案作品的尺寸與類別，讓原有專案快速適用各式平台與作品規格。

- **調整為自訂尺寸**：於專案編輯畫面，上方工具列選按 **調整尺寸 \ 自訂尺寸**，設定尺寸單位、寬度、高度，最後選按 **複製並調整尺寸** 以新專案呈現或是 **調整此設計的尺寸** 直接調整此專案尺寸。

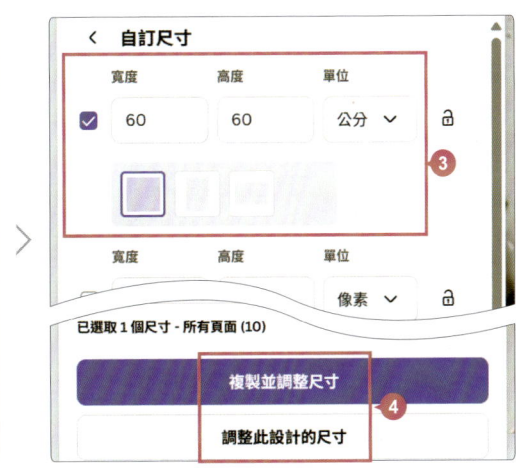

- **依類別調整尺寸並同時轉換類別**：於專案編輯畫面，上方工具列選按 **調整尺寸**，清單下方選擇要轉換的類別項目以及相關選項 (每個選項下方會標註尺寸)，最後選擇以新專案呈現或直接調整此專案尺寸。

Tip 6　Canva 小幫手給你更多建議

Canva 小幫手，藉由 AI 快速提供目前專案所需的相關動作與創作元素，並能立即使用 **魔法文案工具** 與多項影像、影片 AI 功能。

STEP 01 開啟專案後在畫面左下角會看到 ✨ **Canva 小幫手**，不選取任何物件的情況下，選按 ✨，**建議動作** 區塊會依目前專案內容給予建議，選按 **顯示更多** 會列項更多建議動作與功能，方便快速完成設計。

1-16

STEP 02 往下捲動可看到，依目前專案內容給予圖像元素與照片的搭配建議，選按 **查看全部**，會開啟 **元素** 側邊欄顯示更多建議項目，直接拖曳合適的元素或照片至專案中使用，簡化搜尋快速完成設計。

STEP 03 選取影像再選按 ✦ **Canva 小幫手**，會建議與該物件屬性相關的動作，例如：魔法橡皮擦、魔法編輯工具...等，選按 **顯示更多**，則列項更多建議動作。

Tip 7　上傳格式限制與需求

設計 Canva 專案時,是否想加入自己的照片、影片或自製影像?上傳前請先參考以下說明,了解支援的檔案格式與上傳空間的相關限制。

	Canva 免費版	Canva 教育版 Canva 非營利組織	Canva Pro Canva 團隊版
上傳 空間	5 GB	100 GB	1 TB
影像	支援 JPEG、PNG、HEIC/HEIF、WebP 檔案格式,檔案需小於 50 MB,尺寸不可超過 2.5 億像素 (寬度 x 高度),WebP 只支援靜態圖片。 支援 SVG 檔案格式,檔案需小於 3 MB,寬度為 150 ~ 200 像素。		
音訊	支援 M4A、MP3、OGG、WAV、WEBM 檔案格式。 檔案需小於 250 MB。		
影片	支援 MOV、GIF、MP4、MPEG、MKV、WEBM 檔案格式。 檔案需小於 1 GB。Canva 支援 4K 匯出,但上傳 4K 影片會縮小至 1080p。		
字型	Canva Pro、Canva 團隊版、Canva 教育版、Canva 非營利組織版,以上使用者皆可上傳字型,需確認具嵌入的授權。 支援 Open Type (.otf)、True Type (.ttf)、Web 開放格式 (.woff) 字型,每個品牌工具組 (使團體設計維持一致的設定) 最多可以上傳 500 種字型。		
其他	支援 Adobe Illustrator 的 .ai 檔案格式,檔案小於 300 MB,僅支援儲存為「PDF 相容格式」的 .ai 檔案,匯入時可能無法保留圖層結構。 支援 PowerPoint (.ppt、.pptx 和 .potx) 檔案格式,檔案小於 100 MB,某些內容或設定可能無法匯入,例如:3D 物件、文字藝術、圖案填滿。 支援 Word (.doc、.docx 或 .dotx) 檔案格式,檔案小於 100 MB。 支援 PDF 檔案,會匯入為個別影像,不會成為可編輯的文字頁面。		

更詳盡的說明,請參考 Canva 官網:「https://www.canva.com/zh_tw/help/upload-formats-requirements/」。

PART
02

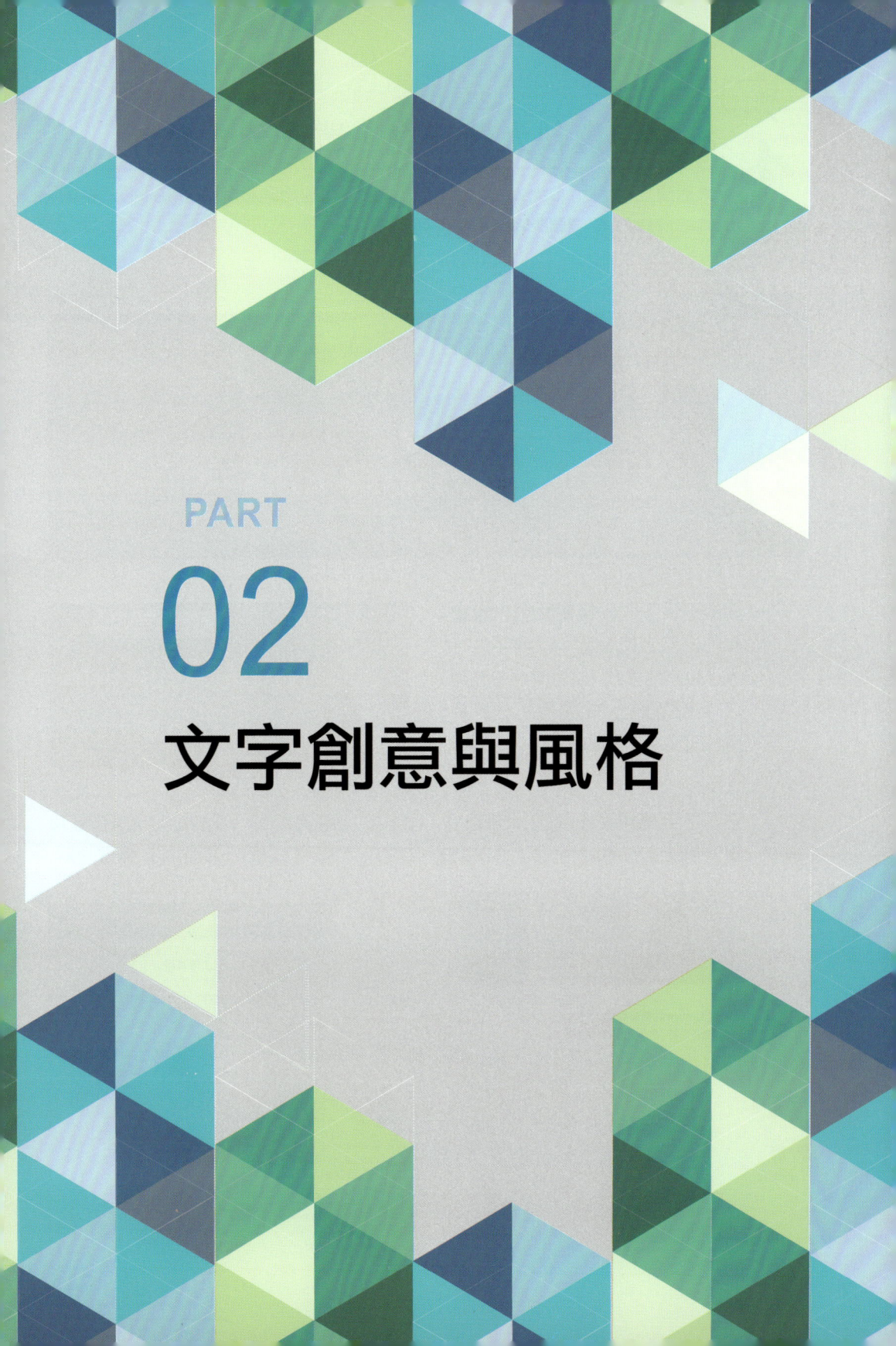

文字創意與風格

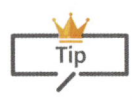

Tip 1 純文字資料大量建立，單一款式設計

大量建立 是利用 Canva 專案與資料連接，可在相同設計頁面快速插入規則性的資料內容，類似 **Word 合併列印** 效果。

BEFORE　　　　　　　　　　　　　　　　　　　　　　　　**AFTER**

STEP 01 開啟專案，先安排要套用大量資料的文字方塊位置，以及字型、大小及其他樣式 (此範例已預先建立 "這是標題"、"這是內文" 與 "頁碼" 三個文字方塊)。

STEP 02 至側邊欄 **應用程式** 選按 **大量建立**，再選按 **上傳資料** 鈕，於對話方塊選擇要套用大量建立的檔案 (可以上傳 XLSX、CSV、TSV 格式檔)，接著選按 **開啟** 鈕。

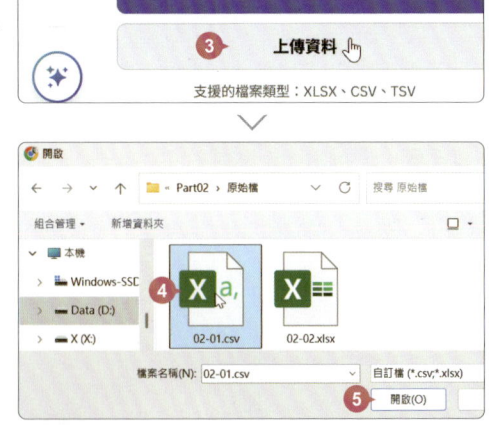

2-2

STEP 03 於要建立連接的文字方塊上按一下滑鼠右鍵 (在此示範 "這是標題")，清單選按 **連接資料**，再選按要連接的資料項目。

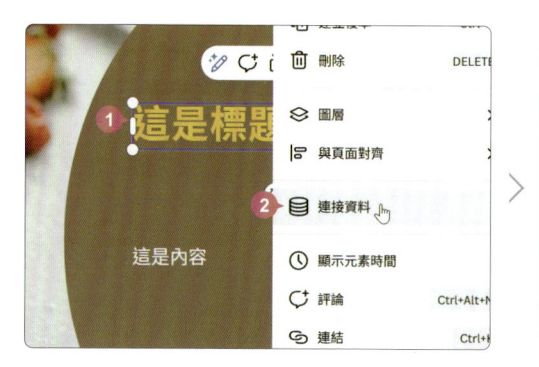

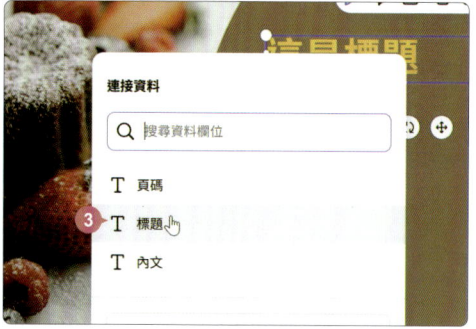

STEP 04 以相同方式完成 "這是內文" 與 "頁碼" 文字方塊的連接後，側邊欄選按 **繼續** 鈕。

小提示

以 Excel 整理資料該注意的事

以 Excel 建立資料檔內容時，第 1 列資料是項目的名稱，最多可以 60 個項目 (例如："姓名")，第 2 列開始為項目對應的內容 (例如："王小明")，最多可以有 300 列。若存儲成 CSV 檔案，存檔時 **存檔類型** 要選擇 **CSV UTF-8 (逗號分隔)(*.csv)**，匯入 Canva 時才不會呈現亂碼 (或參考 Tip 2 示範，以複製的方式取得資料)。

2-3

STEP 05 側邊欄核選要套用的資料項目 (可核選 **選取全部** 選取所有頁面)，再選按 **產生 ** 個設計** 鈕。

STEP 06 會產生新的專案，並已套用 CSV 中的大量資料，完成多頁單一款式簡報設計。

Tip 2 圖、文資料大量建立，多款式設計

大量建立 除了套用單一設計頁面，也可套用於多款式設計頁面，還可以加入指定圖片。

BEFORE　　　　　　　　　　　　　　　　　AFTER

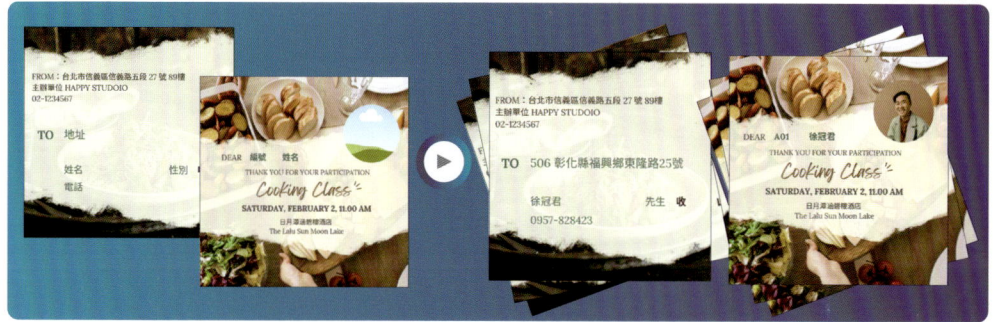

STEP 01 開啟專案，先安排要套用大量資料的文字方塊位置，也先設計好字型、大小及其他樣式。

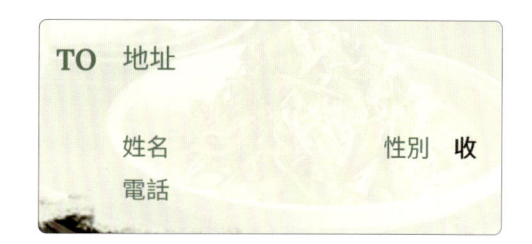

STEP 02 至側邊欄 **上傳** 選按 **上傳檔案**，按 `Ctrl` 鍵，選取欲上傳的圖片檔案，再選按 **開啟** 鈕，完成後即可於 **影像** 標籤中看到。

2-5

STEP 03 至側邊欄 **應用程式** 選按 **大量建立**,再選按 **手動輸入資料** 鈕,開啟 **新增資料** 視窗。

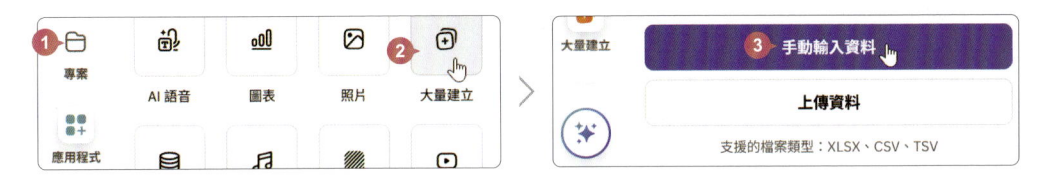

STEP 04 開啟資料檔案,在此開啟範例原始檔 <02-02.xlsx>,如下圖選取資料後,按 Ctrl + C 鍵複製資料,回到 Canva 於 **新增資料** 視窗,如圖選按最左側項目名稱方格,再按 Ctrl + V 鍵貼上資料。

STEP 05 新增影像欄位:選按 **新增影像**,輸入項目名稱,選按項目名稱下方的方格,清單中選按該列對應影像。

STEP 06 依相同的方法指定每列對應的影像,最後選按右下角 **完成** 鈕。

2-6

STEP 07　於要建立連接的文字方塊上按一下滑鼠右鍵，清單選按 **連接資料**，再選按要連接的資料項目，以相同的方法完成其他文字方塊的連結。

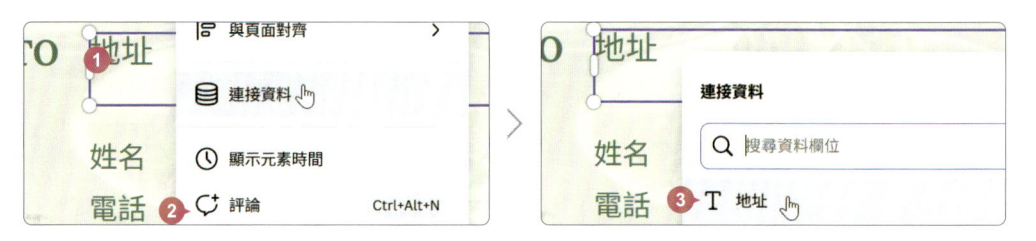

STEP 08　於第二頁要建立連接的邊框元素上按一下滑鼠右鍵，清單選按 **連接資料 \ 影像**，再選按要連接的影像項目。(只有插入 **元素 \ 邊框** 元素才可以連結影像)

STEP 09　以相同方式完成其他文字方塊與相對應資料項目連接後，側邊欄選按 **繼續** 鈕。

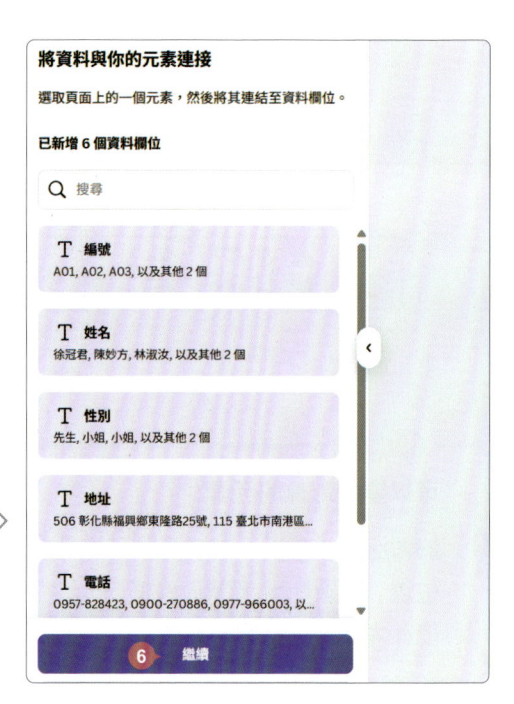

設計力　02　文字創意與風格

2-7

STEP 10 側邊欄核選要套用的資料項目 (可直接核選 **選取全部**)，再選按 **產生 ** 個設計** 鈕。

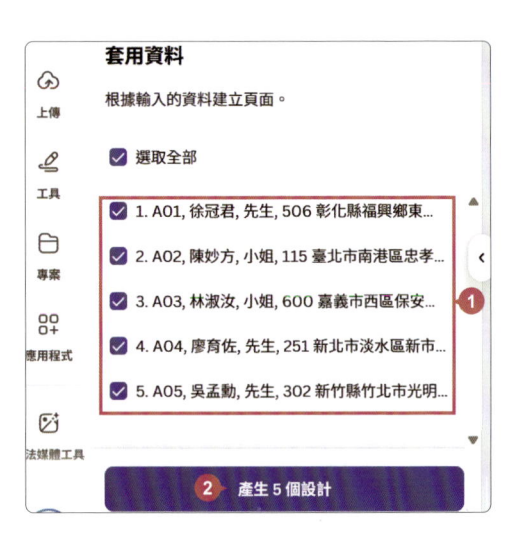

STEP 11 會產生一個新的專案，並已套用大量資料，完成多頁信封標籤與邀請卡設計。

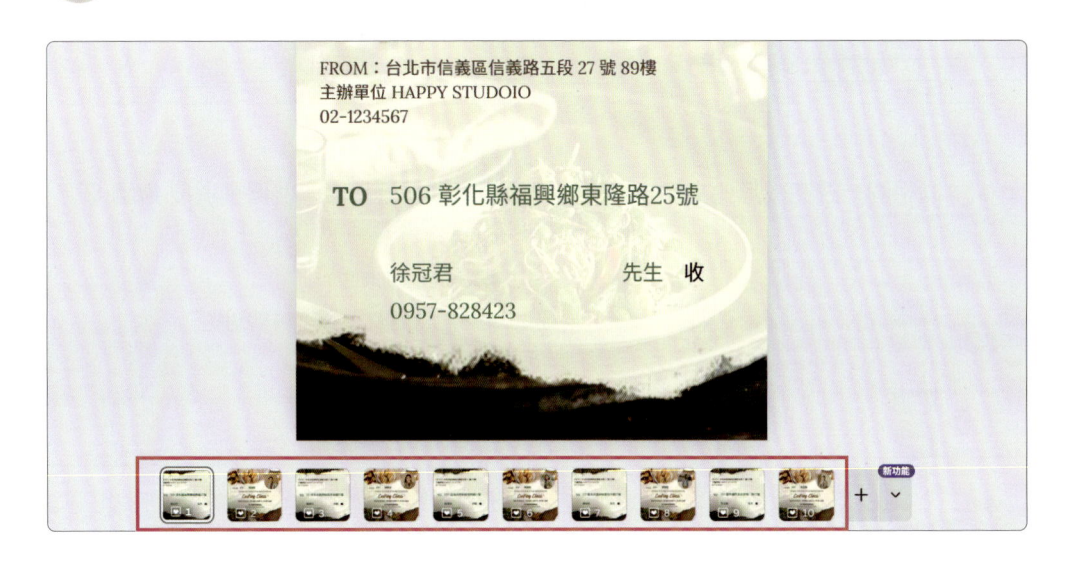

小提示

可以連結影像的元素

設置版型的時候，若想要預留影像的位置，必須使用 **元素 \ 邊框** 元素才能在大量建立時連結影像。

2-8

Tip 3 大量文字翻譯

Canva 可翻譯整分專案、整頁文字或目前頁面選取的文字,並可指定要於原設計直接翻譯或將翻譯結果以新頁面呈現。

BEFORE / **AFTER**

STEP 01 開啟專案,選取任一文字框,選按文字框工具 ⋯ \ **翻譯文字**。

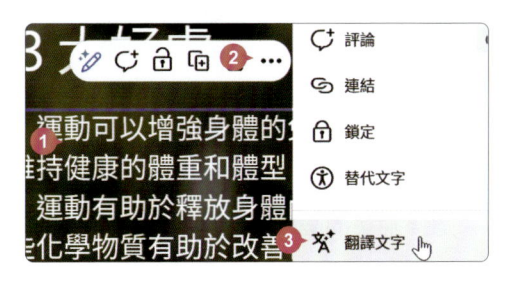

STEP 02 於 **翻譯** 標籤選擇 **譯文語言** 及翻譯範圍(**選擇頁** 或 **從目前頁面選取文字**),於 **套用至頁面** 選擇頁數 (或核選 **總頁數**),再選按 **完成** 鈕。

STEP 03 於 **設定** 標籤核選 **翻譯時複製頁面**，這樣就會保留原有頁面並使用複製頁面來翻譯文字。

STEP 04 再於 **翻譯** 標籤選按 **翻譯** 鈕，開始翻譯。待完成後會於原專案中，插入翻譯頁面 (頁面名稱會以 (譯文) 標示)，若不滿意翻譯結果，可依相同操作重新翻譯。

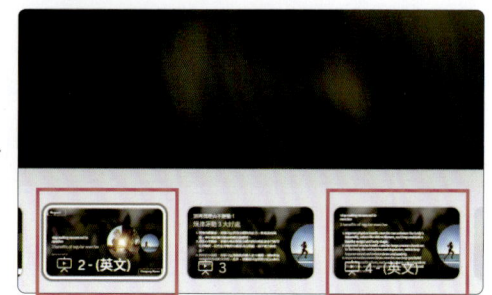

小提示

選擇翻譯的語氣

使用 Canva 翻譯可以選擇需要的語氣，目前有 19 種語言可選擇語氣，詳情可參考官方說明「https://www.canva.com/zh_tw/help/translate-canva-designs/」。

小提示

將翻譯頁面產生於新專案

Canva 專案編輯畫面左上角選按 **調整尺寸 \ 翻譯** 再依步驟選擇譯文語言與套用方式後，可將翻譯結果產生至新專案。

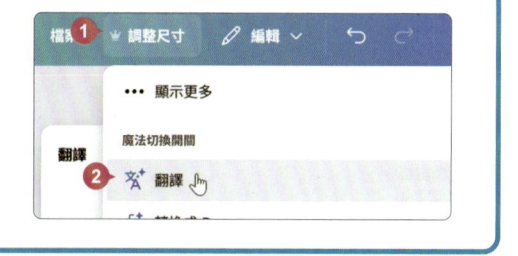

Tip 4 上傳字型

Canva 專案範本大多數的文字設計都是套用英文字體，如果找不到合適的字型或是公司指定字型，可以自行上傳。

BEFORE / **AFTER**

STEP 01 專案中選按文字方塊，工具列選按 **字型** 開啟側邊欄，於 **字型** 標籤最下方選按 **上傳字型**。

設計力 02 文字創意與風格

2-11

STEP 02 選擇字型檔案後選按 **開啟**，再選按 **是的，上傳吧!** 鈕，上傳完成即可於側邊欄 **字型** 標籤 \ **上傳的字型** 中找到並套用該字型。(支援的字型檔案格式分別有以下這些：*.woff、woff2、*.otf、*.otc、*.ttf、*.tte。)

小提示

為何無法上傳字型？

上傳字型時須確認以下幾點才能上傳及使用字型：

- **帳號版本**：必須是 Canva Pro、Canva - 團隊版、Canva - 教育版和 Canva - 非營利組織版。
- **上傳者的身份**：必須是擁有者、管理員和品牌設計師。
- **字型檔案格式**：必須為 OTF、TTF 或 WOFF 格式。
- **授權問題**：字型必須有嵌入授權，由於授權協議的關係，Adobe Originals 字型無法上傳。如果無法確定，請詢問字型供應商，或確認是否需要取得正確的授權或檔案版本。
- **超過可上傳數量**：每個品牌套件最多可上傳 500 個字型。
- **檔案損毀**：檔案無法讀取。尋找新的字型並上傳。

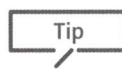

Tip 5　一次變更指定的文字字型與顏色

設計過程中，不斷調整文字字型和顏色費時費力。Canva 專案可以一次性變更指定的字型與顏色，讓設計過程更加高效和精確。

BEFORE　　　　　　　　　　　　　　　　　　　　　　　AFTER

變更專案全部的字型

開啟專案，先選按要變更設定的文字方塊，再選按 **字型** 開啟側邊欄，選按要變更的字型，再選按 **全部變更** 鈕，即可將整份專案中該字型全部變更為指定的字型。

2-13

變更專案全部的文字顏色

選取要變更的文字方塊,工具列選按 A 開啟側邊欄,選按要變更的顏色,再選按 **全部變更** 鈕,即可將整份專案中該顏色的文字全部變更為指定的顏色。

> **小提示**
>
> **更多的字型選項**
>
> 若字型左側有 > 表示該字型有提供其他字型樣式,可以選按 > 展開清單後,再選按合適的樣式使用。

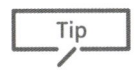

Tip 6 多重文字陰影設計

透過不同的設定和樣式修改，輕鬆設計出多重效果的文字陰影，為文字增添更多變化。

BEFORE canva

AFTER canva

STEP 01 開啟專案，選取要增加陰影的文字方塊，工具列選按 **效果** 開啟側邊欄，選按 **陰影**，調整 **模糊化** 與 **透明度** 的值，再變更 **顏色** 讓文字下方呈現淺粉色陰影。

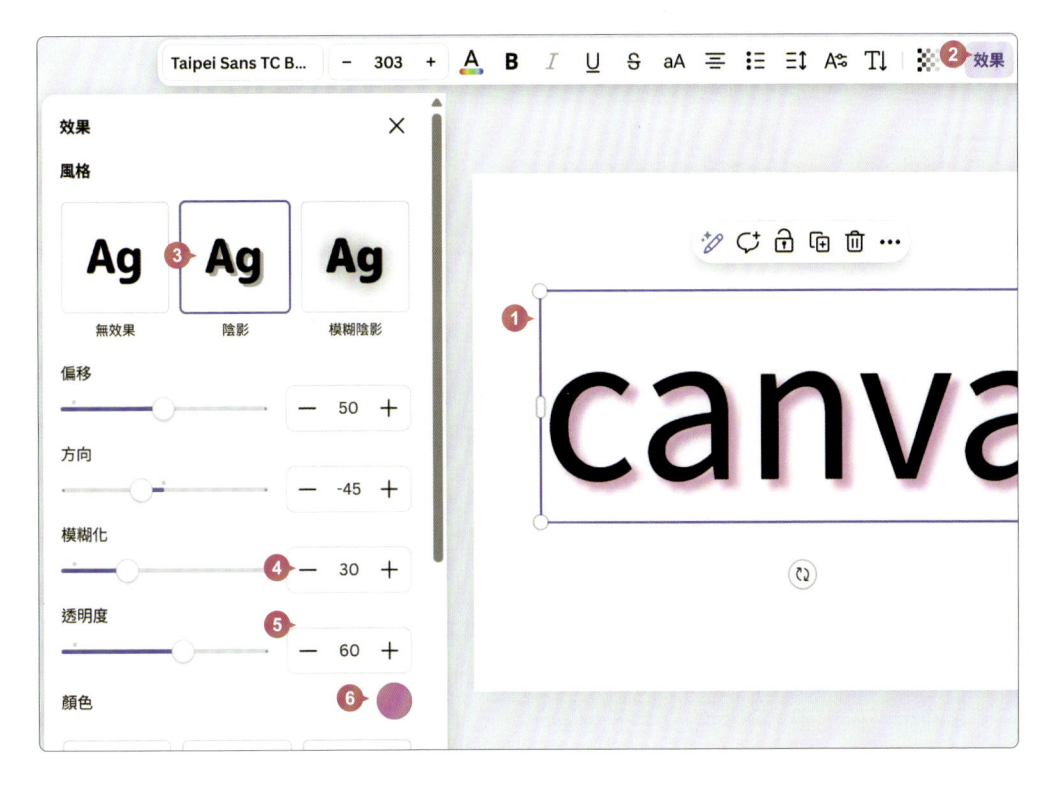

2-15

STEP 02 選按 複製文字方塊，再移動到如下圖位置。

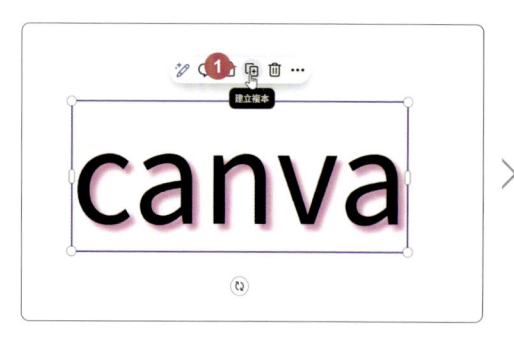

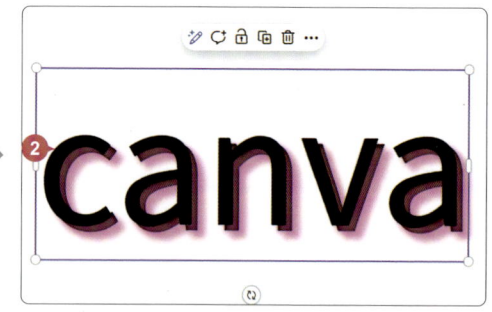

STEP 03 側邊欄設定 **偏移**、**模糊化** 與 **透明度** 的值 (若側邊欄未開啟，可於工具列選按 **效果**)，再變更 **顏色**，讓文字下方呈現藍綠色的實線陰影。

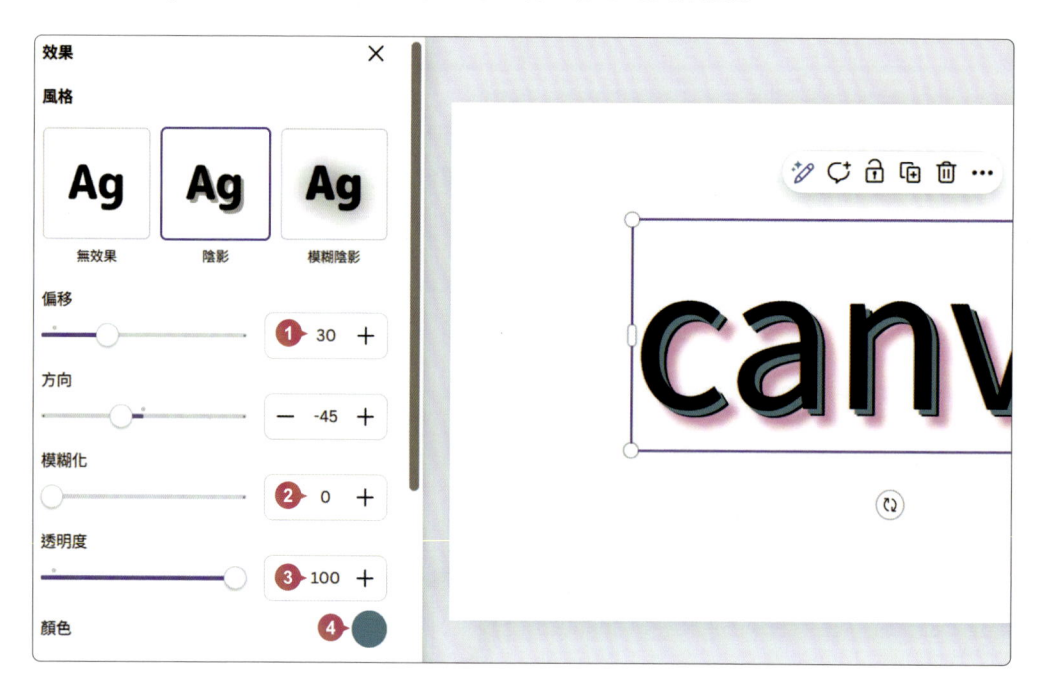

小提示

更多文字效果

Cnava 的文字效果有十二種，包括：**空心**、**出竅**、**外框**、**双重陰影**、**色階分離**、**霓虹燈**...等，每一個效果都有對應項目可以調整，也可以如同此範例交疊使用，做出更多不同的文字效果變化。

Tip 7 用照片填滿文字

文字不再僅能填入顏色,為文字填入照片,實現更豐富的視覺效果並與設計內容相互呼應。

02 文字創意與風格

BEFORE　　　　　　　　　AFTER

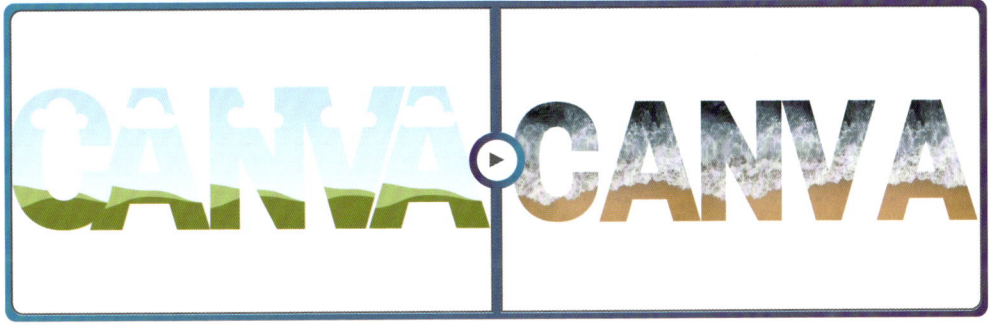

STEP 01 開啟專案,至側邊欄 **元素**,輸入關鍵字「letter frame」,按 Enter 鍵搜尋。

STEP 02 選按 **邊框** 項目,選按要使用的文字邊框元素插入至頁面,並移動到合適位置。(下個步驟會統一調整大小與對齊)

2-17

STEP 03 按 Ctrl + A 鍵全選文字邊框元素,拖曳四個角落控制點調整至合適大小。

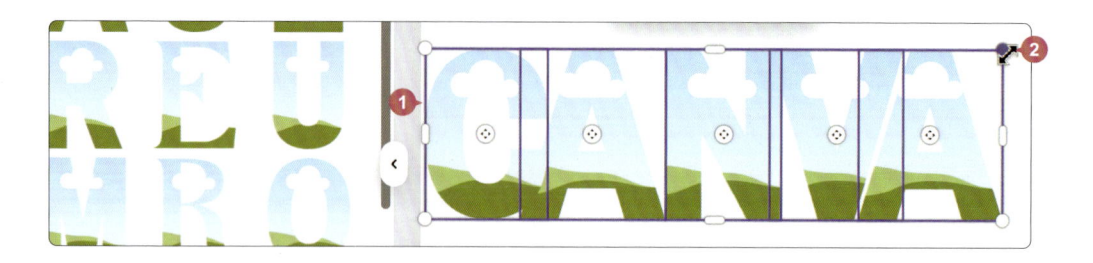

STEP 04 文字邊框元素全選狀態下,工具列選按 **位置** 開啟側邊欄,於 **排列** 標籤選按 **靠下**、**水平**,邊框文字元素位置與間距就會調整一致,也可再依需求調整。

STEP 05 至側邊欄 **元素**,輸入關鍵字「海灘」,按 Enter 鍵搜尋。於合適的照片素材上按住滑鼠左鍵不放,拖曳至文字邊框元素上放開,完成套用。

2-18

STEP 06　依相同的方法完成其他文字邊框元素的套用。

STEP 07　接著調整照片顯示的位置，選取文字邊框元素，工具列選按 🔲 開啟側邊欄。

STEP 08　選按 **裁切** 標籤，將滑鼠指標移到照片上呈 ✥ 狀，拖曳照片至合適位置，拖曳四個角落控制點可放大縮小照片，選按 **完成** 鈕完成照片裁切，再依相同的方法調整其他文字邊框元素。

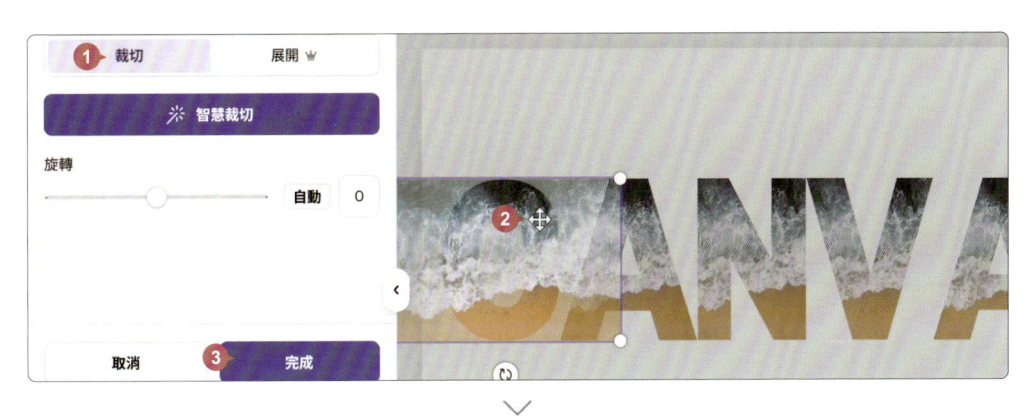

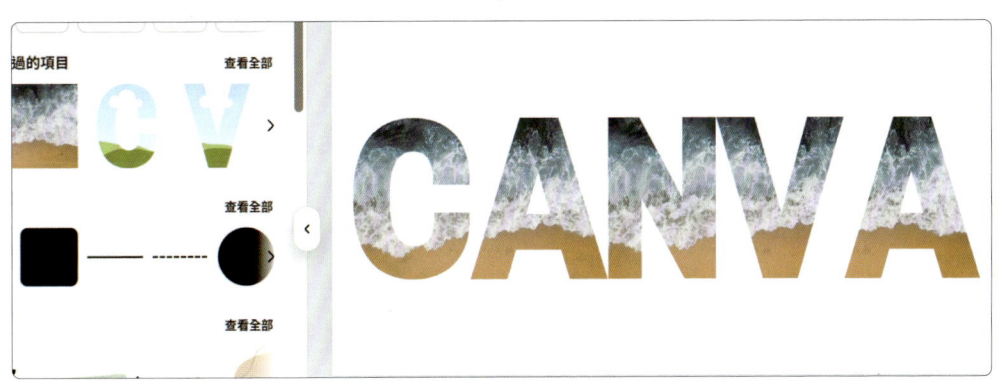

Tip 8　3D 浮雕立體字設計

巧妙運用文字的 **空心** 及 **透明度** 效果，透過重疊多個不同效果的文字元素，快速打造出特殊的立體文字設計。

BEFORE / **AFTER**

STEP 01 開啟專案，選取要套用效果的文字方塊，工具列選按 **效果** 開啟側邊欄。

STEP 02 側邊欄選按 **模糊陰影**，調整 **強度** 的值。

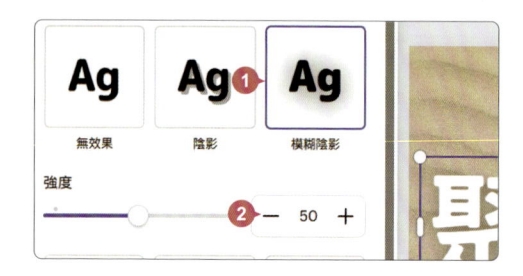

STEP 03 工具列選按 ⬚，調整 **透明度：50**，再選按 ⬚ 複製文字方塊。

STEP 04 修改複製的文字顏色，工具列選按 A，側邊欄選按 **黑色#000000**。

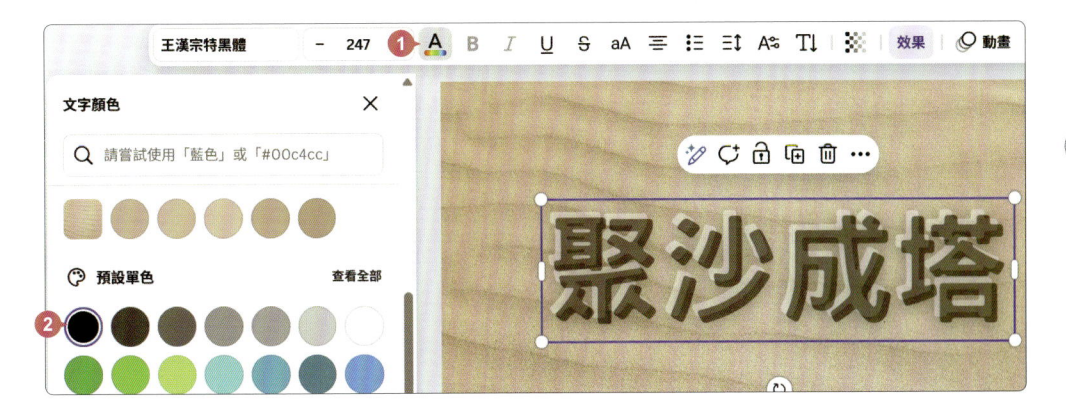

STEP 05 工具列選按 **效果**，側邊欄選按 **空心**，調整 **粗細**：「**50**」。

STEP 06 將文字方塊拖移動至與第一個文字方塊重疊的位置，再選按 複製文字方塊。

2-21

STEP 07 修改複製的文字顏色，工具列選按 A，側邊欄選按 白色#ffffff。

STEP 08 工具列選按 ▨，調整 **透明度：100**。

STEP 09 將白色空心文字方塊移動至如下圖位置，完成立體文字設計。(如果不容易調整較細微的位置，可按著 Ctrl 鍵再拖移，或是利用按方向鍵移動。)

Tip 9 氣球文字與更多英文字母圖像元素設計

Canva 內建許多以英文字母設計的圖像元素,可以利用關鍵字搜尋,讓文字設計更多元豐富。

BEFORE / **AFTER**

STEP 01 開啟專案,至側邊欄 **元素**,輸入關鍵字「balloon letter」,按 Enter 鍵搜尋。(關鍵字後方可以一空白鍵,再輸入顏色或指定字母,進行更精確的搜尋。)

STEP 02 於 **圖像** 標籤,一一選按要插入的氣球字母圖像元素,加入專案並調整大小。

2-23

STEP 03 按 `Ctrl` + `A` 鍵，在元素全選的狀態下，工具列選按 **位置** 開啟側邊欄，於 **排列** 標籤選按 **靠下** 將圖像元素對齊下方，再選按 **水平** 調整每個圖像元素之間的間距，之後再利用方向鍵微調每個字元位置完成設計。

小提示

用關鍵字找到更多不同類型的字母圖像元素

設計時，可利用以下關鍵字找到更多特殊字母圖像元素：動畫文字(letter sticker)、拼貼文字(cutout letters)、手寫字(letter word)、A-Z字母表(Alphabet)、卡通字(cartoon letter)、融化文字(letter melt)、蜂蜜文字(letter honey)、動態文字(letter Animate)、有花的文字(letter flower)。

Tip 10 AI "魔法變形工具" 3D 圖像與材質文字

Canva AI 文字或形狀變形工具,透過文字描述與提示,轉換成指定的 3D 圖像與材質效果。(首次可免費試用 30 天)

02 文字創意與風格 / 設計力

BEFORE canva **AFTER** canva

STEP 01 開啟專案,至側邊欄 **應用程式**,於 **AI 產生的內容** 項目,選按 **魔法變形工具** (若找不到該項目,可於上方搜尋列輸入:「魔法變形工具」查找;該工具首次使用需選按 **開啟** 鈕)。

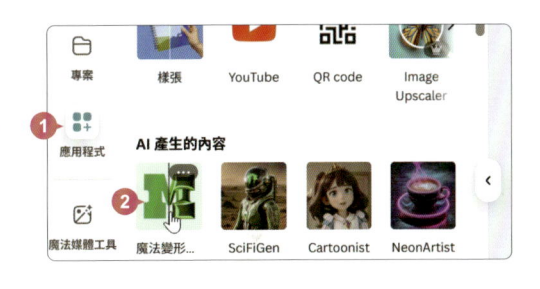

STEP 02 選取要進行 AI 變形的文字方塊,側邊欄 **描述外觀** 輸入描述,在此輸入「金屬質感銀色氣球」。

2-25

STEP 03 如果想不到合適的描述，也可以於 **試用範例** 選按範例縮圖產生描述，輸入完成後選按 **魔法變形工具** 鈕。

STEP 04 接著於側邊欄會生成四個符合描述的圖像，選按合適的魔法變形文字即可插入頁面，再將原始文字方塊刪除，調整魔法變形文字的大小及位置即完成設計。

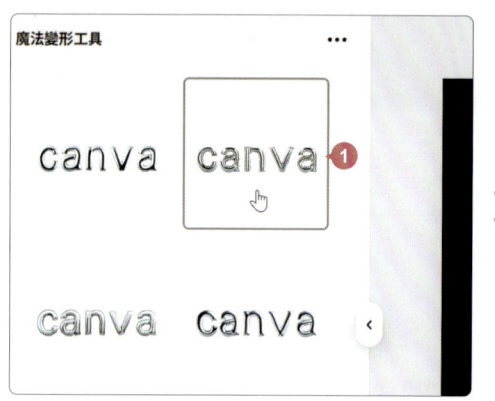

小提示

不滿意產生的變形效果該怎麼辦？

如果不滿意生成的變形效果，可選按 **重新生成** 鈕；或是選按 **返回** 鈕，回到上一步驟，再重新修改 **描述外觀** 的描述，選按 **產生新的結果** 鈕再次產生。

Tip 11 文字任意變形工具

Canva 的應用程式 TypeCraft，可任意彎曲文字，為設計提供獨特的文字變形效果，讓專案設計有更多視覺上的變化。

02 文字創意與風格

BEFORE / **AFTER**

STEP 01 開啟專案，至側邊欄 **應用程式**，上方搜尋列輸入：「TypeCraft」，按 `Enter` 鍵搜尋；清單中選按 **TypeCraft** (該工具首次使用需選按 **開啟** 鈕)。

STEP 02 於側邊欄 **Text** 輸入要製作的文字內容，再於 **Font** 設定字型，選按 **Style** 下方縮圖會展開相對應的設定項目，在此選按 **Outline**，接著於下方設定 **Colors** (文字、外框顏色)、**Border Width** (外框寬度)。

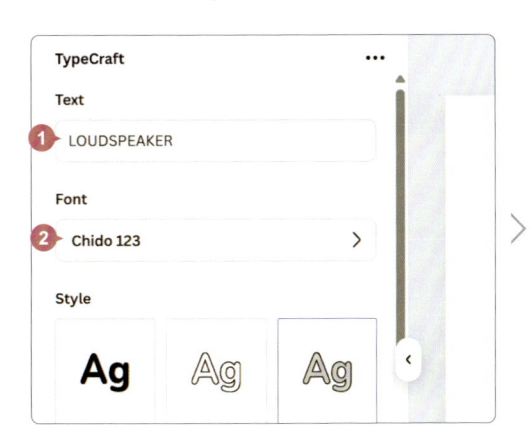

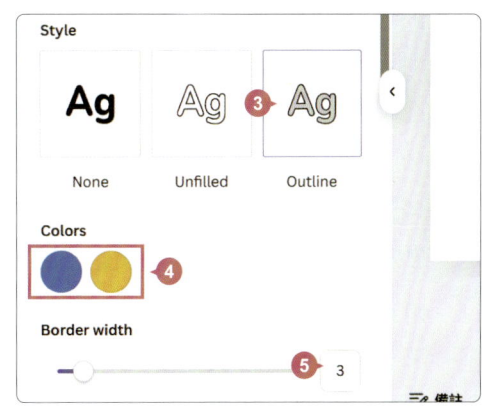

2-27

STEP 03 於 **Edit shape** 預覽畫面中,將滑鼠指標移至變形控點上,拖曳控點即可隨意變形。

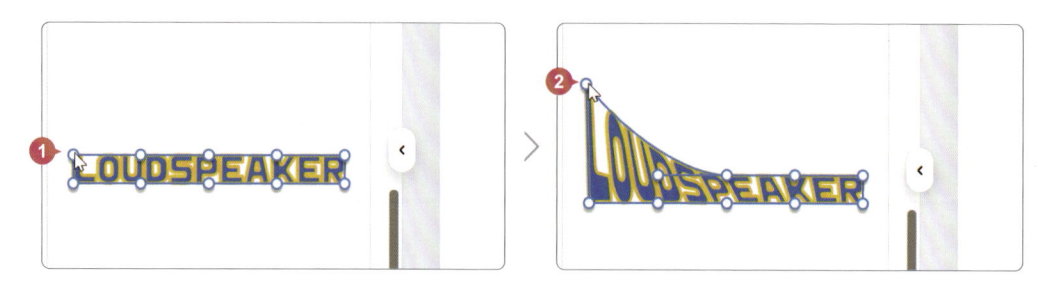

STEP 04 將滑鼠指標移至手把控點上,拖曳則可調整該處彎曲程度。

STEP 05 調整完成後,選按 **Add element to design** 鈕,即可將變形後的文字插入至頁面中。(之後只要於預覽畫面調整變形內容,再選按 **Update element** 鈕,即可更新。)

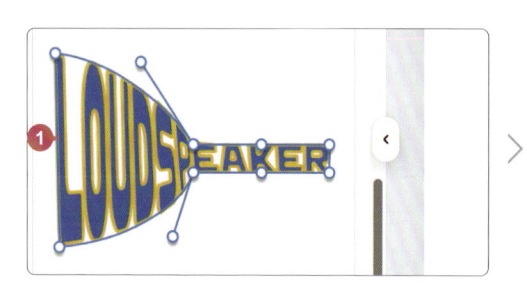

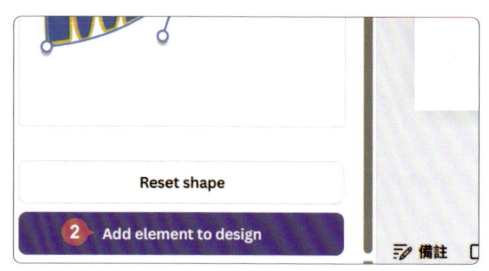

小提示

想要回到初始狀態重新調整該怎麼辦?

如果想要回到最原始未變形的文字狀態,可以選按 **Reset shape** 鈕,即可將文字還原為初始狀態。

PART
03

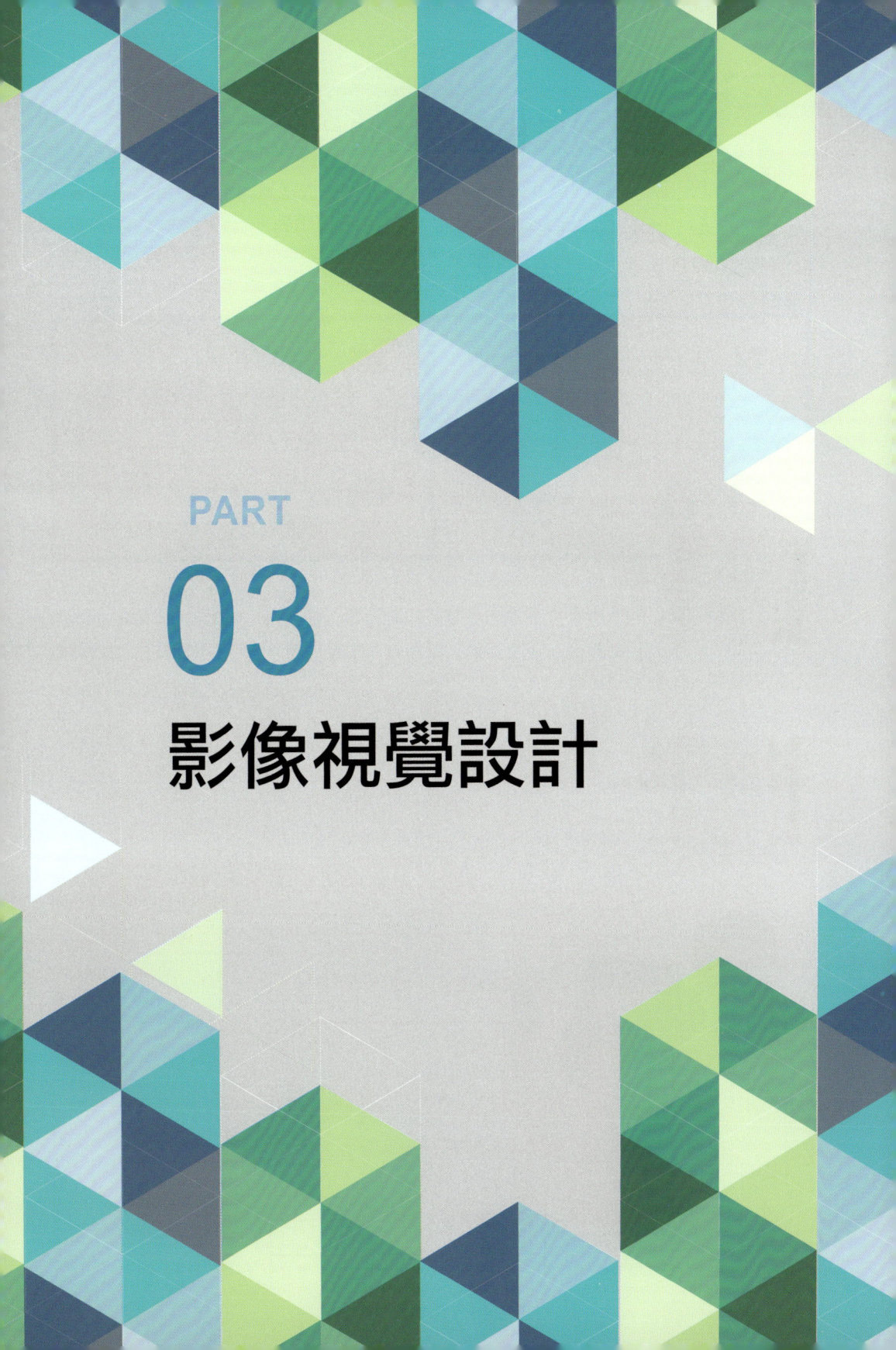

影像視覺設計

Tip 1 快速找到風格相近的照片或元素

使用風格相近的照片或元素，可以讓作品達成視覺與整體設計形象的一致性，照片與元素的查找方法相同，在此以元素示範。

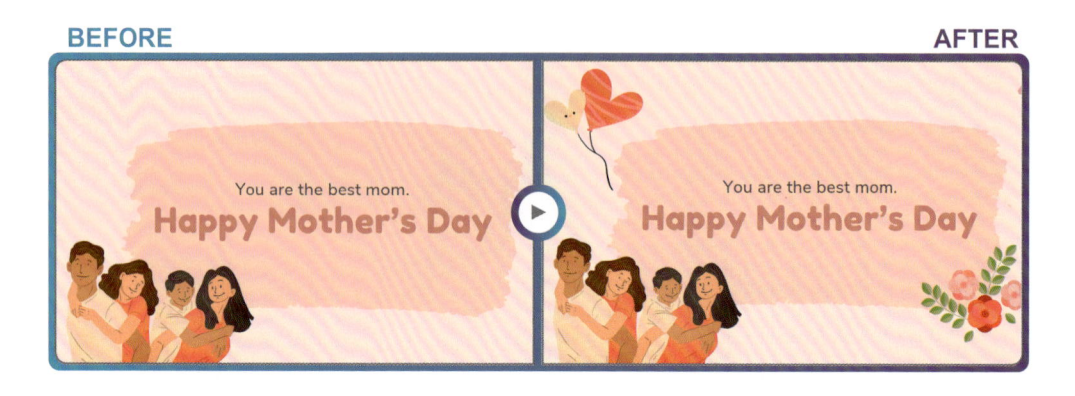

BEFORE / **AFTER**

STEP 01 瀏覽資訊：開啟專案，於頁面上選取如圖元素，選按 ⋯ \ **資訊**，清單中可以看到該元素的詳細資訊，包含名稱、創作者、免費版或 Pro 版帳號使用、元素關鍵字，以及相關功能。

元素名稱 / 創作者

免費版或 Pro 版帳號使用　元素關鍵字　快速找到風格相近的元素

3-2

STEP 02 利用創作者尋找：清單中選按創作者連結，側邊欄即可看到此創作者提供的更多設計，搭配關鍵字，藉此快速搜尋到風格相近且符合主題的元素。

STEP 03 查看收藏：將滑鼠指標移到圖片右上角選按 ⋯ \ **查看收藏**，側邊欄即可看到與此元素風格相近的其他元素，藉此快速搜尋。(清單中的 **查看更多類似內容**，也可找到風格相近元素)

STEP 04 搜尋到合適的元素後，可選按元素縮圖加入專案設計中，利用四個角落控點調整大小，並拖曳移動至合適位置。

Tip 2 利用圖層管理與排列設計元素

一份完整的設計作品由許多元素構成，一旦元素越多越複雜，管理與快速選取就更顯重要，透過 **圖層** 即可輕鬆選取元素編輯或排列。

BEFORE　　　　　　　　　　　　　　　　　　　　　　　　AFTER

調整元素排列順序

STEP 01 開啟專案，選取頁面，工具列選按 **位置** 開啟側邊欄，於 **圖層** 標籤，透過選按圖層，選取頁面中相對應元素。

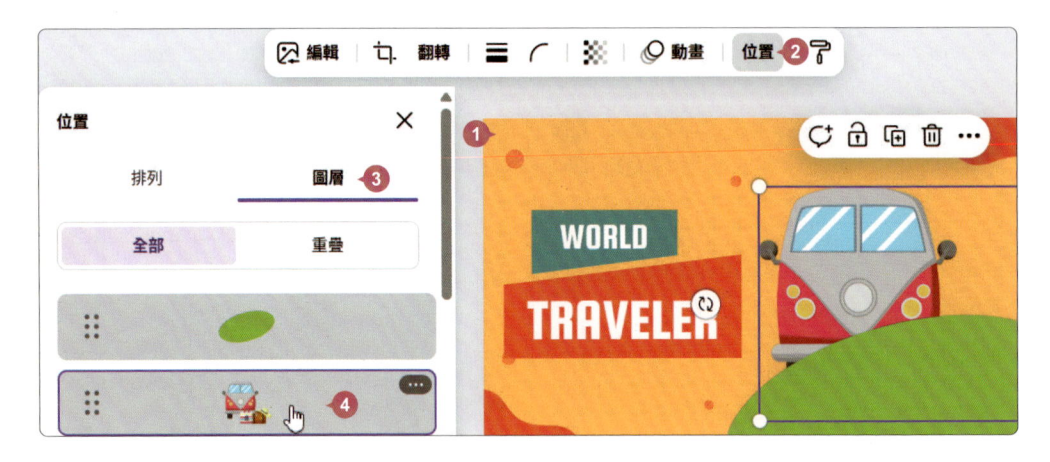

STEP 02 滑鼠指標移至圖層上按住滑鼠左鍵不放，往上或往下拖曳，調整元素在頁面中的排列順序。

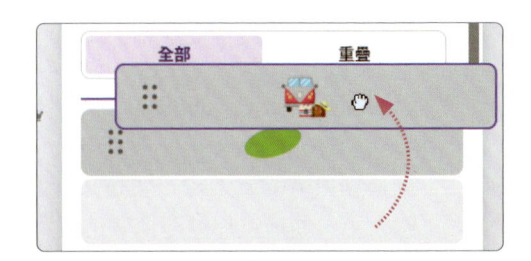

3-4

選取多個元素並群組

利用圖層選取多個元素並建立群組，能快速且同時移動多個元素。

按 Ctrl 鍵不放，分別選按要群組的圖層，然後將滑鼠指標移至選取的任一圖層上，選按右側 ⋯ \ **建立群組**，即可將數個圖層群組成一個圖層並顯示 圖示。

圖層鎖定固定元素

可利用鎖定圖層位置，固定指定元素，避免專案編輯過程中不小心移動元素。將滑鼠指標移至欲鎖定的圖層右側選按 ⋯ \ **鎖定** \ **僅鎖定位置**，該圖層即鎖定無法移動並顯示 圖示 (若選按 **鎖定** 則會連編輯...等相關功能皆無法使用)。

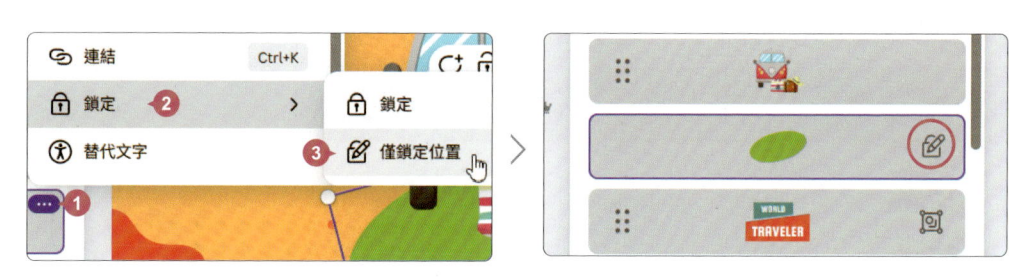

— 小提示 —

解鎖方式

選取鎖定的元素，於浮動工具列中選按 \ 解鎖。

3-5

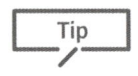

Tip 3 自動 / 手動調整照片亮度、對比和其他屬性

不僅可以透過 **自動調整** 快速修正整張照片，也可以自行選取照片中的指定區域調整亮度、對比、飽和度...等數值，讓照片更有質感。

BEFORE | **AFTER**

自動調整

開啟專案，選取照片，工具列選按 **編輯 \ 調整**，選按 **自動調整** 鈕，並透過 **強度** 設定調整，快速修正照片狀態。

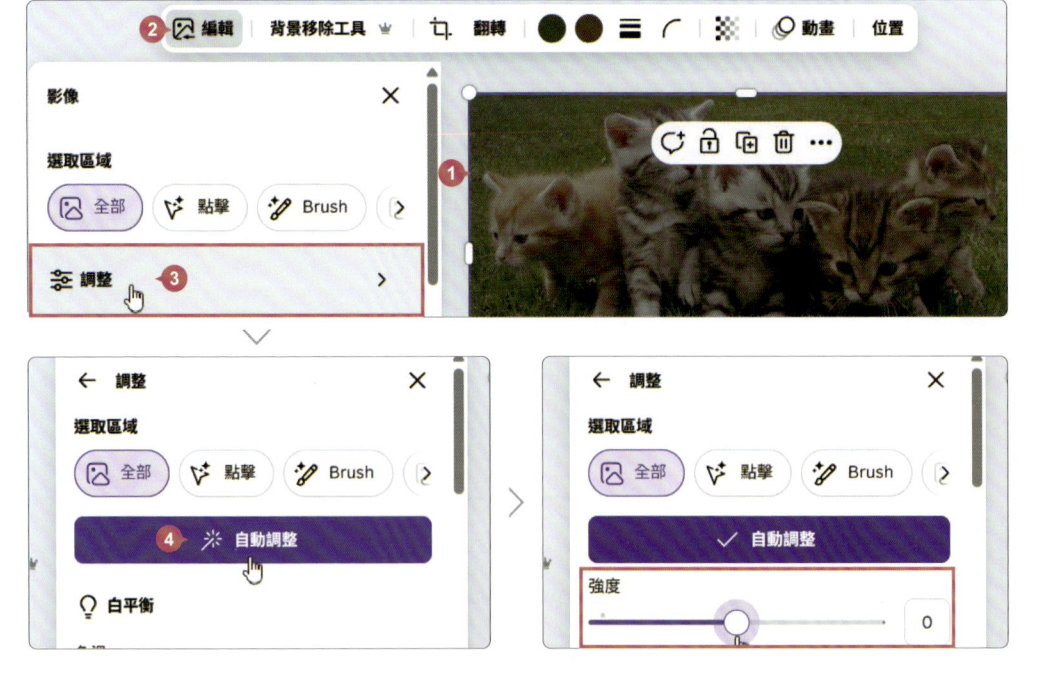

3-6

區域選擇與細節設定

除了選按 **全部** 調整整張照片，還可以透過 **點擊**、**Brush**、**前景** 或 **背景** 選取指定區域，調整色溫、色調、亮度、對比度或飽和度...等數值。

點擊：自動偵測照片中的物件後，透過點擊選取欲調整的區域。

Brush：透過筆刷塗抹，手動選取欲調整的區域。

前景：照片內容有明顯的前景、背景區隔時，可自動偵測照片中的前景並選取。

背景：照片內容有明顯的前景、背景區隔時，可自動偵測照片中的背景並選取。

在此選按 **點擊** 並選取如下圖區域後，於個別設定項目右側輸入數值，或在下方拖曳滑桿調整，向左拖曳降低強度、向右拖曳提高強度，調整完成後選按 ✕ 保留調整結果。

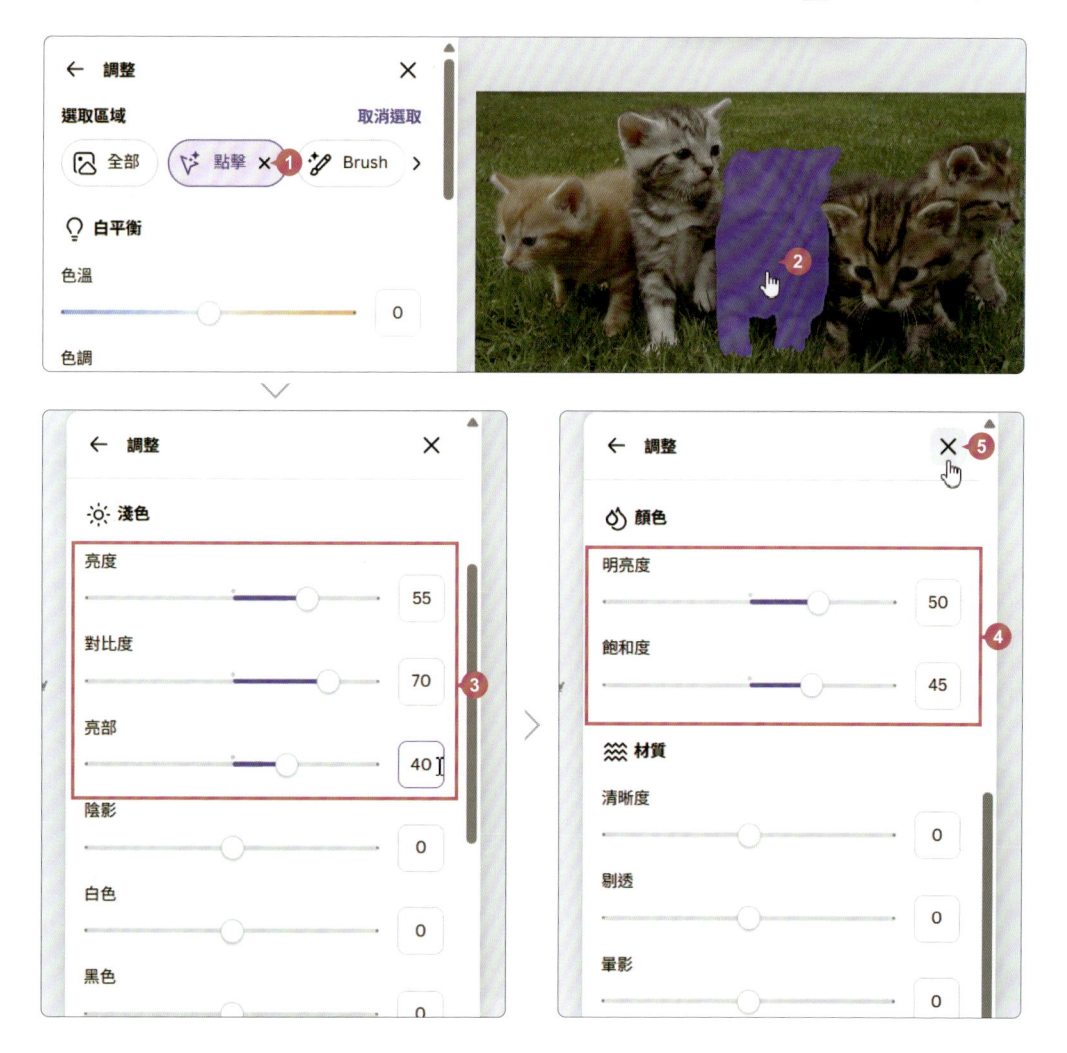

Tip 4 快速改變照片中的特定顏色

Canva 會自動辨識照片中的主要顏色,並顯示於工具列,透過選按工具列的顏色可以快速變更為所需要的顏色。

BEFORE **AFTER**

STEP 01 開啟專案,選取照片,工具列會顯示偵測到的照片主要顏色,選擇欲變更的顏色,在此選按 ◉ 開啟側邊欄,於 **預設顏色** 選按 ◉ 完成顏色變更。

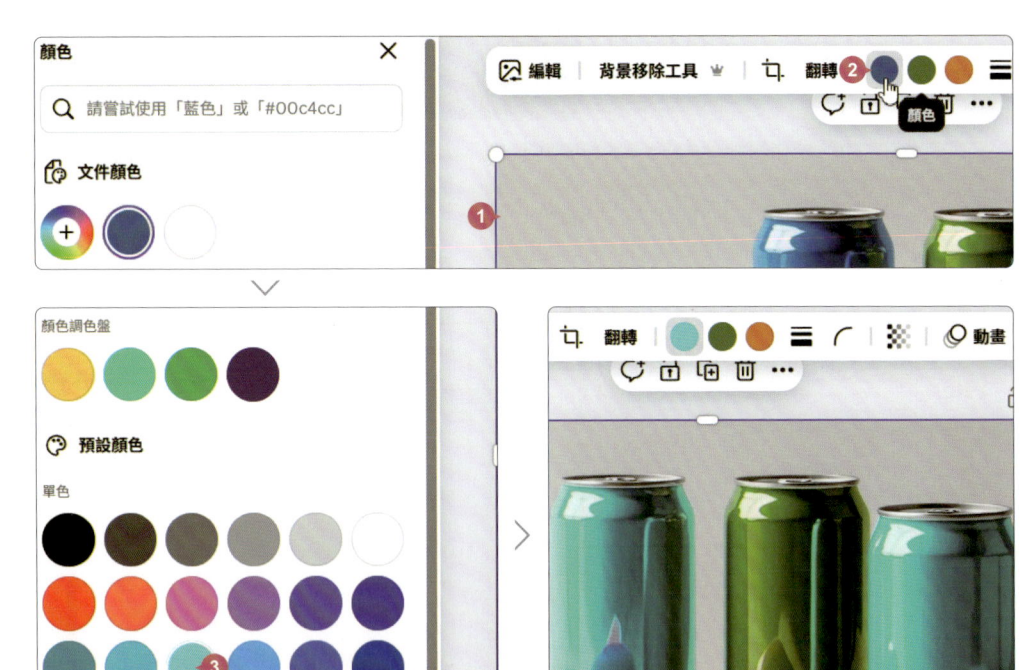

綠松色
#5ce1e6

STEP 02 依相同操作方式於工具列選按主要顏色，**預設顏色** 選按合適的顏色完成另外兩個顏色的變更。

小提示

無法辨識所有照片中的顏色？

Canva 工具列不會顯示色調過於相近的顏色，差異性大的顏色搭配較容易被辨識出來，更換顏色時也會更接近預想的顏色呈現。

變更的顏色呈現不如預期？

變更顏色時，會將選按的顏色依照片色調進行調整，若照片是藍色調，選按紅色在照片中會呈現偏紫色的紅色，甚至是紫色。

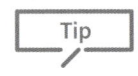

Tip 5 漸層背景設計

漸層效果經常被使用在背景中，比起單一顏色，漸層能製造更多視覺變化，與多樣化的效果呈現。

BEFORE　　　　　　　　　　　　　　　**AFTER**

利用背景顏色產生漸層效果

STEP 01 開啟專案，選取頁面，工具列選按 ● 開啟側邊欄，於 **預設顏色 \ 漸層** 選按任一漸層顏色即可套用；若選按 **全部變更** 鈕，則會將漸層套用至全部頁面。

3-10

STEP 02　若欲調整漸層顏色或方向,將滑鼠指標移至 **文件顏色** 該漸層顏色上方,滑鼠左鍵按兩下 開啟清單,於 **漸層** 標籤中即可自訂 **漸層顏色** 與 **風格**。(若 **文件顏色** 沒有出現該漸層顏色,可先關閉側邊欄,再次於工具列選按 **背景顏色** 開啟。)

利用元素產生漸層效果

STEP 01　至側邊欄 **元素**,輸入關鍵字「透明漸層」,按 Enter 鍵開始搜尋,於 **圖像** 選按如圖漸層元素插入至頁面,將滑鼠指標移至 ⟲ 上呈 ↔ 狀。

STEP 02　往左拖曳旋轉至合適角度 (旋轉中可以看到角度資訊),再利用四個角落控點調整大小,並拖曳移動至合適位置擺放。

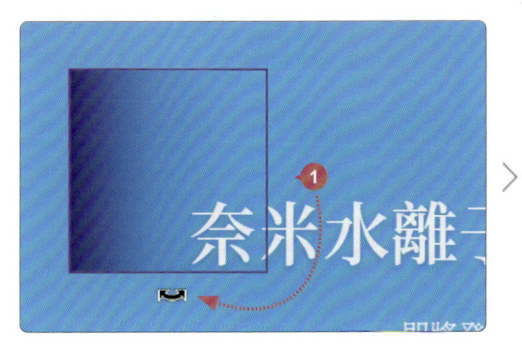

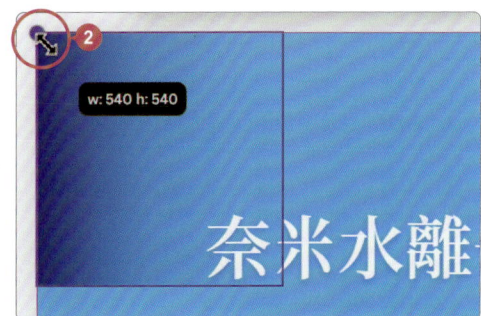

3-11

利用照片產生漸層效果

- 方法一：至側邊欄 **應用程式** 選按 **照片**，輸入關鍵字「漸層」(關鍵字也可再加上指定色彩)，按 Enter 鍵開始搜尋，選按如圖照片插入至頁面中。

    接著於選取照片狀態下，選按 ··· \ **更換背景**，指定更換為背景，完成利用照片呈現背景漸層的設計效果。

- 方法二：至側邊欄 **應用程式** 選按 **照片**，選擇任一張合適的照片，工具列選按 **編輯** 開啟側邊欄。於 **效果** 標籤選按 **模糊化** \ **整張圖片**，設定 **強度：90**，即可將照片轉換成漸層效果，再選按 ··· \ **更換背景** 指定更換為背景即可。

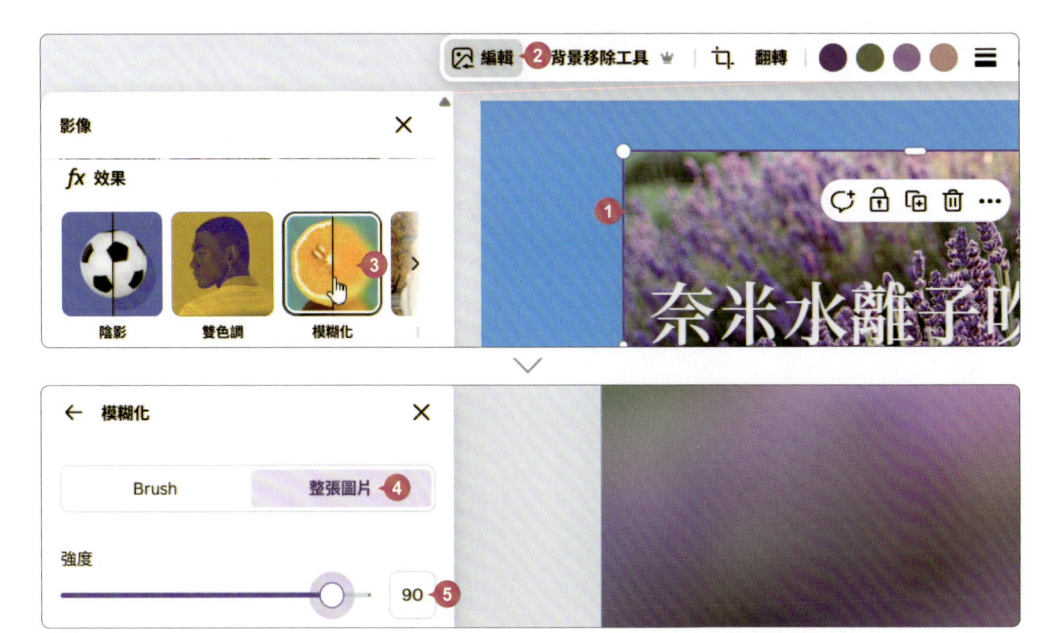

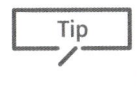

Tip 6 鏡面倒影效果

形象網站、商品簡介...等平面設計中,鏡面倒影技巧常用於影像或商品圖片,不僅可以塑造出立體與真實感,展示效果也更有質感。

BEFORE ／ **AFTER**

STEP 01 開啟專案,選取圖像元素 (建議使用去背元素會獲得較佳效果),選按 複製,在選取複製圖像元素狀態下,工具列選按 **翻轉 \ 垂直翻轉**。

STEP 02 拖曳複製圖像元素,如圖稍往上貼齊原始圖像元素底部,置中對齊,工具列選按 ,設定 **透明度:30**。

3-13

STEP 03 選取複製的飲料罐圖像元素，工具列選按 **位置**，於 **圖層** 標籤將其拖曳至原始飲料罐圖像元素的下方。

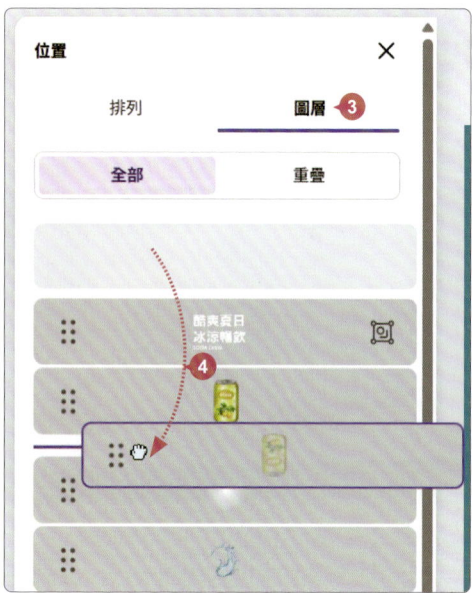

STEP 04 至側邊欄 **元素**，輸入關鍵字「透明漸層」，按 Enter 鍵開始搜尋，於 **圖像** 選按如圖漸層元素插入至頁面。

3-14

STEP 05 工具列選按 ◯ 開啟側邊欄，選按與背景相同的顏色。

STEP 06 將滑鼠指標移至 ◯ 上呈 ↔ 狀，向右拖曳旋轉 90 度，呈水平矩形。

STEP 07 利用漸層元素四個角落控點調整大小，使其寬度符合頁面，並拖曳移動至如圖位置擺放，藉由覆蓋透明漸層元素，讓倒影產生由上而下，自然淡化效果，完成倒影設計。

Tip 7 模糊照片背景產生淺景深效果

淺景深是一種可以凸顯照片主體的拍照技巧，在此利用 **自動對焦** 功能，輕鬆營造出主題清晰而背景模糊的效果。

BEFORE　　　　　　　　　　　　　　　　**AFTER**

STEP 01 開啟專案，選取照片，工具列選按 **編輯** 開啟側邊欄，於 **效果** 選按 **自動對焦**。

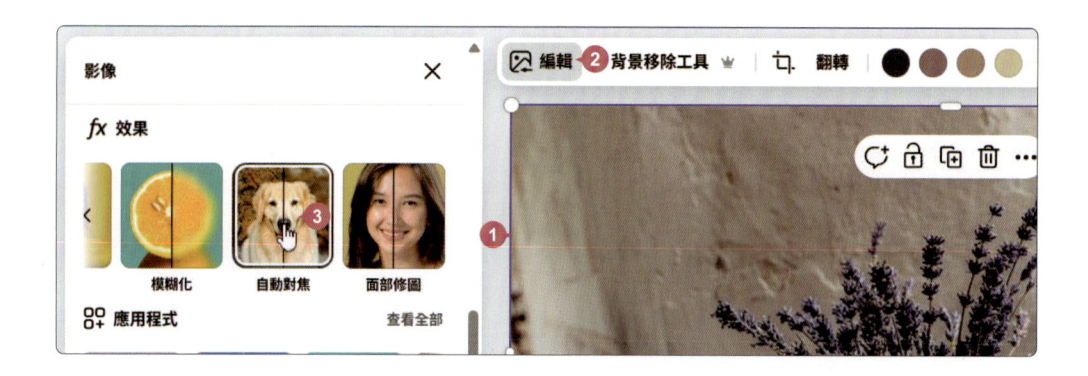

STEP 02 調整 **模糊強度** 與 **對焦位置**，可改變景深效果；選按 **移除自動對焦** 鈕，可清除目前設定，調整完成後選按 ⊠ 保留調整結果。(後續欲修改設定，可再次選按 **編輯**，於 **效果** 標籤 \ **自動對焦** 選按 開啟側邊欄。)

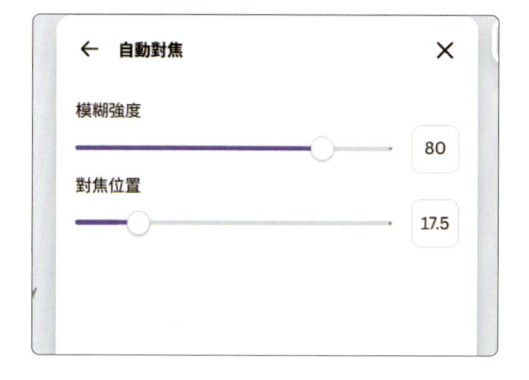

模糊強度　80
對焦位置　17.5

3-16

Tip 8　AI 移除照片背景

人像或商品主體如果不夠明確，很難吸引顧客點擊瀏覽，透過 **背景移除工具**，一鍵輕鬆移除照片背景，讓後續設計編排更具靈活與創意性。

BEFORE　　　　　　　　　　　　　　　　　　　　　　　　　　**AFTER**

STEP 01 開啟專案，選取如圖照片，工具列選按 **背景移除工具** 即可輕鬆移除背景，僅保留人物主體。

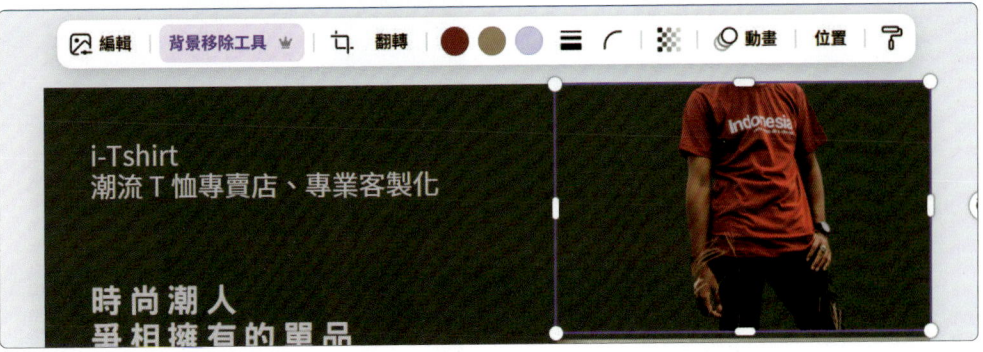

3-17

STEP 02 依相同方法,移除另外一張照片的背景。

小提示

微調背景移除範圍或還原

移除照片背景後,可於工具列選按 **編輯 \ 魔法工作室 \ 背景移除工具** 選按 圖示,設定 **選取筆刷** 為 **清除** 或 **還原**、**筆刷大小** 和是否 **顯示原始影像**,塗抹欲移除或還原的範圍,進行細部調整;若選按 **重設工具 \ 確認** 鈕,則會還原整張照片背景。

STEP 03 去背後的照片,利用上下左右的控點裁剪不需要的部分,再利用四個角落控點調整大小,並拖曳移動至合適位置擺放。

STEP 04 依相同方法,完成另外一張去背照片的大小與位置調整。

3-18

Tip 9　AI 背景產生器

透過 AI **背景產生器** 快速為商品增添氛圍與故事感背景，讓隨手一拍的照片都能成為專業、有質感的商品照。

BEFORE　　　**AFTER**

開啟專案，選取照片元素，工具列選按 **編輯** 開啟側邊欄，於 **魔法工作室** 選按 **背景產生器**，對話框輸入背景描述，選按 **產生** 鈕送出生成影像。會生成 4 張影像，選按合適的影像再選按 **完成** 鈕，即完成 AI 背景生成。

3-19

Tip 10 商品圖批量去背套用場景

Product Photos 功能特別適合電商或線上銷售人員，只要上傳背景簡單的物品照片，就能移除原背景並套用新背景，快速產生多張背景一致的商品圖。

BEFORE → **AFTER**

STEP 01 於 Canva 首頁，至側邊欄 **應用程式** 選按 **Product Photos**，接著選按 **選擇照片** 鈕，可選按 **從上傳項目選取** 鈕使用已上傳項目；或選按 **上傳新的影像** 鈕，對話方塊中選擇並上傳多張照片 (最多 10 張)。

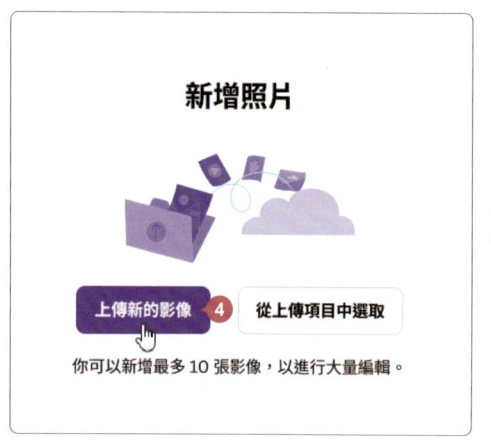

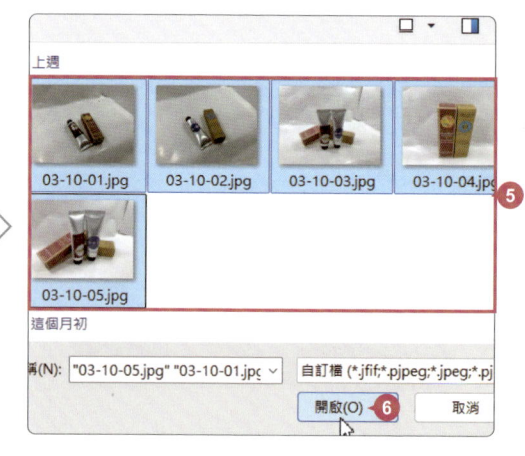

3-20

STEP 02 完成照片上傳後,選按 **下一步** 鈕,選擇照片要使用的樣式,預設有 **電子商務** 與 **車輛** 分類,選按合適分類與樣式後,選按 **套用** 鈕即開始進行多張照片去背套用場景的效果。

將完成編輯的照片統整於此處,預設以樣式名稱做為資料夾名稱 (如:木桌)。

STEP 03 若想一次下載或刪除多張已完成編輯的照片，可選按 **⋯ \ 下載全部** 或 **刪除**。(選按 **下載全部**，會下載一個壓縮檔，解壓縮後即可取得所有照片。)

若想瀏覽單張照片可選按開啟個別頁面，之後可選按 **在設計中使用** 鈕，再選按合適專案尺寸後，進入專案編輯畫面；或選按 **下載** 鈕即可下載單張照片。

Tip 11 AI "魔法橡皮擦" 擦除照片中不需要的部分

照片中任何不需要的人物、物件或文字影像，都可以透過 **魔法橡皮擦** 這項強大的 AI 功能輕鬆選取並擦除。

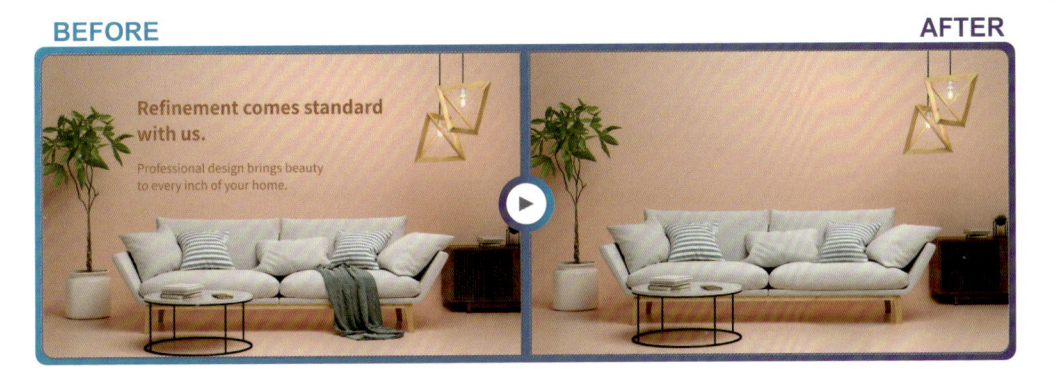

BEFORE / **AFTER**

利用 "點擊" 與 "Brush" 擦除

STEP 01 開啟專案，選取影像，工具列選按 **編輯** 開啟側邊欄，於 **魔法工作室** 選按 **魔法橡皮擦**。

STEP 02 選按 **點擊** 會自動辨識照片中的元素，滑鼠指標移至要刪除的部分，呈紫色選取範圍後按一下滑鼠左鍵選取，選按 **清除** 鈕，Canva 會擦除並根據周圍影像計算並填滿。

3-23

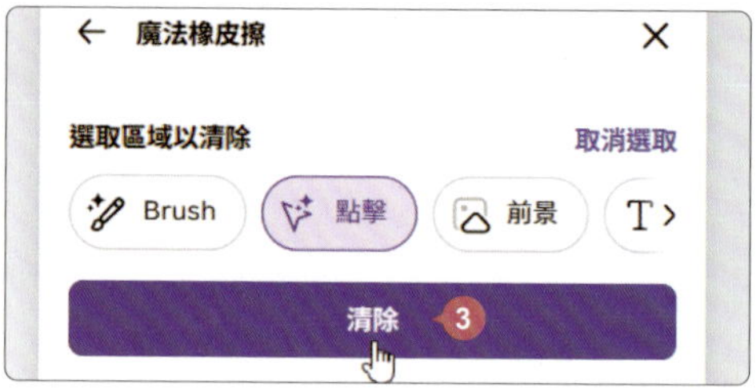

STEP 03 擦除沙發下沒有擦拭乾淨的殘影，選按 **Brush** 設定筆刷大小，於要擦除的部分按住滑鼠左鍵不放，拖曳塗抹範圍再放開滑鼠左鍵，選按 **清除** 鈕，完成擦除。

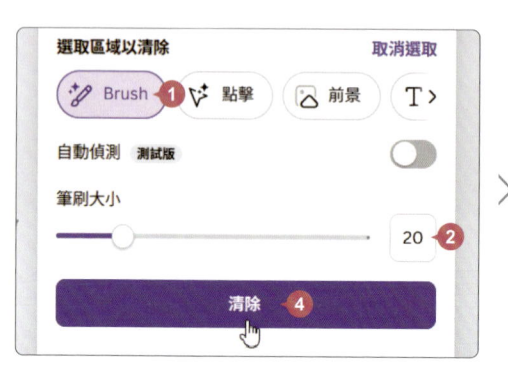

利用 "文字" 擦除影像中的文字

選按 **文字** 會自動辨識影像中的文字元素，滑鼠指標移至要刪除的部分，呈現紫色選取範圍後按一下滑鼠左鍵逐一選取，選按 **清除** 鈕，Canva 會擦除並根據周圍影像計算並填滿。

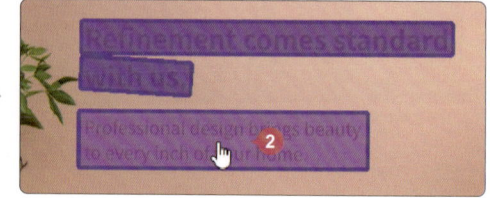

小提示

關於魔法橡皮擦的使用限制

- **文字** 選取模式目前無法辨識中文；如果欲擦除中文，可使用 **Brush** 選取模式清除。
- **前景** 選取模式會自動辨識並選取照片中的前景，無法自行增減選取範圍。

Tip 12 AI "魔法編輯工具" 快速合成與轉換影像

照片中任何不合適的物件或背景,都可以透過 **魔法編輯工具** 這項強大的 AI 功能,輕鬆更換或合成為其他元素。

BEFORE　　　　　　　　　　　　　　　　　**AFTER**

合成背景

STEP 01 開啟專案,選取照片,工具列選按 **編輯** 開啟側邊欄,於 **魔法工作室** 選按 **魔法編輯工具**。

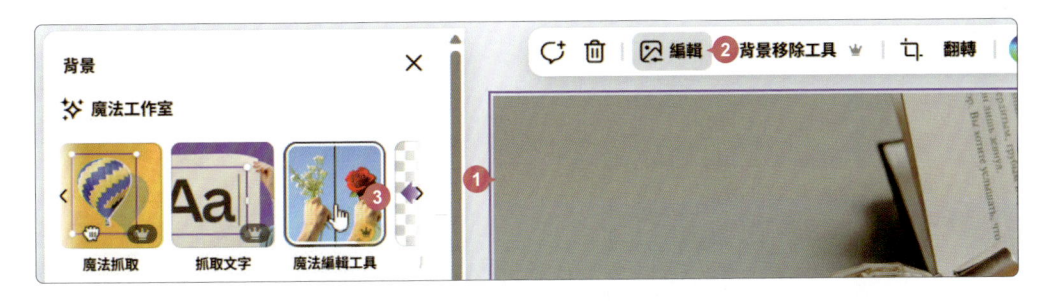

STEP 02 設定 **筆刷大小**,於照片上塗抹要更換的背景區域,過程中可以調整筆刷大小、分次塗抹累加範圍;若選按 **取消選取** 則會恢復照片未塗抹狀態。

3-25

STEP 03 選取完成後，於對話框輸入描述，選按 **產生** 鈕，會根據內容生成 4 張照片。(若不喜歡此次產生的照片可重新輸入描述，並選按下方 **產生新的結果** 鈕。)

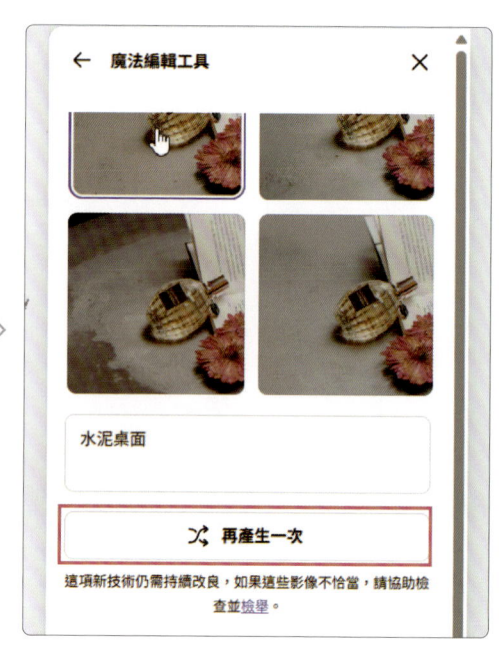

STEP 04 選擇合適的結果照片，選按 **完成** 鈕。

3-26

合成情境照擺拍道具

選取照片,再次利用 **魔法編輯工具**,設定 **筆刷大小**,於照片上塗抹要更換的擺拍道具,和輸入要產生的內容,最後選擇合適的結果照片。

- **小提示**

  關於魔法編輯工具的使用限制與技巧

  - 使用 **魔法編輯工具** 塗抹錯誤時無法還原上一步,可以在過程中調整筆刷大小、分次塗抹累加範圍,降低出錯機率。
  - Pro 使用者每天可利用 **魔法編輯工具** 生成 100 次。
  - 若想恢復照片原始狀態,可再次進入 **魔法編輯工具** 選按 **重設工具**。

Tip 13 AI "魔法展開" 自動延展照片

透過 **魔法展開** 這項強大的 AI 功能，可修正照片不完美的邊緣，延展出更多內容；或在不裁切的情況下，改變照片尺寸或將垂直拍攝變成水平拍攝。

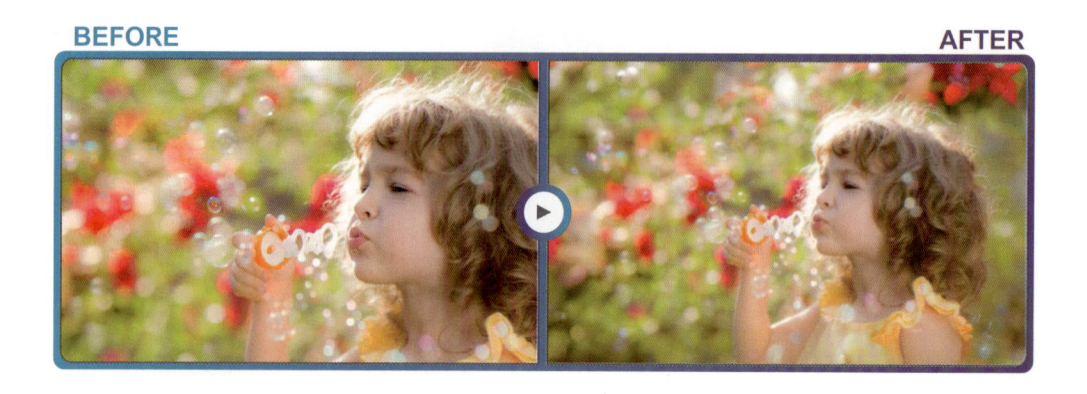

BEFORE / **AFTER**

STEP 01 開啟專案，選取照片，工具列選按 **編輯** 開啟側邊欄，於 **魔法工作室** 選按 **魔法展開**。

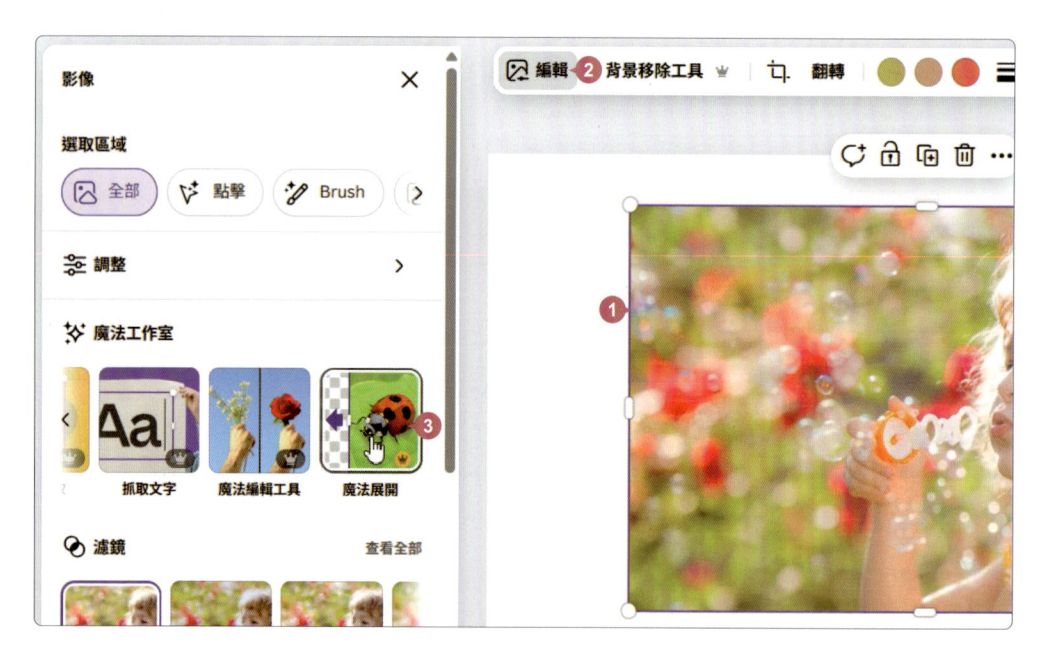

3-28

STEP 02 依照需求設定 **選擇尺寸**，頁面會出現指定尺寸的範圍與剪裁控點 (**完整頁面** 會自動偵測目前頁面大小完整展開)，拖曳控點可調整範圍，選按 **展開** 鈕。

STEP 03 此時 Canva 會根據內容生成 4 張展延照片，如果不喜歡此次生成結果，可選按下方 **產生新的結果** 鈕。

選擇合適的結果照片，選按 **完成** 鈕。(較大的延展範圍容易出現變形的影像，建議選擇 **自由形式**，一次延展一部分區塊，效果會較隱定。)

Tip 14　AI "魔法抓取" 分離照片的主體與背景

魔法抓取 可以自動識別照片中的主體並提取出來與背景分離，類似物件去背效果，更神奇的是提取出主體同時，會為該處背景重新延展出合適內容。

BEFORE　　　　　　　　　　　　　　**AFTER**

STEP 01　開啟專案，選取照片，工具列選按 **編輯** 開啟側邊欄，於 **魔法工作室** 選按 **魔法抓取**。

STEP 02　預設以 **點擊** 模式選取，會自動辨識照片中的元素，滑鼠指標移至欲抓取的元素上呈紫色選取範圍後按一下滑鼠左鍵選取，選按 **抓取** 鈕完成元素抓取。

3-30

STEP 03 選取抓取出來的主體元素，先拖曳移動至合適位置 (會發現原主體元素所在位置會自動延伸出合適背景)，再利用四個角落控點調整大小。

STEP 04 選按 複製多個同樣元素，搭配大小、位置調整，或其他編修技巧，豐富設計內容。

小提示

已抓取元素的照片可以復原至原始狀態嗎？

選取照片，工具列選按 **編輯** 開啟側邊欄，選按 **魔法抓取 \ 重設工具** 即可。

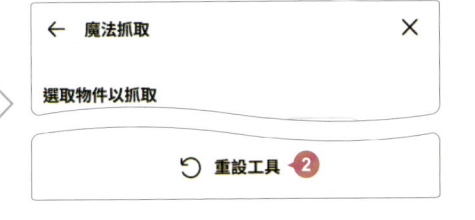

3-31

Tip 15 AI 技術為舊照片修復瑕疵

AI 影像修復技術，幾秒鐘就能快速修復舊照片上的刮痕、斑点、褪色與污漬，完成修復後可下載回電腦保存或備存在 Canva。

BEFORE　　　　　　　　　　　　　　　　　　　　　　　　AFTER

STEP 01 開啟專案，選取照片，工具列選按 **編輯** 開啟側邊欄，於 **魔法工作室** 選按 **魔法橡皮擦**。

STEP 02　預設使用 **Brush** 選取模式，設定 **筆刷大小**，於刮痕、褪色要擦除的部分按滑鼠左鍵不放，拖曳塗抹出比該部分大些的範圍，再放開滑鼠左鍵，選按 **清除** 鈕即會清除不需要的部分並根據周圍影像計算填滿。(如果欲擦除的範圍過大或有多處，建議調整合適的筆刷大小再分次塗抹，以達最佳效果。)

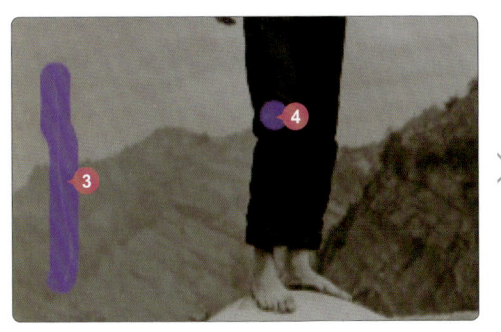

STEP 03　於編輯視窗右上角選按 **分享 \ 下載** (會以照片原尺寸、PNG 檔案類型下載至本機)，再選按 **儲存 \ 儲存至 Canva** (會儲存一份完成修正的檔案於 Canva，並自動關閉編輯視窗)。

3-33

Tip 16 選取影像 \ 編輯應用程式：Image Upscaler

AI 修復工具：Image Upscaler 提升照片畫質，支援 2x、4x、8x、16x 增強，可直接選取專案中的照片增強或上傳本機照片檔，輕鬆讓舊照片重獲新生！

BEFORE **AFTER**

STEP 01 開啟專案，選取照片，至側邊欄 **應用程式** 輸入關鍵字「Image Upscaler」，按 Enter 鍵開始搜尋，選按 **Image Upscaler** 開啟 (首次使用要先選按 **開啟** 進入程式)。

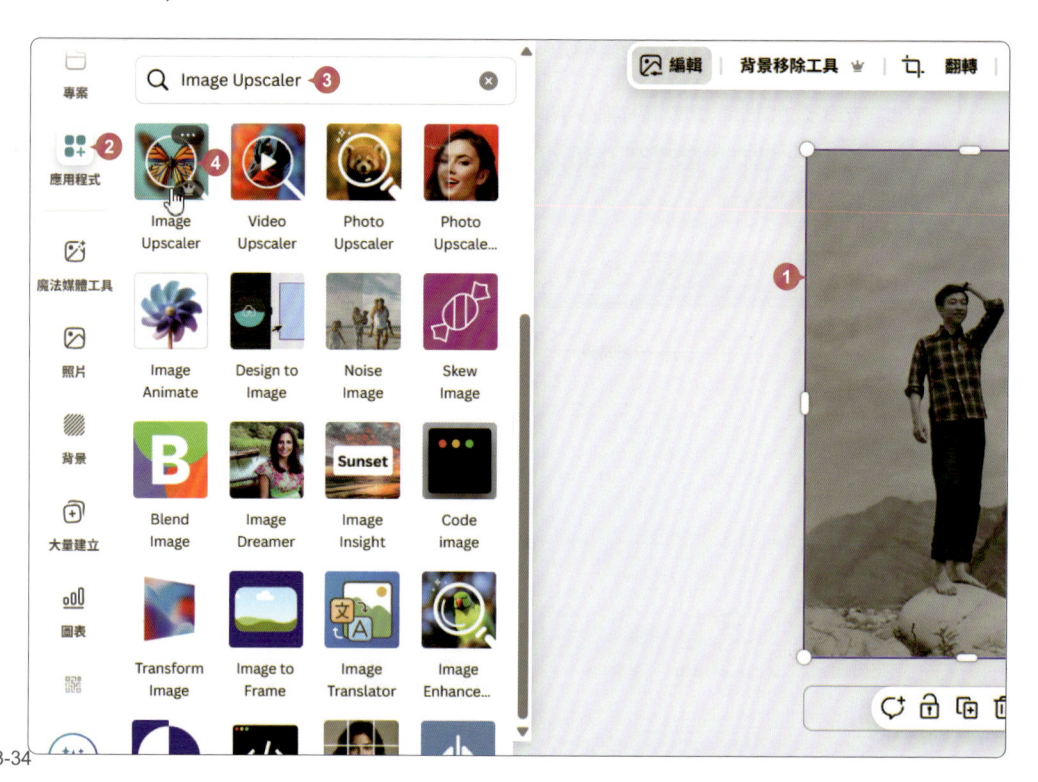

3-34

STEP 02 下方選擇放大的倍率 (若呈灰色無法選按，表示已達支援畫質上限)，再選按 **Upscale** 鈕增強。

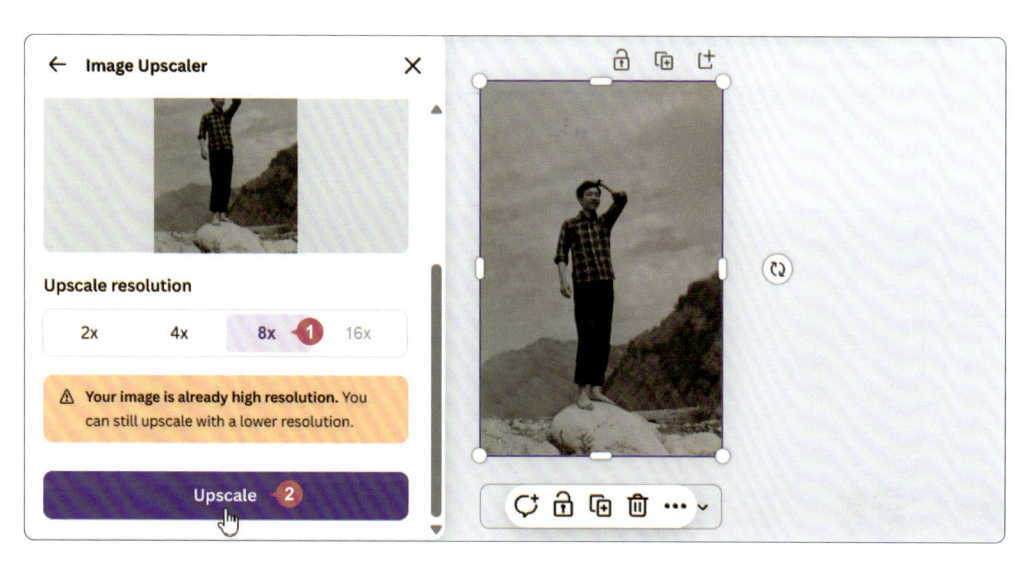

STEP 03 完成增強轉換後，可以預覽增強前、後效果，選按 **Replace** 鈕則會替換專案中模糊的照片，以高品質照片呈現 (選按 **Go back** 鈕，則會回到前一步驟)。

小提示

提升照片整體畫質的其他應用程式

另外有一款應用程式 Pixel Enhancer，操作方式與 Image Upscaler 相似，增強影像畫質效果也不錯，可試試。

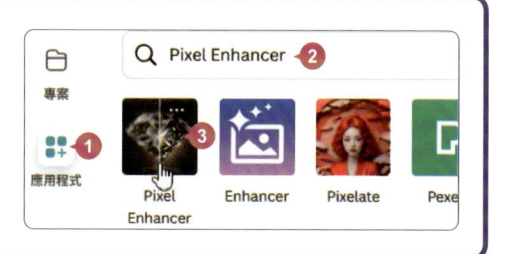

Tip 17　為人物或物體加上白邊效果

套用白邊的去背圖像或文字，搭配深色背景，不僅可以突顯主體，還能在視覺上增添層次感。

BEFORE　　　　　　　　　　　　　　　　　　AFTER

開啟專案，選取照片元素，工具列選按 **編輯** 開啟側邊欄，於 **效果** 選按 **陰影**，套用 **光暈** 並設定相關項目，如：**尺寸**、**模糊化程度**、**顏色** 與 **強度**...等，完成白邊效果設計。(套用後欲修改設定，可於 **效果** 標籤 \ **陰影** 選按 開啟。)

3-36

Tip 18 超出框架的照片設計

邊框 元素不僅可以突顯照片，強調照片與其他元素的空間感或對比，更可以搭配一些巧思，讓去背影像從框架中跳脫，展現不一樣的創意。

BEFORE　　**AFTER**

STEP 01 開啟專案，至側邊欄 **元素** 選按 **邊框**，輸入關鍵字「相片框」，按 Enter 鍵開始搜尋，選按如圖邊框插入頁面中。

STEP 02 拖曳主角照片至邊框內，呈填滿狀時放開，將照片插入邊框。

3-37

STEP 03 選取邊框元素，拖曳至合適位置擺放，並拖曳四個角落控點調整大小。

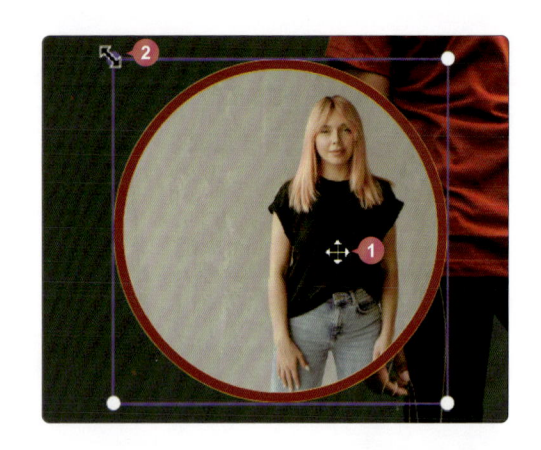

STEP 04 工具列選按 ⌗ 進入裁切模式，如下圖，拖曳角落控點放大照片至合適大小並調整位置，再按 **完成** 鈕。

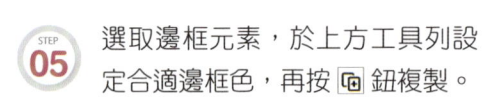

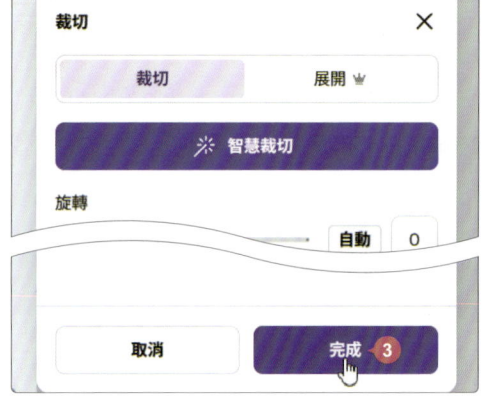

STEP 05 選取邊框元素，於上方工具列設定合適邊框色，再按 ⌘ 鈕複製。

STEP 06 於複製的物件上方按滑鼠右鍵選按 **分離圖片**，再選按 🗑 刪除分離出來的邊框元素，接著選取圖片，選按 **背景移除工具** 為分離出來的照片去背。

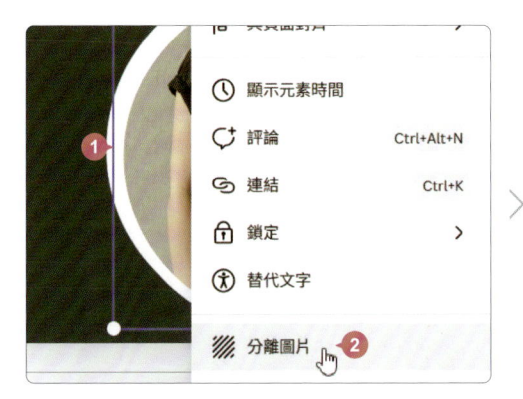

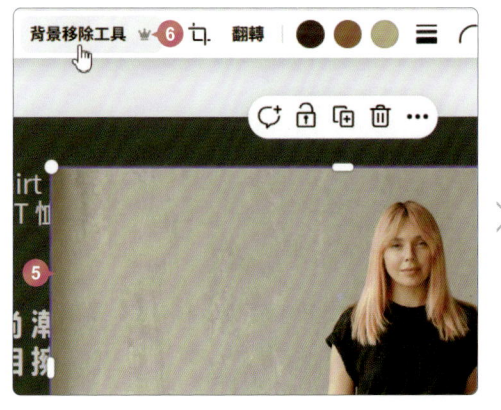

STEP 07 為了將去背主角照片疊加在邊框上，呈現超出框架的設計感，且不會被邊框吸附填滿，選取邊框元素，選按 🔒，再按一次 ✏️ 即鎖定該圖層。

STEP 08 選取去背主角照片，工具列設定 **透明度：40**，拖曳至邊框元素上方疊放，接著利用四個角落控點調整尺寸，讓去背主角與邊框元素內主角大小與位置一致並重疊；再利用四邊控點裁剪去背主角照片，將左、右與下方不需要保留的部分裁剪掉，最後恢復設定 **透明度：100**。

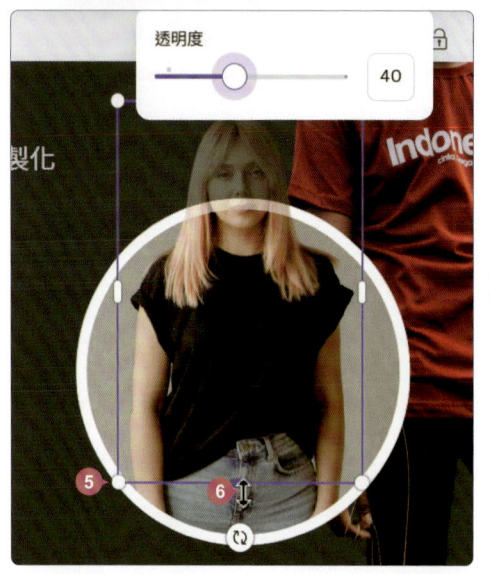

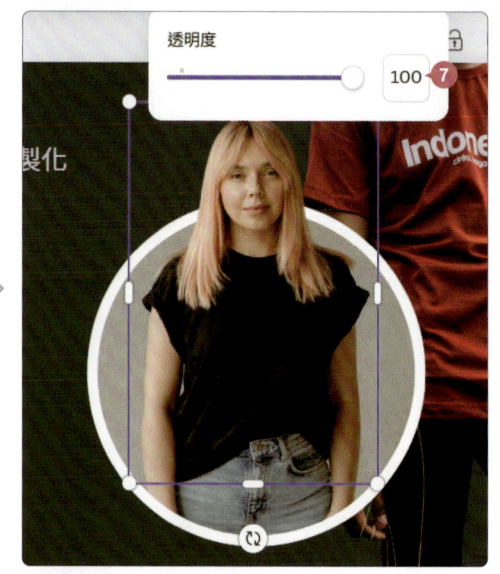

3-40

Tip 19 用拼貼與裁切呈現照片創意

網格 不僅可以讓你輕鬆對齊與擺放照片，模擬出拼貼效果，還可以自動裁切、任意縮放...等，賦予照片更多元化的設計編排。

BEFORE　　　　　　　　　　　　　　　　　　　**AFTER**

加入照片拼貼

STEP 01 開啟專案，至側邊欄 **元素** 選按 **網格**，選按網格元素插入至頁面。

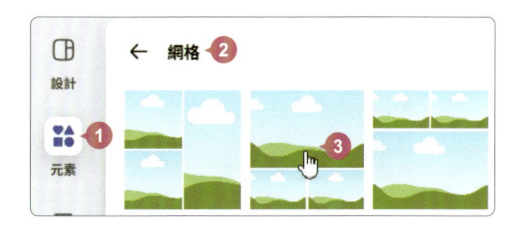

STEP 02 選取網格狀態下，選按 ⋯ \ **圖層** \ **移至最前**。

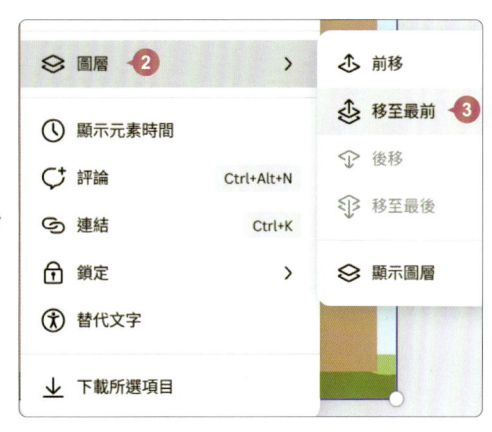

STEP 03 將滑鼠指標移至元素四個角落控點呈 ↖ 狀,拖曳調整至合適大小;拖曳微調位置,完成網格元素擺放。

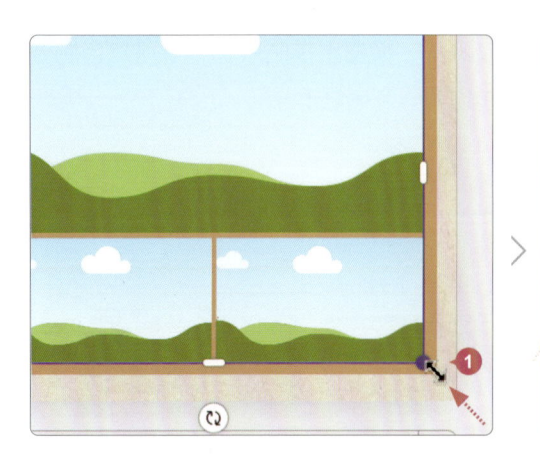

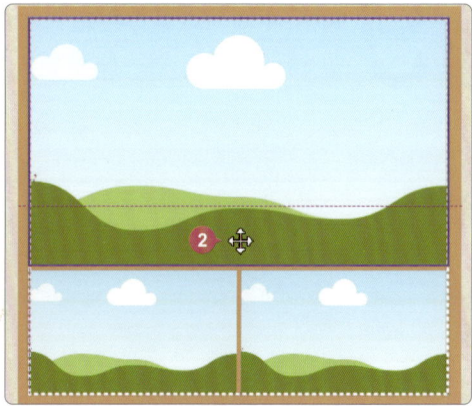

STEP 04 至側邊欄 **照片**,輸入關鍵字,按 `Enter` 鍵開始搜尋,找到合適照片後拖曳至網格元素方塊上方,放開滑鼠左鍵,完成插入。(若為首次使用,至側邊欄 **應用程式** 選按 **照片**)

STEP 05 依相同方法,完成其他網格元素方塊的照片插入。

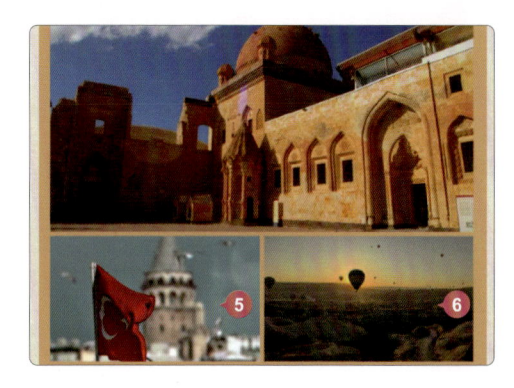

裁切照片與調整間距

STEP 01 選取網格元素需要調整的照片，工具列選按 進入裁切模式，拖曳四個角落白色控點可縮放照片，將滑鼠指標移到照片上呈 狀，拖曳移動至合適位置，調整好後選按 **完成** 鈕。

STEP 02 選取網格元素，工具列選按 **間距**，設定合適 **網格間距** (數字愈小間距愈小)。

Tip 20 二張照片的融合效果

透過漸層元素的運用，再利用透明度與照片編輯，將二張照片融合成為一張照片。

BEFORE   **AFTER**

套用漸層元素

STEP 01 開啟專案，第 1 頁頁面，至側邊欄 **元素**，輸入關鍵字「White Transparent Gradient」，按 Enter 鍵開始搜尋，於 **圖像** 選按如圖白色漸層元素插入至頁面中。

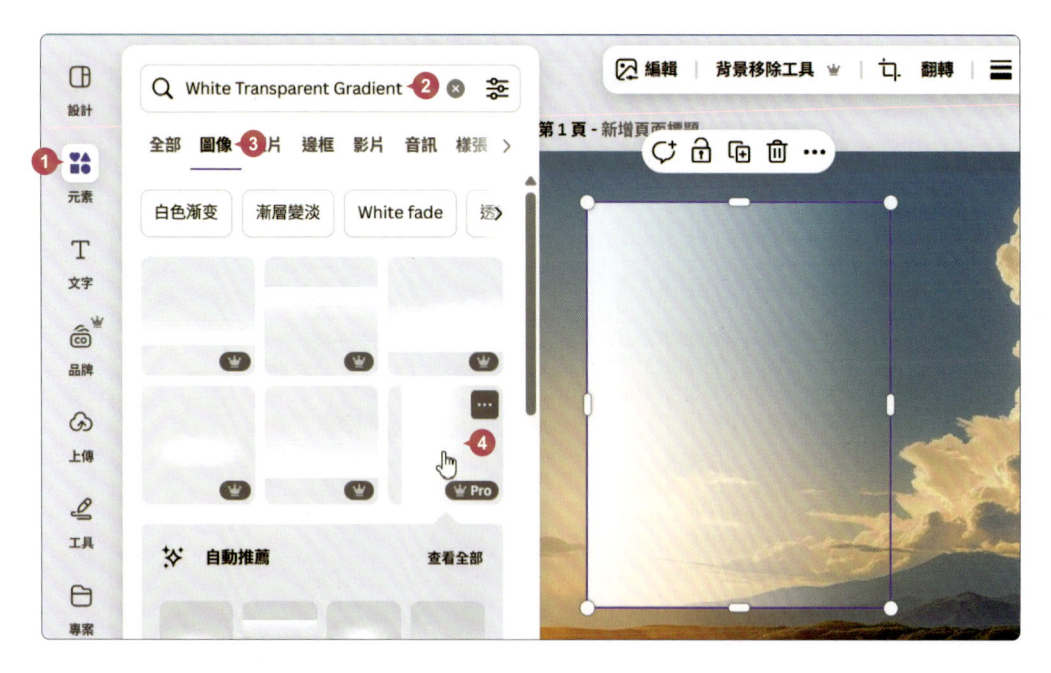

3-44

STEP 02　利用四個角落控點放大漸層元素尺寸，並拖曳移動至合適位置擺放。

STEP 03　選取漸層元素狀態下，選按 🔲 5 次複製多個漸層元素，堆疊並擴大白色漸層區域，接著拖曳選取全部漸層元素，選按 **建立群組**。

STEP 04　將滑鼠指標移至漸層元素群組 ⟳ 上呈 ↔ 狀，漸層元素往左拖曳旋轉至合適角度 (旋轉中可以看到角度資訊)，最後再利用白色控點微調長寬呈右圖狀。

STEP 05 按 Ctrl + C 鍵複製第 1 頁頁面中的漸層元素群組,於第 2 頁頁面上按 Ctrl + V 鍵貼上。將滑鼠指標移至漸層元素群組 ⟳ 上呈 ↔ 狀,拖曳旋轉至合適角度。

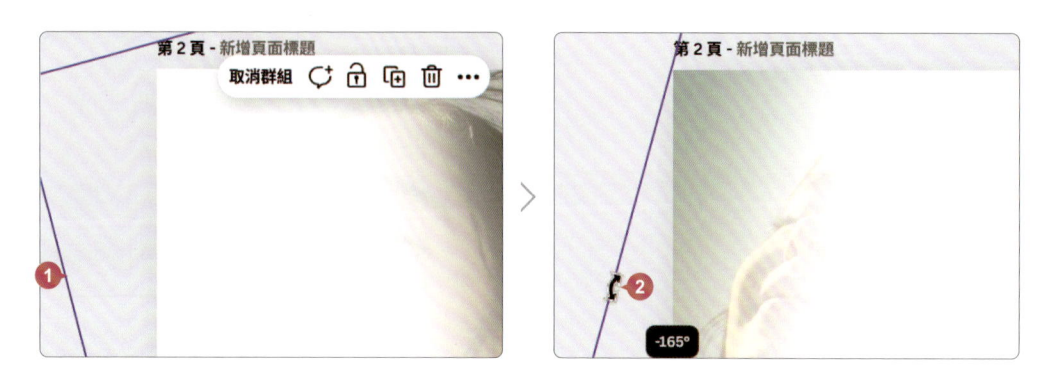

STEP 06 往右拖曳至如圖位置,拖曳四邊控點調整漸層元素群組至合適大小。

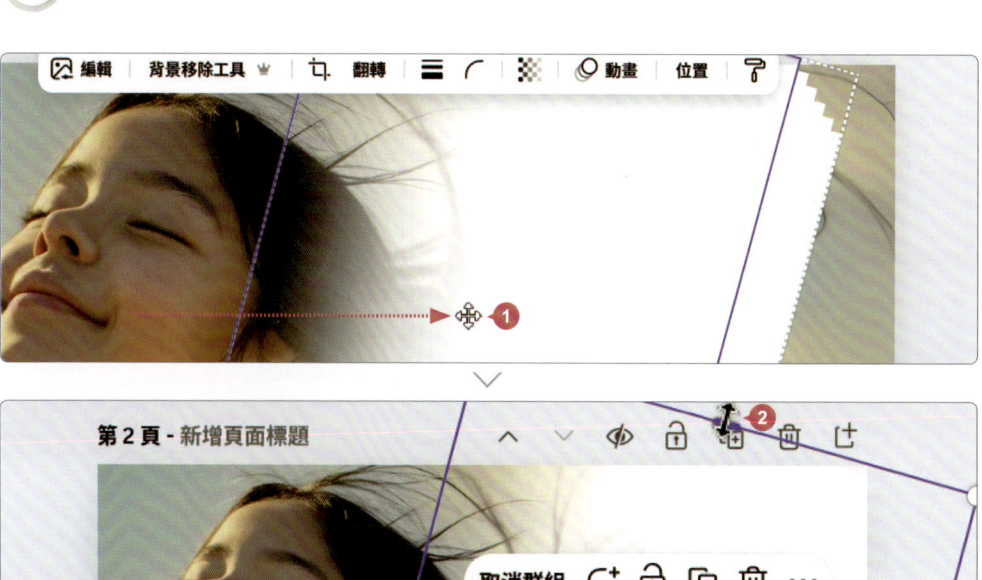

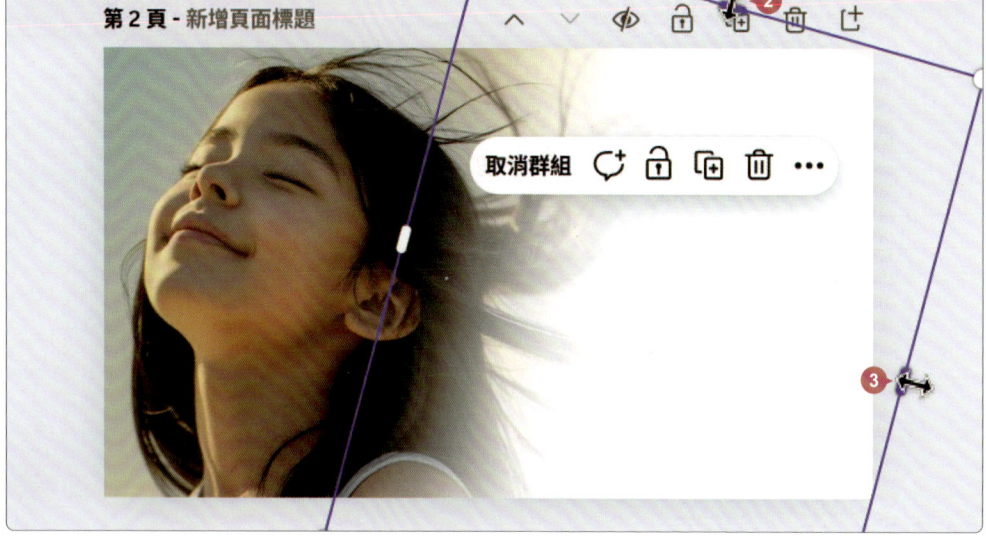

融合漸層效果

二張照片套用漸層元素後，先將設計下載成 JPG 檔案，後續再以圖檔格式製作二張照片的融合。

STEP 01 畫面右上角選按 **分享 \ 下載**，選擇 **檔案類型**、**品質**、確認 **請選擇頁面**：**頁面 1-2**，選按 **下載** 鈕，開始轉換檔案並儲存至電腦，若為多頁專案，完成後即會下載一個壓縮檔，解壓縮後即可取得所有頁面檔案。

STEP 02 於新頁面或新專案，至側邊欄 **上傳** 選按 **上傳檔案** 鈕，於對話方塊選取剛才下載並解壓縮的二張 JPG 檔案，拖曳第一張照片至頁面邊緣處放開，替換為頁面背景。

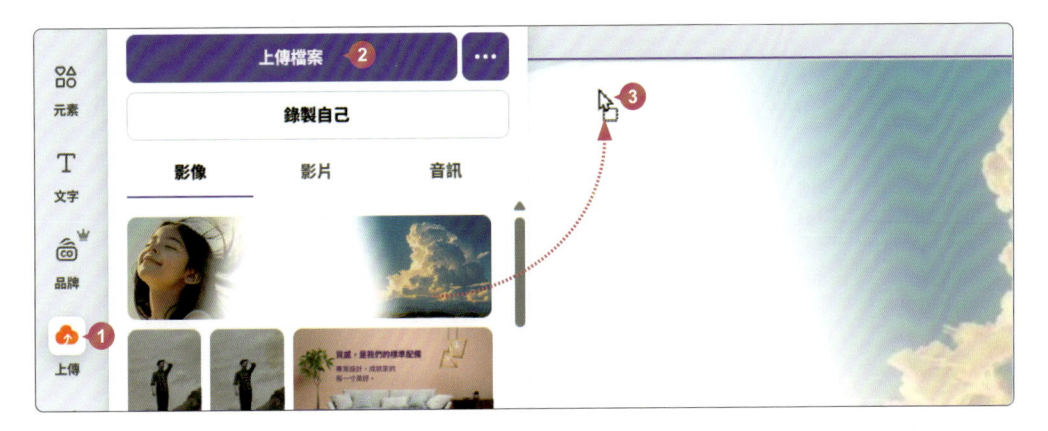

3-47

STEP 03 選按第二張照片產生至頁面，利用四個角落白色控點放大尺寸至符合頁面寬高，疊加在第一張照片上方，工具列設定 **透明度**：**50**。

STEP 04 將此頁內容藉由畫面右上角選按 **分享 \ 下載**，將設計下載成 JPG 檔案。

調整融合照片

STEP 01 於新頁面或新專案,至側邊欄 **上傳** 選按 **上傳檔案** 鈕,於對話方塊選取剛才下載的 JPG 融合檔案,再拖曳至頁面邊緣處放開,替換為頁面背景。

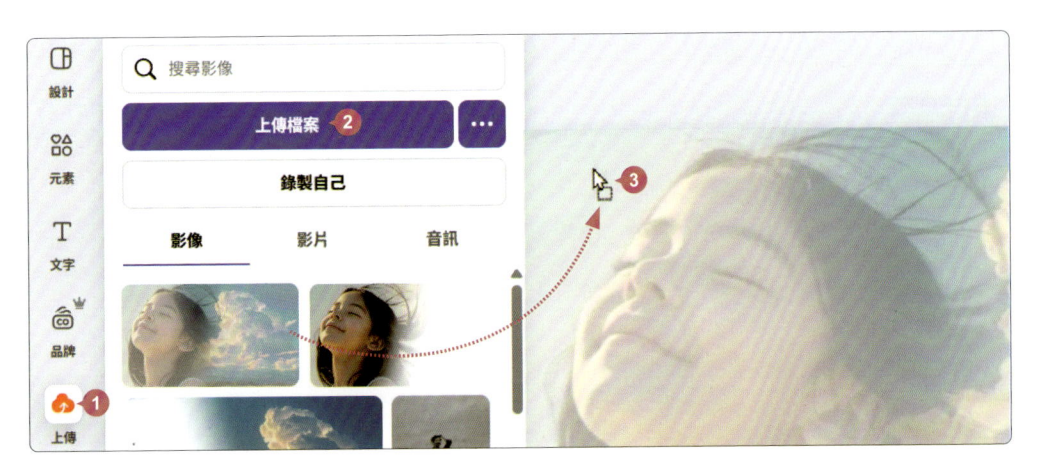

STEP 02 選取照片,工具列選按 **編輯 \ 調整**,設定色溫、色調、亮度、對比度…等數值,讓融合後的照片呈現柔和、明亮的視覺效果。

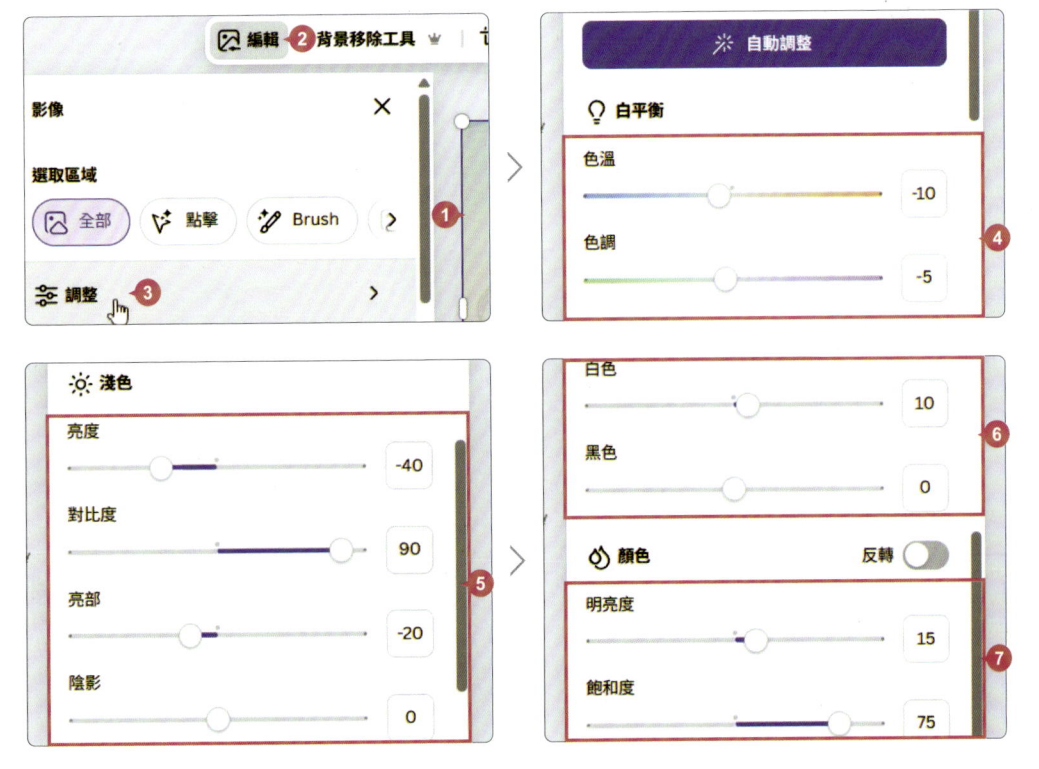

Tip 21 手繪設計

在設計上可以利用 **繪圖** 呈現手寫文字或圖案...等繪製效果，發揮創意，增添個人手繪風格。

BEFORE　　　　　　　　　　　　　　　　　　　**AFTER**

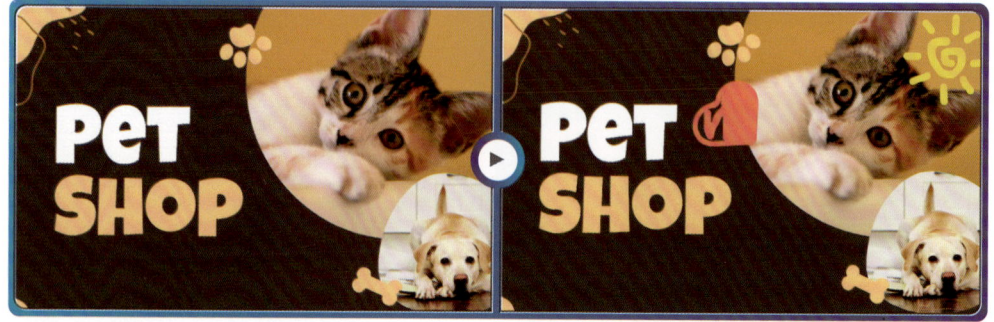

STEP 01　開啟專案，至側邊欄 **工具** 遠按 ✏️，顯示繪圖相關項目 (包含 **原子筆**、**麥克筆**、**螢光筆**、**橡皮擦**、**顏色** 和 **設定**)，選按 **麥克筆**，設定 **顏色**、**粗細** 與 **透明度**。

STEP 02　影像上會出現畫筆，按住滑鼠左鍵不放可拖曳繪製，如圖於貓咪頭上繪製一個太陽圖案。

3-50

| STEP 03 | 維持 **麥克筆** 的 **粗細**、**透明度** 設定並調整 **顏色** 後,如圖位置,按住滑鼠左鍵不放,一筆拖曳出愛心形狀,如果希望形狀對稱、線條流暢,可以在最後線條繪製結束的地方停留 1 秒,會發現愛心形狀不再歪七扭八,而是呈對稱狀,最後如圖於愛心內隨意繪製幾筆線條。 |

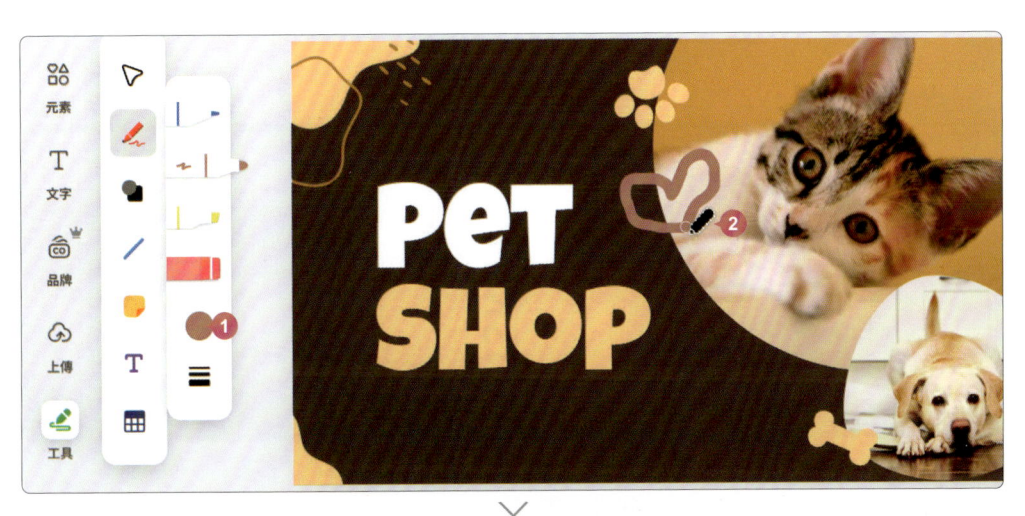

小提示

適用於自動調整形狀功能的圖形

目前自動調整繪製形狀功能也適用於:矩形、箭頭、三角形、圓形、星形、線段、心形、菱形。

3-51

Tip 22 實物模型設計

樣張 能將圖像元素或照片…等影像檔合成至各式情境中，提供多種樣張，有手機、電腦、廣告看板和服飾…等，常用於產品行銷與提案示意圖。

BEFORE   **AFTER**

STEP 01 開啟專案，選取要合成的圖像元素或照片後，工具列選按 **編輯** 於 **應用程式** 選按 **樣張**。

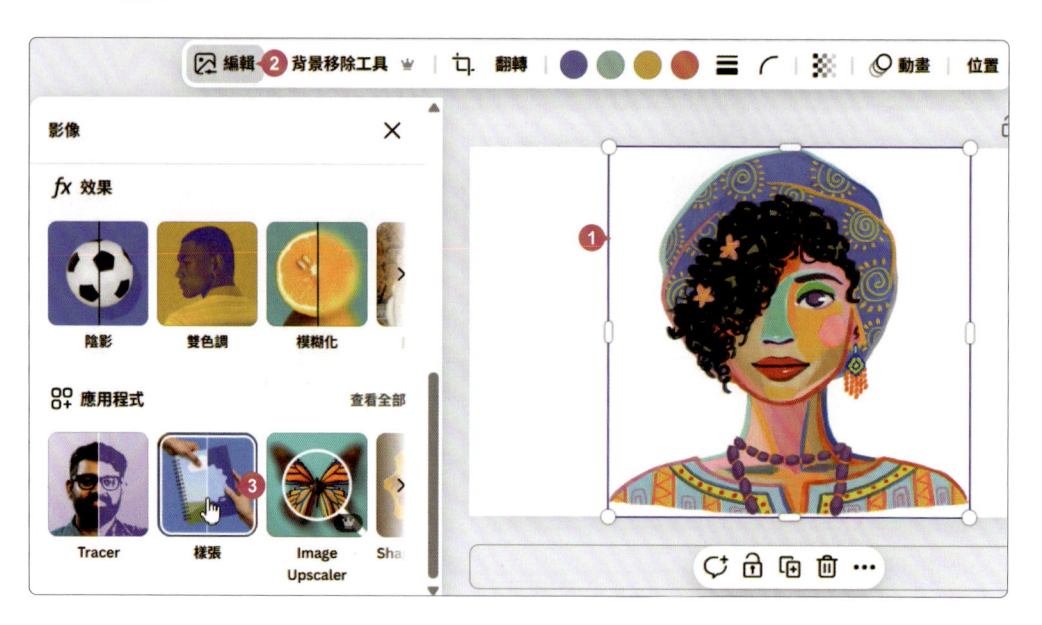

3-52

| STEP 02 | 首次使用需選按 **開啟** 鈕。**樣張** 清單中分別有 **智慧型手機**、**列印**、**服飾**...等項目，在此於 **服飾** 選按 **查看全部**，向下捲動並選按如圖樣張，即可將圖像元素置入樣張中。 |

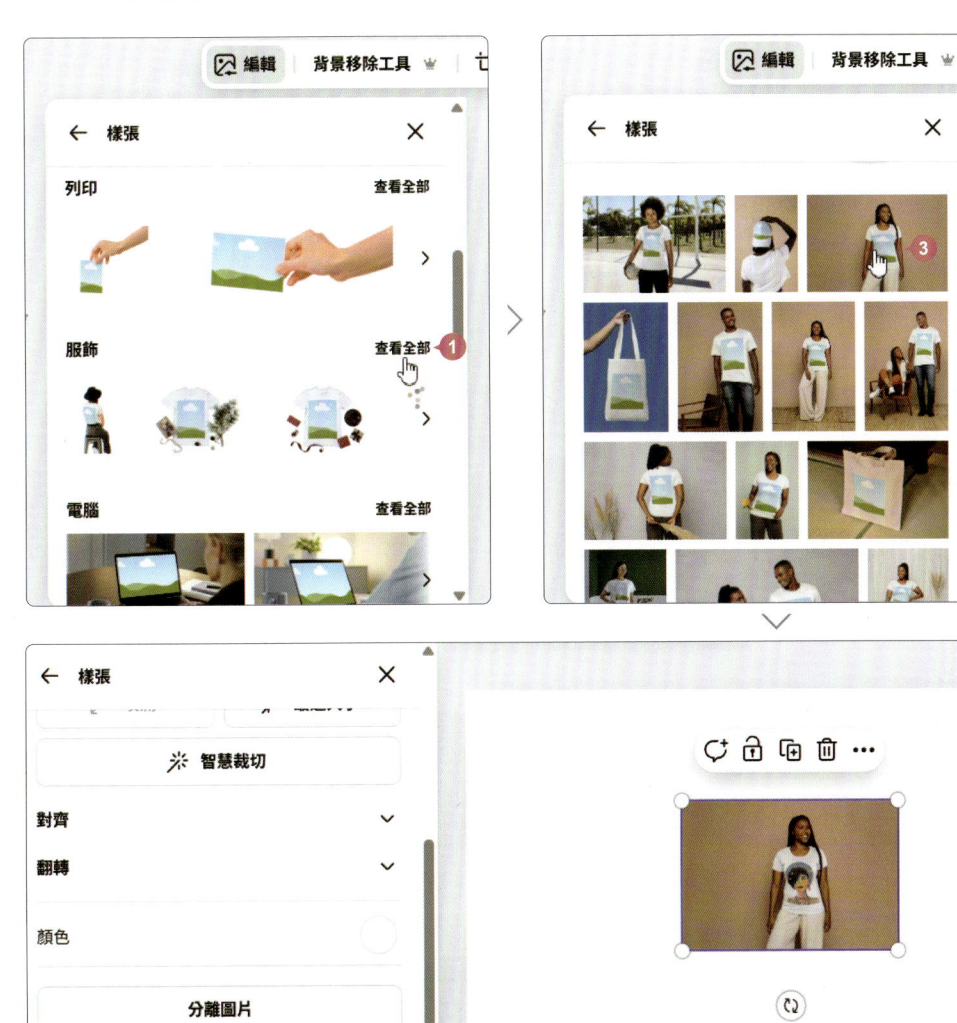

STEP 03 左側自動開啟側邊欄,可依需求拖曳圖像元素四個角落控點調整大小與裁切範圍,或調整 **對齊**、**翻轉**...等項目,完成後選按 **套用變更** 鈕。

STEP 04 利用四個角落控點放大尺寸,並拖曳移動至合適位置,再加入文字設計,完成作品。

3-54

PART
04

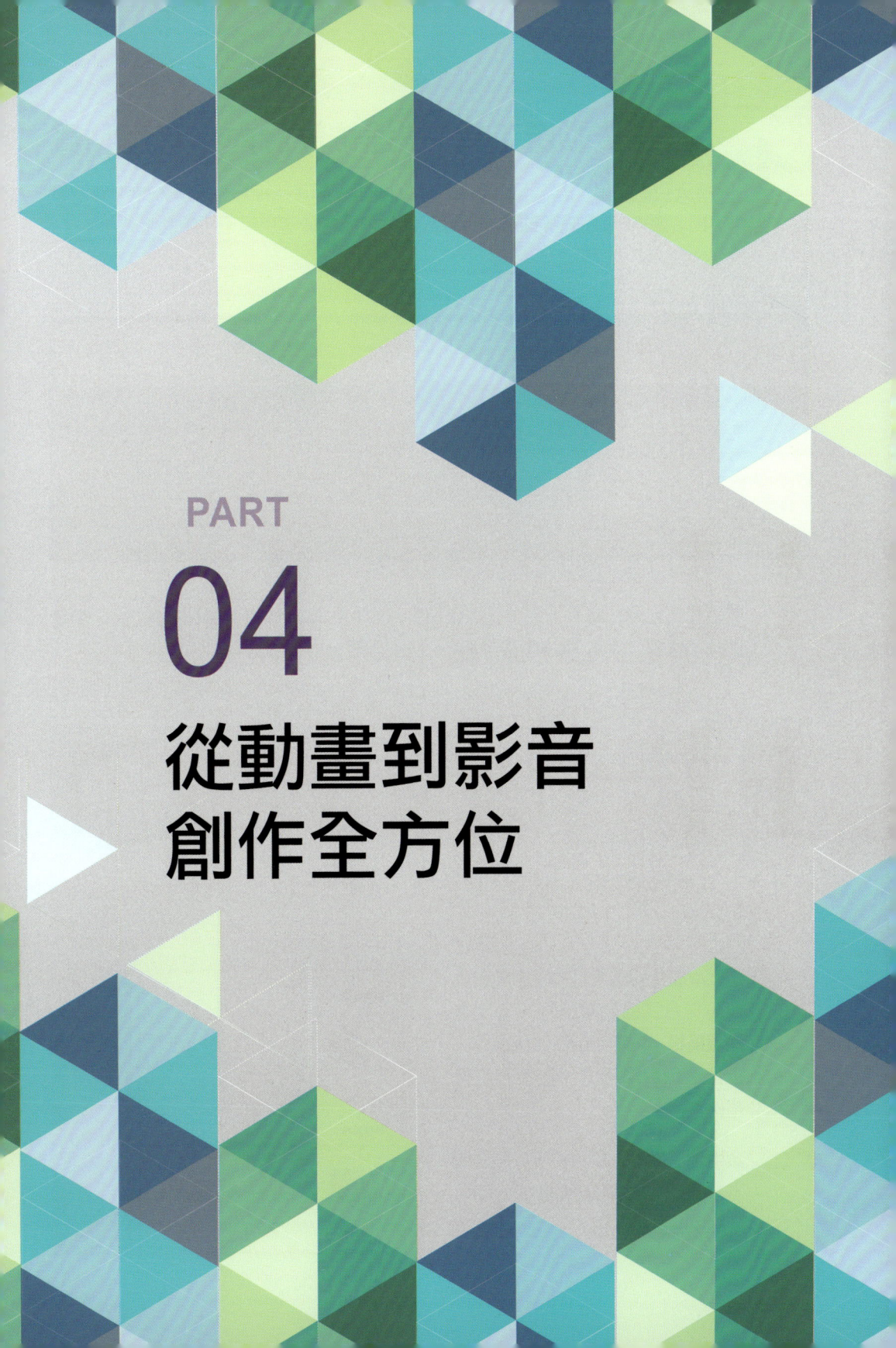

從動畫到影音
創作全方位

Tip 1 用 "魔法動畫工具" 快速依設計內容套用動畫

魔法動畫工具 可以針對簡報、社交媒體、影片...等類型 (部分類型無法套用)，讓 AI 幫你設計動畫，根據設計與佈局快速套用最適合的動畫效果。

BEFORE / **AFTER**

STEP 01 開啟影片或簡報專案，於頁面清單選取欲套用動畫的頁面，工具列選按 **動畫** 開啟側邊欄，選按 **魔法動畫工具**。

STEP 02 Canva 會依目前設計內容自動分析並製作合適的動畫風格，分別為 **建議風格** 與 **替代風格** 二個項目，選按合適動畫樣式，直接套用至整份專案。

套用動畫後，若要移除可於側邊欄下方選按 **移除魔法動畫** 鈕，即可刪除所有動畫效果。

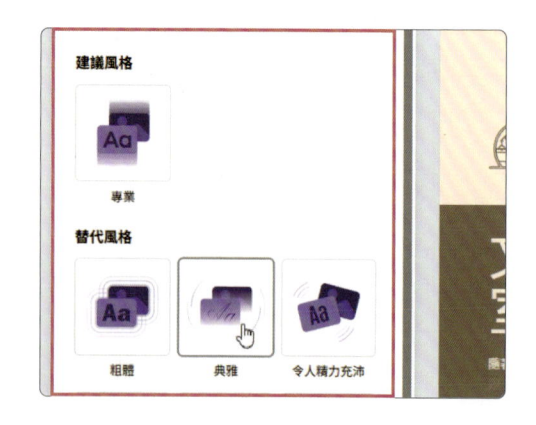

Tip 2 設計自訂路徑元素動畫效果

透過拖曳元素的方式,自訂動畫路徑,並根據需求調整移動樣式、速度或動態效果,建立專屬動畫。

BEFORE

Seeking the Summit:
The Sermon On The Mount
SUNDAY SERMON · MATT ZHANG
9 AUGUST 2023

AFTER

Seeking the Summit:
The Sermon On The Mount
SUNDAY SERMON · MATT ZHANG
9 AUGUST 2023

STEP 01 開啟影片或簡報專案,選取元素,工具列選按 ⊙ **動畫** 開啟側邊欄,於 **元素** 標籤選按 **建立動畫**。

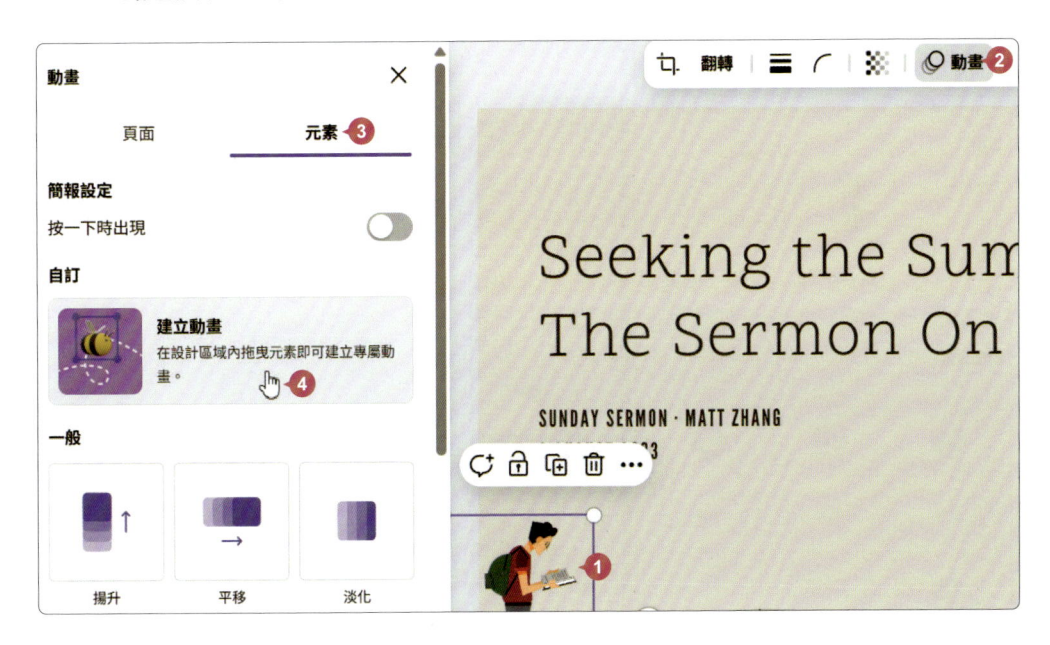

STEP 02 按滑鼠左鍵不放，拖曳元素延著山坡弧度由左向右建立移動路徑，過程中拖曳的速度會影響動畫速度，停止拖曳即完成動畫並可預覽移動效果。

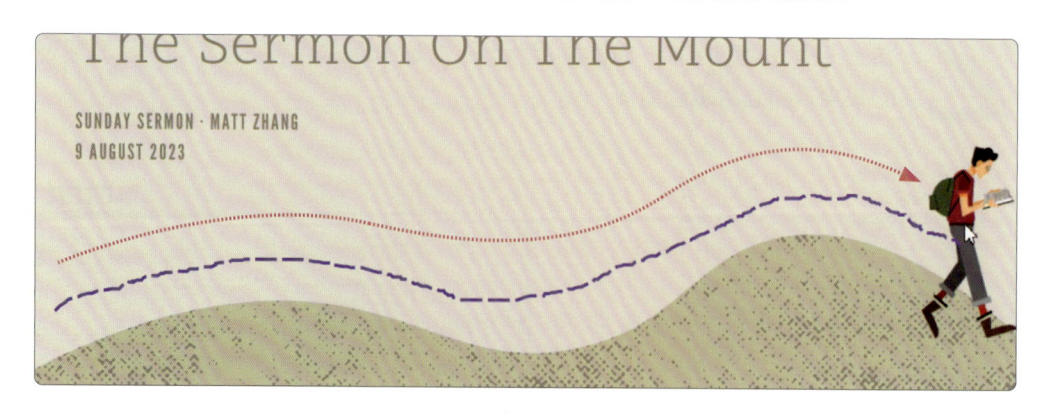

STEP 03 動畫移動時間長度預設為 10 秒，可於頁面下方選按 **時長** 拖曳左右控點調整；側邊欄則提供 **移動風格**、**使元素沿著路徑移動**、**高速**、**簡報設定** 與 **附加效果** 自訂項目，最後選按 **完成** 鈕儲存設定；或選按 **刪除路徑** 鈕移除動畫重新拖曳。

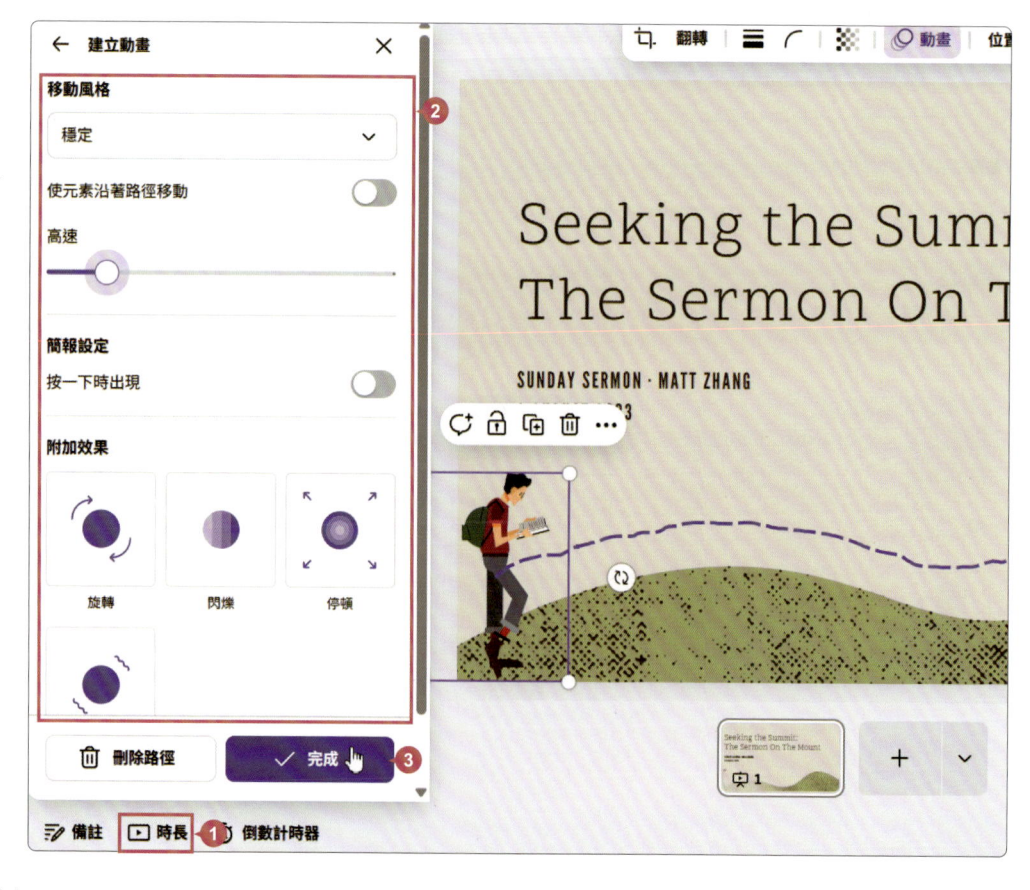

4-4

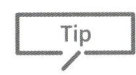

Tip 3 指定文字、圖片...等物件動畫播放時間點

調整同一頁面上設計的文字或其他元素開始、結束時間點,讓影片 (或簡報) 在播放時更具吸引力和專業視覺效果。

BEFORE / **AFTER**

STEP 01 開啟影片或簡報專案,按住 [Shift] 鍵,一一選取頁面上已套用動畫效果的元素,選按 ⋯ \ **顯示元素時間**,元素時間軸會顯示在縮圖上方。

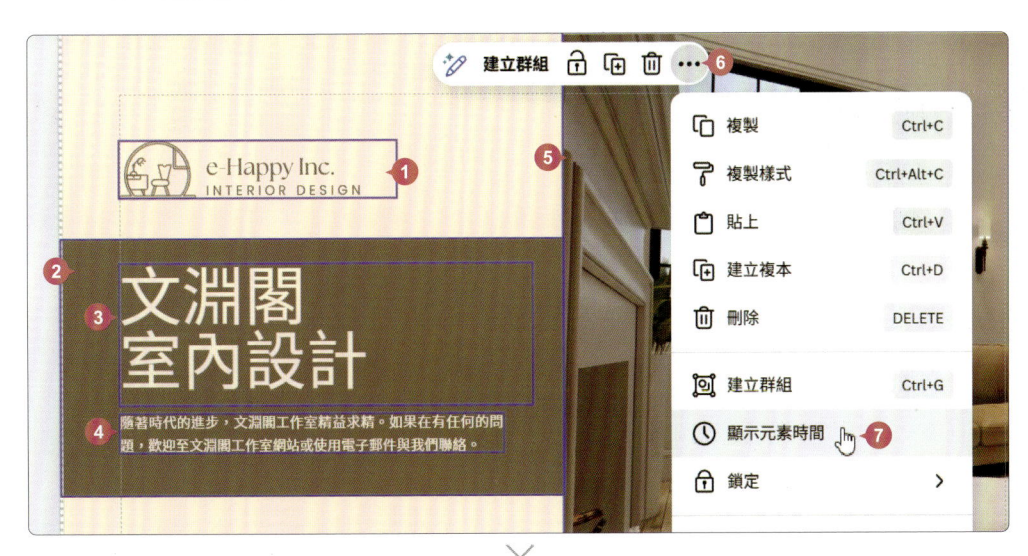

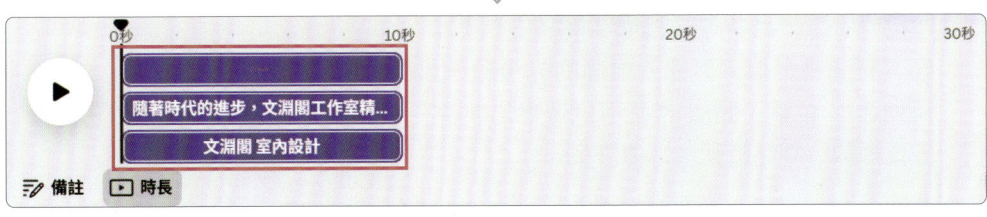

STEP 02 將滑鼠指標移至時間軸與編輯區中間，呈 ⬍ 狀，往上拖曳至合適的位置顯示所有的元素時間即可。(完成後再依相同方法往下拖曳至最底部即可)

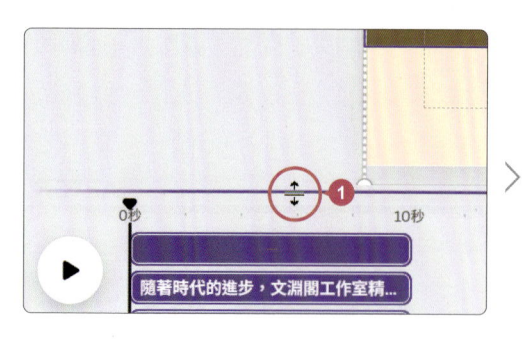

STEP 03 將滑鼠指標移至欲調整顯示時間點的元素時間軸左側呈 ⬌ 狀，左右拖曳可以調整該元素動畫的開始播放時間點，若將滑鼠指標移至元素時間軸右側拖曳，則可調整該元素動畫的結束播放時間點。

STEP 04 依相同操作方法，分別拖曳設定其他元素動畫的播放時間點，完成後於頁面空白處按一下滑鼠左鍵即完成。(可選按時間軸左側播放鈕預覽效果)

小提示

利用圖層調整各元素時間軸排列的先後順序

元素時間軸是依元素插入頁面的先後順序排列，於工具列選按 **位置 \ 圖層** 標籤可以調整先後順序，這樣在安排播放時間點時就會方便許多。

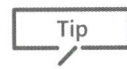

Tip 4 剪輯影片頭、尾片段

影片時間長度太長或剪輯的時間點不合適,可以透過剪輯頭、尾影片片段調整為合適的時間長度。

BEFORE / AFTER

STEP 01 開啟影片專案,選取要剪輯的影片,工具列選按 ✂ 。

STEP 02 拖曳影片左右二側的滑桿設定影片開始與結束時間,剪輯出合適片段,最後選按 **完成**。(影片剪輯後,可以利用 ▶ 和 ∥ 預覽播放)

小提示

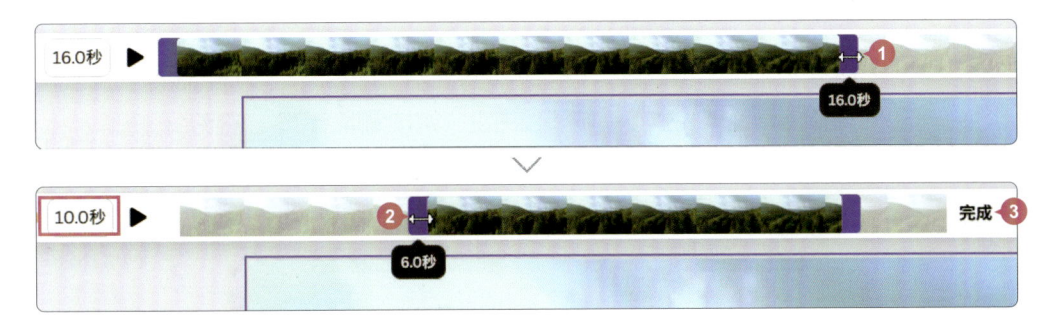

在時間軸上快速剪輯影片

於時間軸縮圖直接拖曳左、右二側邊界也可以剪輯影片。

4-7

Tip 5　剪輯影片中間片段

基本的影片剪輯只能調整開始與結束時間，如果要剪輯影片中的某個片段，可先分割後再以刪除或剪輯的方式完成。

BEFORE　　　　　　　　　　　　　　　　　　　　　　**AFTER**

STEP 01　開啟影片專案，將時間軸指標拖曳至欲刪除片段的開始時間點，再於該處縮圖上按一下滑鼠右鍵，選按 **分割頁面**。

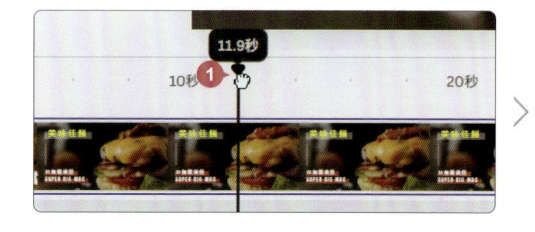

STEP 02　將時間軸指標拖曳至欲刪除片段的結束時間點，依相同操作方式分割頁面。接著於欲刪除的頁面縮圖上按一下滑鼠右鍵，選按 **刪除 1 頁**，將該片段刪除。

這樣就完成剪輯影片中間片段的操作，要特別注意，如果畫面中有使用頁面動畫，建議可移除頁面 **進入時** 及 **退出時** 的動畫，以維持畫面流暢。

4-8

Tip 6　設計多範本影片片頭並統一風格

運用多款範本設計影片，再套用合適的專案風格，統一整體色系與字型設計，迅速打造引人注目的片頭。

BEFORE　　　　　　　　　　　　　　　　　　　　　　　**AFTER**

套用多款片頭範本

在此將利用二個片頭範本製作片頭影片，以 YouTube 影片類型示範。

STEP 01　開啟影片專案，確認開啟的專案頁面與下圖相同。

STEP 02 時間軸上選按第 3 頁，再按 `Ctrl` 鍵不放加選第 4 及第 7 頁面，按 `Del` 鍵刪除這三個頁面，再選按 ➕ 新增一個頁面。

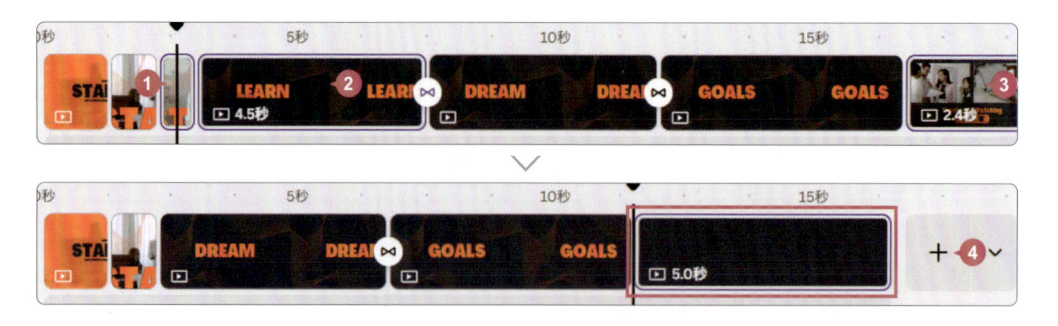

STEP 03 至側邊欄 **設計** 選按 **範本**，輸入關鍵字「youtube片頭」，按 `Enter` 鍵開始搜尋，選按第二款合適的範本，再選按合適的頁面設計套用至剛剛新增頁面。

統一專案風格

專案設計時如果套用多款範本，常會遇到配色與字型設計不一致的狀況，這時可利用以下示範的二種方法快速統一。

方法一：至側邊欄 **設計** 選按 **樣式** 標籤 (若無 **樣式** 標籤，先於清單選按左上角 ⬅ 回到上一頁。)，清除上方關鍵字後，於 **配色與字型組合** 選按 **查看全部**，清單選按合適的配色與字型項目套用 (同一項目重複選按幾次會出現不同的配色組合)，再選按 **套用至所有頁面** 鈕，快速統一全部頁面的風格。

4-10

方法二：套用其他範本的風格

STEP 01 至側邊欄 **設計** 選按 **範本** (若無 **範本** 標籤，先於清單選按左上角 ← 回到上一頁。)，輸入關鍵字「youtube片頭」，按 Enter 鍵開始搜尋，範本清單選按合適的範本，進入該範本後，可於側邊欄看到該範本預設的 **範本風格** 項目。

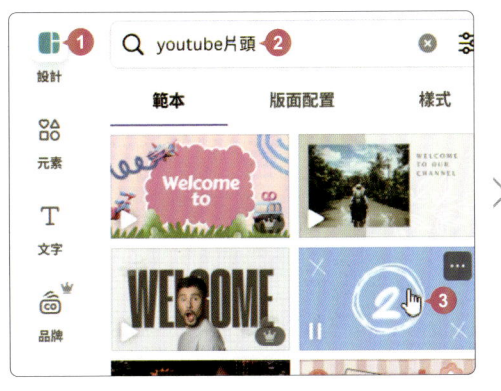

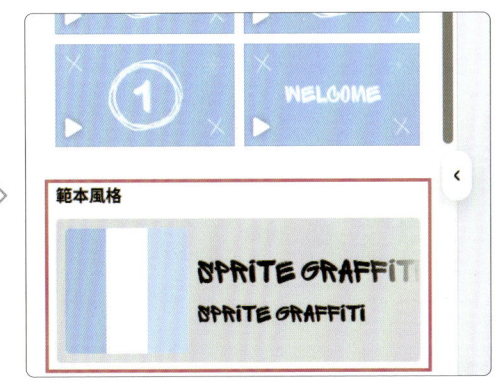

STEP 02 選按 **範本風格** 項目中的風格即會為目前頁面套用該風格的第一組配色與字型 (重複選按幾次會出現不同的配色組合)，確認配出滿意的風格後，選按 **將樣式套用至所有頁面** 鈕，以這個範本風格統一此專案中的色彩與字型。

小提示

套用其他範本的風格前須注意一件事

由於某些範本只有一款設計頁面，所以選按時會直接將該款設計頁面插入或取代原頁面，如果發生這樣的狀況，建議可以先新增一個空白頁面，再選按欲套用其風格的範本，套用完該範本風格後，再將該頁面刪除。

4-11

Tip 7 設計影片片頭文字、元素與背景音訊

片頭有了範本與樣式、風格的設計，接著只要加入品牌形象的識別、標語、音訊或是動畫圖片...等元素，即可完成影片片頭。

BEFORE　　　　　　　　　　　　　　　　　　　　　AFTER

修改範本文字與加入品牌元素

STEP 01 開啟影片專案，時間軸第 1 頁縮圖上按一下，修改頁面相關文字內容與合適的字型尺寸，將動畫皆設定為 **進入時**，接著複製如圖文字至第 2 頁，將文字動畫全部移除，修改下方文字並移動至合適位置與調整 **透明度**。

4-12

STEP 02 依相同操作方法，修改第 3、4 頁的文字內容 (利用 **圖層** 可將文字方塊移至最上層方便編輯)，最後刪除第 5 頁預設的元素、文字，上傳並加入品牌圖案與名稱文字方塊 (或品牌標語) 及動畫。

替換範本影片

STEP 01 時間軸第 1 頁縮圖上按一下，至側邊欄 **影片** (或於 **應用程式** 找尋)，輸入關鍵字「video game」，按 Enter 鍵開始搜尋，再拖曳至範本影片上放開完成替換。

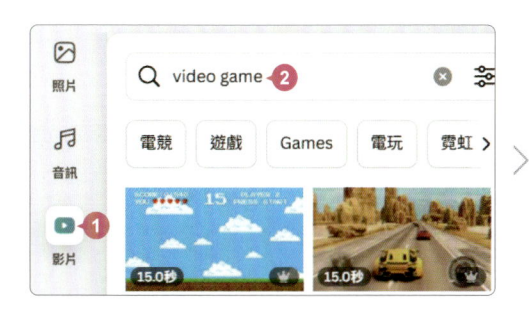

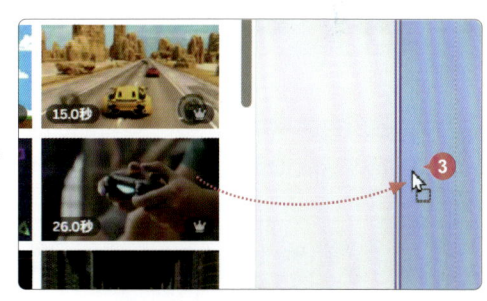

STEP 02 時間軸第 2 頁縮圖上按一下，依相同操作方法，拖曳相同影片元素至如圖位置，完成替換。

修改頁面時間與加入背景音訊

片頭一般來說都是簡短且進場時氣勢磅礡，修改時間長度與加入一段合適的背景音訊，可以讓片頭更加精彩。

STEP 01 參考下圖，將時間軸指標移至時間軸頁面縮圖右側呈 ↔ 狀，向左拖曳調整每一頁的時間長度。

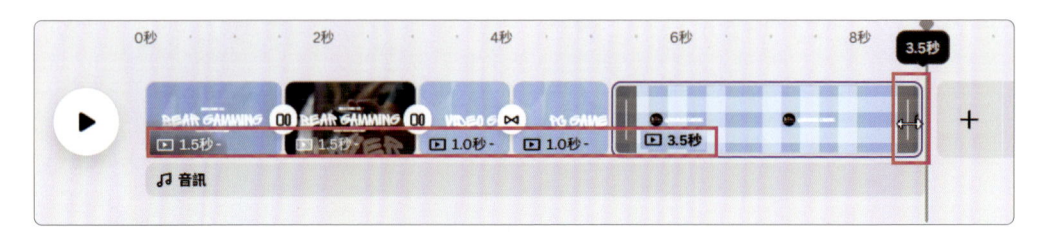

STEP 02 將時間軸指標拖曳至影片開始處，至側邊欄 **音訊** (或於 **應用程式** 找尋)，輸入關鍵字「intro」，選按 並核選 **效果**，最後按 Enter 鍵開始搜尋。

STEP 03 選按音訊項目 ▶ 可試聽音訊的內容，挑選適合片頭風格的類型與時間長度，選按該音訊項目名稱即可加入至時間軸音軌。

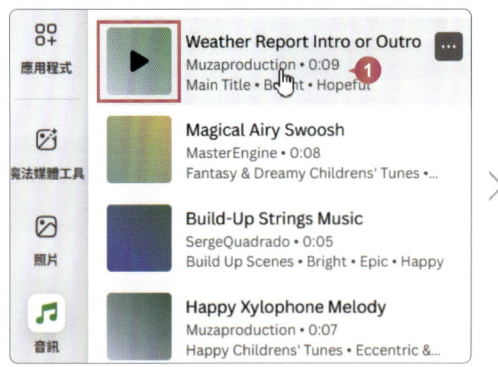

4-14

Tip 8 設計 YouTube 影片片尾

片尾除了能讓觀眾知道影片已經結束，還可以帶入品牌的形象或是其他行銷廣告，另外像 YouTube 片尾還可以加入推薦影片與訂閱按鈕的設計。

BEFORE　　　　　　　　　　　　　　　　　　　　**AFTER**

YouTube 片尾範本預設都會有推薦影片及訂閱按鈕的區域，只要選擇合適的範本，就可以快速完成片尾製作。

STEP 01 於 Canve 首頁搜尋列輸入：「youtube片尾」，選按 **範本** 鈕，再指定 **類別**：**影片**、**樣式**：**現代**，再按 Enter 鍵開始搜尋範本。

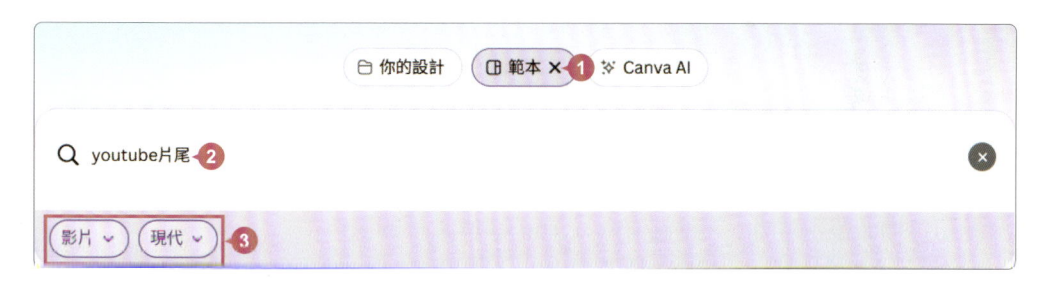

STEP 02 於搜尋結果清單中選按合適的範本，再選按 **自訂此範本** 鈕建立專案。

Outro
影片 (橫式) • 1920 × 1080 像素
作者：Contemplism　追蹤

4-15

STEP 03 至側邊欄 **設計** 選按 **樣式** 標籤,於 **最近使用的項目** (或 **配色與字型組合**) 選按合適的項目套用,完成後再調整範本中元素的色調與刪除不必要的元素。

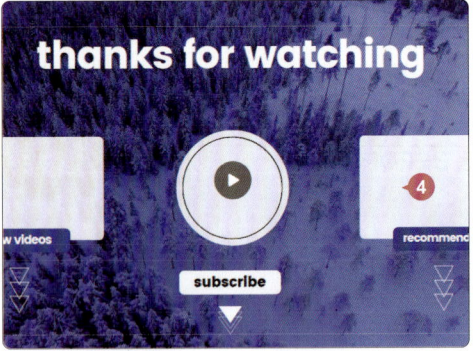

STEP 04 至側邊欄 **元素**,搜尋並插入合適的元素圖像,再選按 **文字**,新增文字方塊並輸入文字內容,調整大小與擺放至合適的位置。

STEP 05 最後,搜尋合適的 **影片** 元素替換背景,調整影片時間長度,再搜尋 **音訊** 加入合適的背景音訊,這樣就完成了 YouTube 片尾的製作。

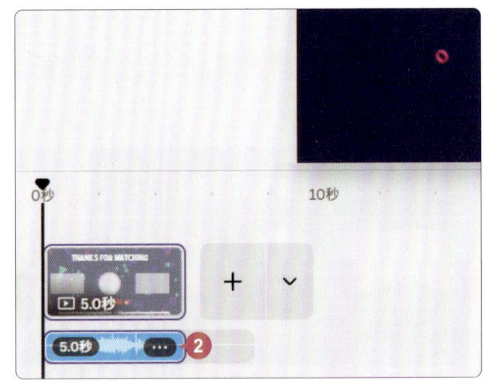

4-16

Tip 9 剪輯音訊與調整播放片段

如果音訊時間長度或是內容不符合影片，可以利用拖曳來剪輯，並使用 **調整** 功能調整出合適的音訊片段。

BEFORE　　　　　　　　　　　　　　　　　**AFTER**

STEP 01 開啟影片專案，時間軸下方的音訊軌按一下開啟音訊軌，將滑鼠游標停留在音訊結尾處呈 ⇔ 狀，往左拖曳剪輯音訊曲目結尾處。

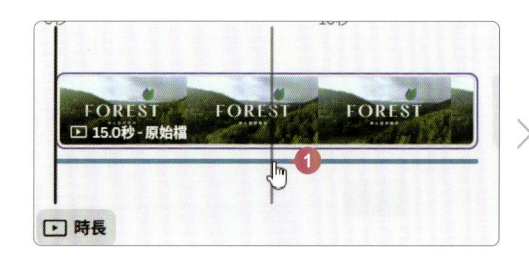

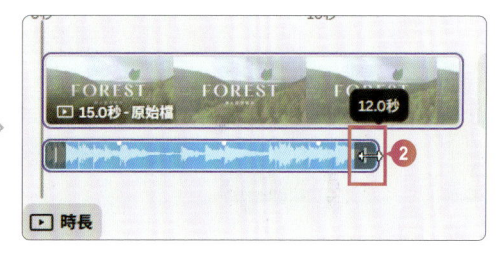

STEP 02 選按音訊物件，選按右側 ⋯ \ **調整**，將滑鼠游標移至音軌上呈 ⇔ 狀，往左或往右拖曳，參考音軌中的訊號來設定欲使用的部分，確認後頁面空白處按一下滑鼠左鍵即完成。

4-17

Tip 10 音訊混音與淡入淡出效果

Canva 可以搭配多個音訊達到混音效果，再利用淡入、淡出的調整，讓背景音訊無縫地融入影片當中。

BEFORE → **AFTER**

插入第二個音訊

STEP 01 開啟一份已加入有聲影片的專案，將時間軸指標拖曳至欲加入第二軌音訊時間點，至側邊欄 **音訊** (或於 **應用程式** 找尋)，輸入關鍵字「鳥叫聲」，按 Enter 鍵開始搜尋。

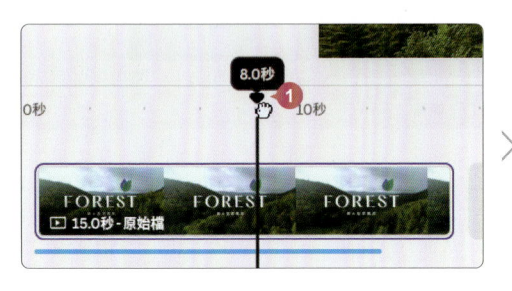

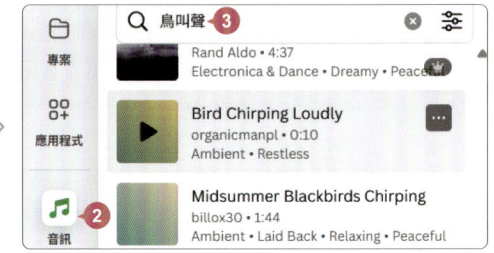

STEP 02 選按音訊項目 ▶ 可試聽音訊的內容，當挑選到合適音訊後，選按該音訊項目名稱即可加入至時間軸音軌。

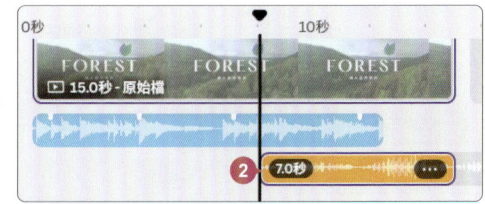

4-18

STEP 03 將時間軸指標拖曳至影片開始處，選按 ▶ 聆聽第二段音訊加入後的成果，再依狀況來剪輯或調整音訊的時間點。

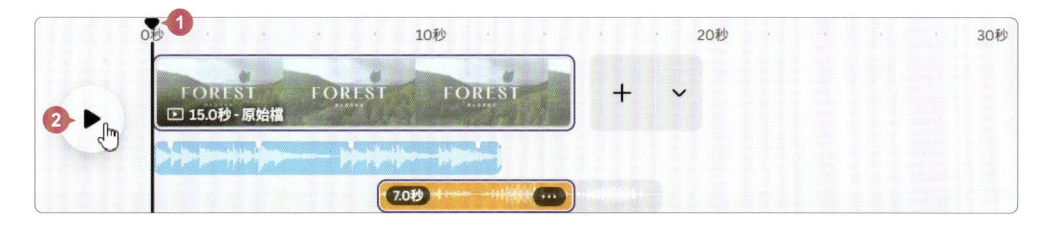

為音訊加入淡入淡出效果

STEP 01 時間軸選取欲加淡入淡出的效果的音訊 (在此選擇影片背景音訊)，工具列選按 **減弱** 開啟面板。

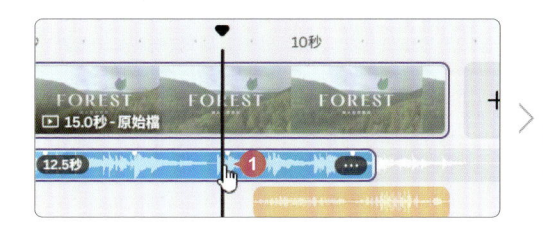

STEP 02 拖曳滑桿設定 **淡入：1.5 秒、淡出：3.0 秒**，讓背景音訊呈現出平滑的播放效果，再依相同操作方法設定第二個音訊的 **淡入：1.0 秒、淡出：1.0 秒**。(設定完成的音訊前、後方會顯示淡化的三角形區域。)

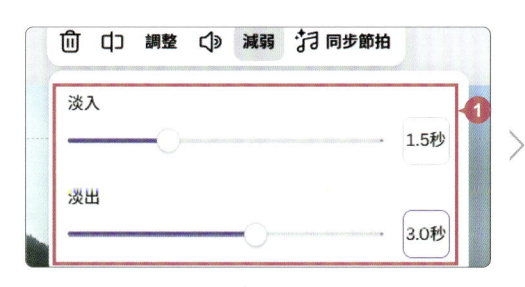

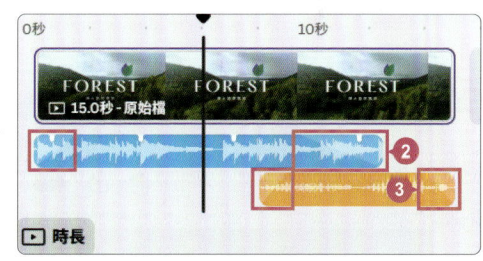

小提示

音量的調整與靜音

選取音訊後，工具列選按 🔊 可調整音量大小，或選按 🔊 呈 🔇 靜音，避免過多的音訊同時播放影響聆聽品質。

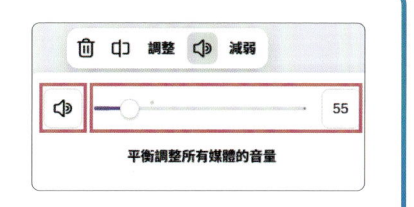

4-19

Tip 11 音訊同步節拍

透過 AI 技術尋找歌曲中的節拍,並將節拍轉換成音軌上的斷點,利用這些斷點可以讓頁面、元素與音樂節拍完美配合。

BEFORE　　　　　　　　　　　　　　**AFTER**

STEP 01 開啟影片專案,時間軸下方的音訊軌按一下開啟音訊軌,時間軸選取要調整的音訊,工具列選按 **同步節拍** 開啟側邊欄。

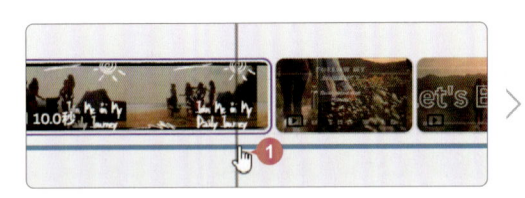

STEP 02 選按 **立即同步** 呈 ✓ 狀開啟,即會自動調整頁面時間長度及轉場效果對齊合適的節拍斷點。(開啟 **顯示節拍標記** 可在音軌訊號中看到節拍斷點。)

4-20

Tip 12　加入或移除影片轉場效果

使用轉場，可以讓影片片段之間的切換更加協調，達到無縫接軌視覺感受。

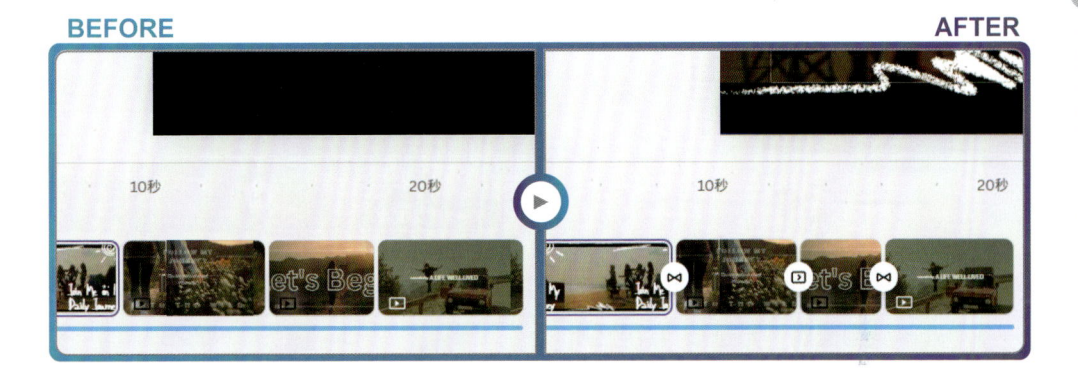

BEFORE

AFTER

加入轉場效果

STEP 01 開啟影片專案，時間軸選按第 1 頁縮圖 ▶ \ **新增轉場** 開啟側邊欄。(或是將滑鼠指標移至頁面縮圖之間停頓一下，再選按 ▶ 。)

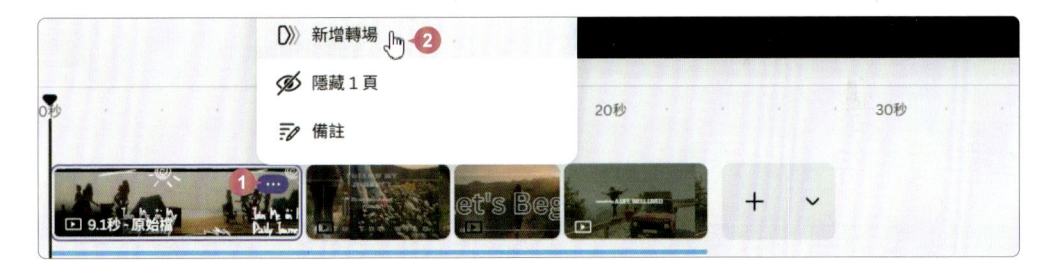

STEP 02 側邊欄空白處按一下，將滑鼠指標移至側邊欄轉場效果上，可在頁面預覽轉場效果。

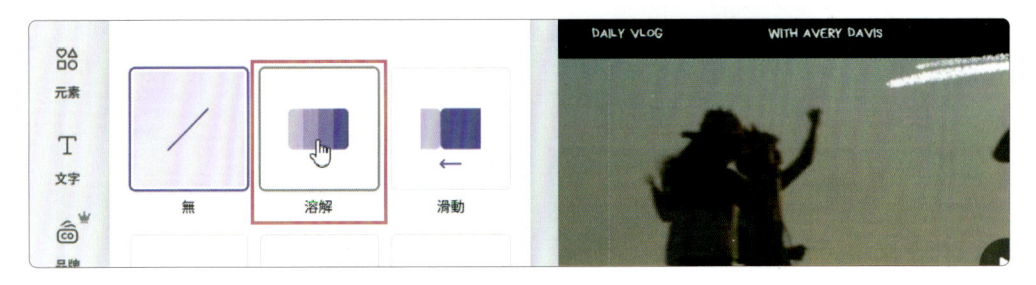

4-21

STEP 03 清單中選按合適的轉場效果,再拖曳 **時間長度 (秒)** 的滑桿設定時間長度,完成後可在頁面之間產生轉場。(不同的轉場效果會有相對應的設定項目,除了時間長度外,可能還有 **方向**、**起始點**...等項目可以設定。)

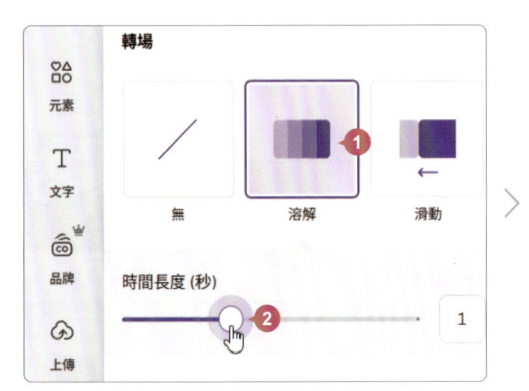

STEP 04 最後於側邊欄下方選按 **套用至所有頁面** 鈕,快速為整份專案所有影片片段間加入此轉場效果。

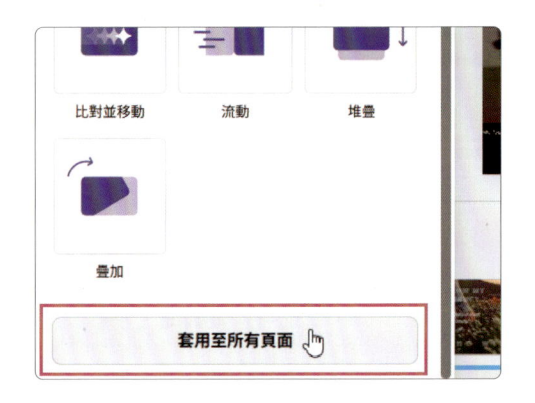

變更或刪除轉場效果

時間軸上選按頁面與頁面間的轉場圖示開啟側邊欄,清單中選按其他轉場效果及設定時間長度即可變更;若要刪除轉場效果,選按 **無**。

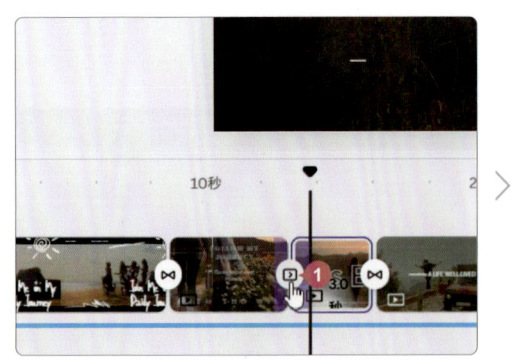

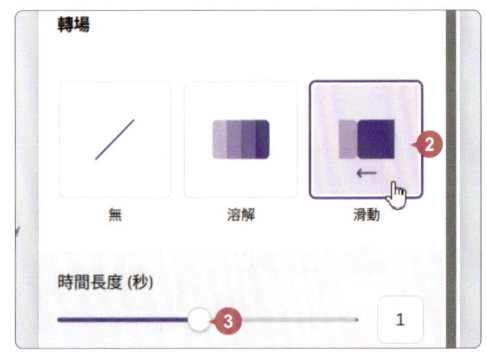

Tip 13　影片濾鏡套用

套用 Canva 預設的濾鏡效果：Natural、Warm、Vivid (生動)、Vintage (優質)、Mono (灰階)...等系列，可以讓影片瞬間轉化為另一種風格。

BEFORE　　　　　　　　　　　　　　　　　　**AFTER**

STEP 01　開啟影片專案，選取影片，工具列選按 **編輯** 開啟側邊欄，於 **濾鏡** 右側選按 **查看全部**。

STEP 02　清單中選按合適的濾鏡套用，再拖曳 **強度** 滑桿設定濾鏡效果的強度。

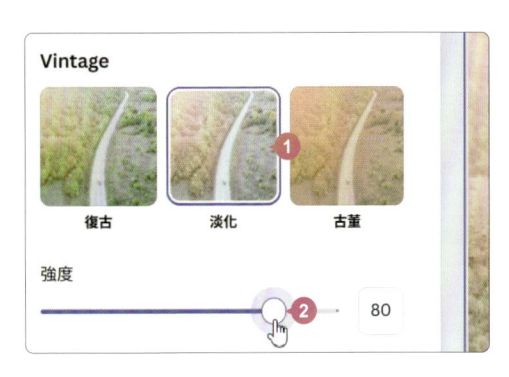

設計力　04　從動畫到影音創作全方位

4-23

Tip 14 影片白平衡、亮度對比、飽和度調整

如果對影片的亮度、對比度、飽和度...等其他顏色屬性不甚滿意，可透過 **編輯影片** 中的 **調整** 功能改變。

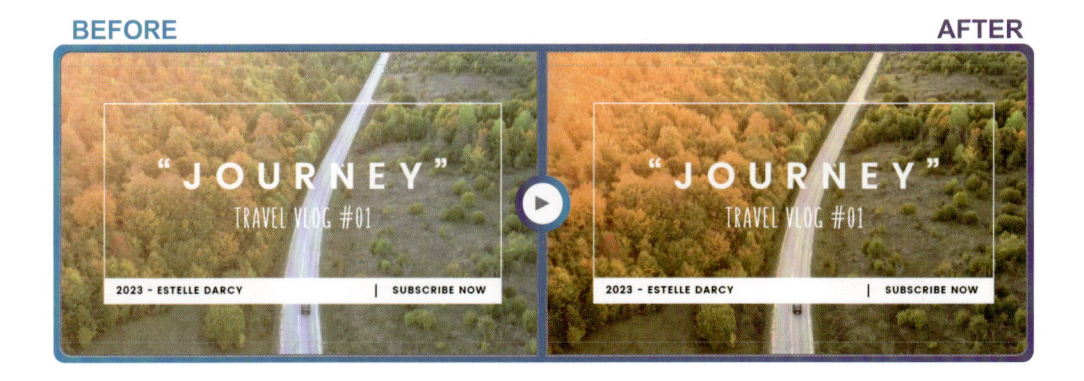

BEFORE → **AFTER**

STEP 01 開啟影片專案，選取影片，工具列選按 **編輯** 開啟側邊欄，再選按 **調整**。

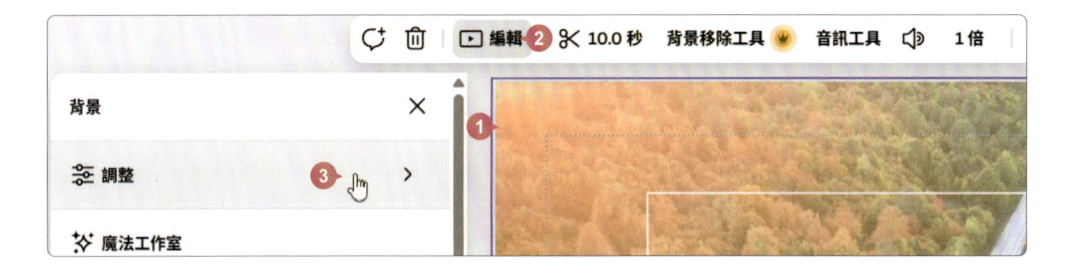

STEP 02 清單中分別有 **白平衡**、**淺色**、**顏色**...等三種基本調整項目可供調整；或是可以選按 **自動調整** 鈕由系統自動完成調整。

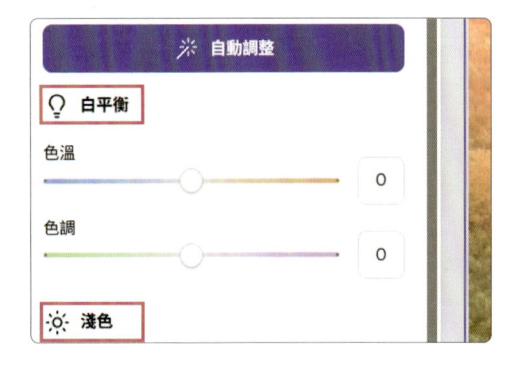

4-24

STEP 03 白平衡 可以改變影片色彩。不同光源的色溫可能會使影像呈現色偏，清晨的色溫偏藍，傍晚的色溫則偏紅，拖曳 **溫度** 與 **色調** 滑桿，可消除不同光源下的色溫偏差，確保色彩看起來自然而真實。

白平衡
色溫 46
色調 0

STEP 04 淺色 可以調整影片亮度對比，拖曳 **亮度**、**對比度**、**陰影**...等項目滑桿，設定合適的效果。

淺色
亮度 -15
對比度 38
亮部 0
陰影 -60
白色 0

STEP 05 顏色 可以提高或降底影片的鮮豔度，拖曳 **明亮**、**飽和度**...等項目滑桿設定合適的效果。

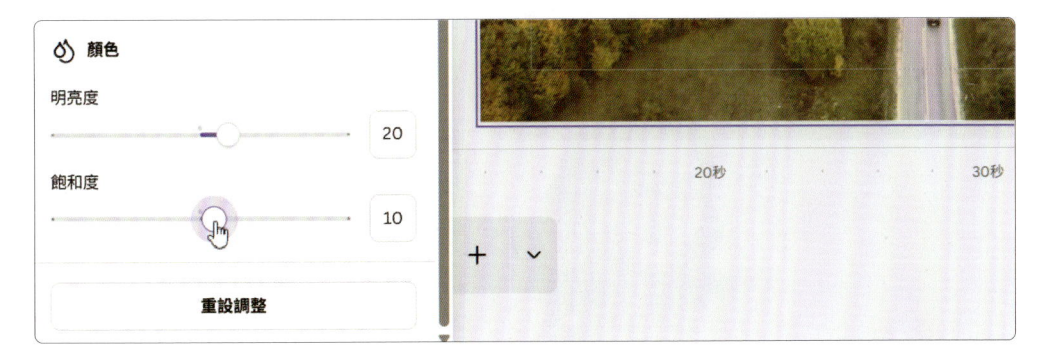

顏色
明亮度 20
飽和度 10

重設調整

4-25

Tip 15 影片背景移除

背景移除可以讓影片只保留主體部分，使用者就能輕鬆以該主題再創作出其他影片作品。

BEFORE / **AFTER**

STEP 01 開啟影片專案，選取影片，工具列選按 **背景移除工具**，即會自動完成影片背景移除。

4-26

| STEP 02 | 選取影片，拖曳左、右二側裁切控點為影片調整合適的顯示範圍。(由於影片是動態播放，在調整顯示範圍時要注意去背的主體不要被裁切到，建議一邊調整一邊選按 ▶ 播放檢查。)

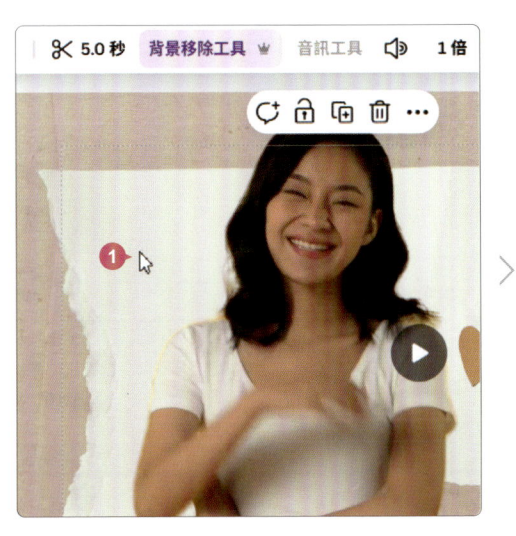

小提示

影片背景移除工具的限制

影片的背景移除無法像照片一樣，在套用 **背景移除工具** 後，還可以使用筆刷調整細節 (可參考 P3-18)，所以要移除背景的影片，建議選擇背景相對單純的素材，例如使用綠幕或素色的背景，否則背景移除後的效果可能會不如預期 (如右下圖)。

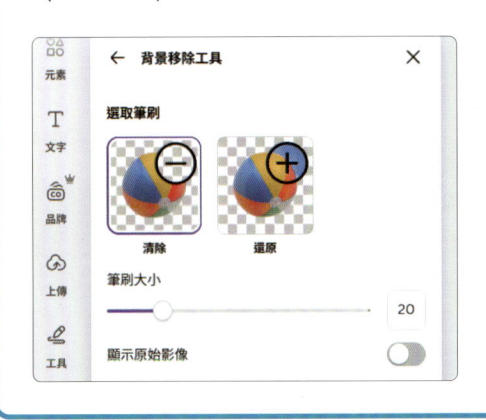

4-27

Tip 16 調整影片播放速度

放慢影片播放速度，可以產生慢動作效果，反之，加快影片速度則猶如時光快速流逝；此外也可以利用播放速度來改變影片時間長度。

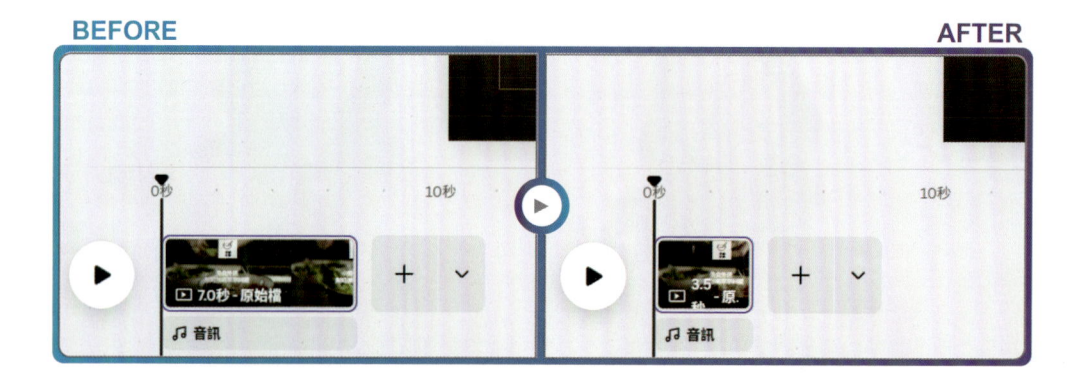

BEFORE **AFTER**

STEP 01 開啟影片專案，選取影片，工具列選按 **1 倍** (速度)。

STEP 02 拖曳 **影片速度** 滑桿變更播放速度。(最快可調整至 2.0，最慢則可調整至 0.25。)

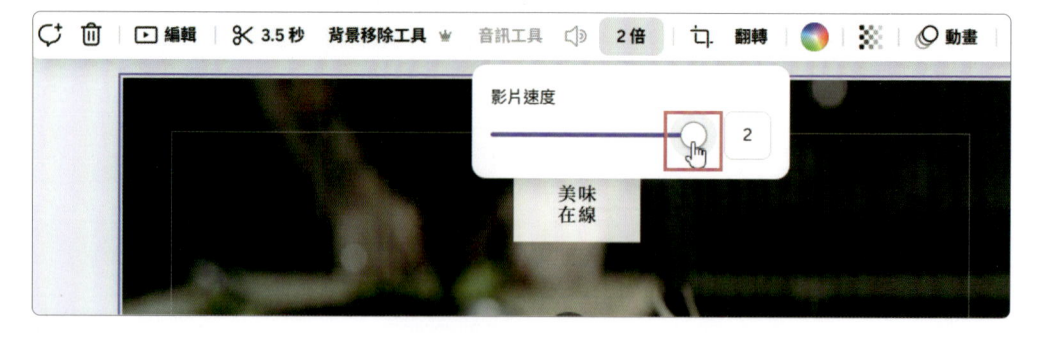

4-28

Tip 17 幫影片上字幕

為了讓觀眾清楚旁白內容，加上字幕是最好的方式；字幕通常出現在影片下方，且需要依旁白內容與時間點同步呈現。

BEFORE

AFTER

幫影片加上唯讀輔助字幕

Canva 目前支援自動語音辨識功能，會依影片旁白自動產生字幕。

STEP 01 於 Canva 首頁左下角選按帳號縮圖 \ ⚙ **設定** 開啟設定畫面，至側邊欄 **輔助工具**，並在清單選按 **字幕** 右側呈 🔘 狀開啟。

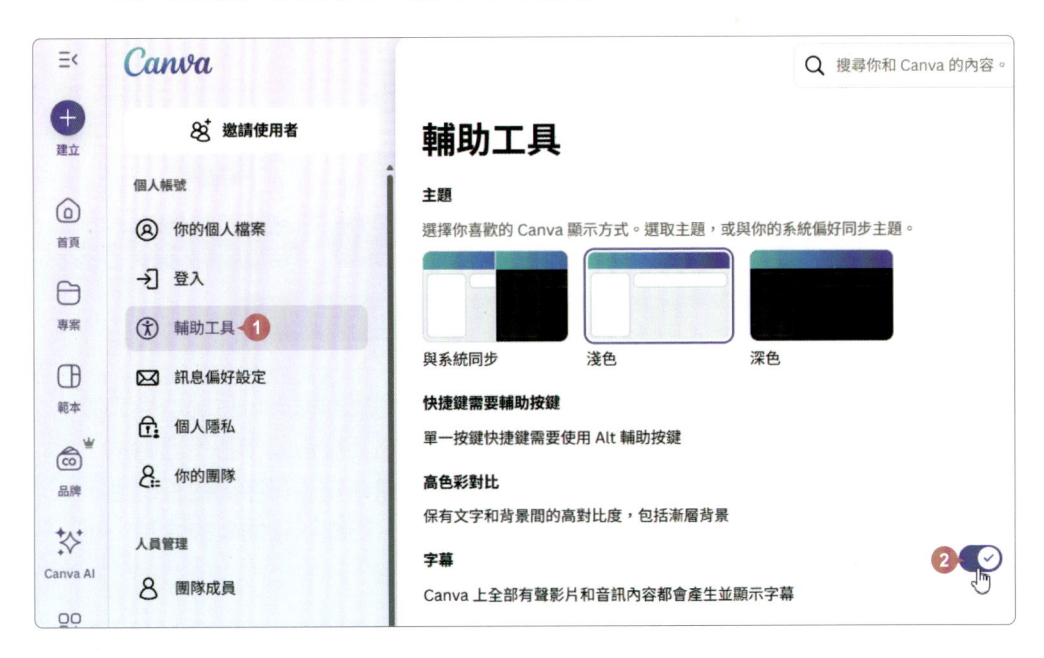

4-29

STEP 02 啟用輔助字幕功能後，開啟影片專案，選按 **檔案** 索引標籤 \ **輔助工具** \ **在媒體上顯示唯讀輔助字幕**，播放影片時，就能看到影片下方自動產生字幕。

(如果要取消自動產生的字幕，取消核選 **檔案** 索引標籤 \ **設定** \ **在媒體上顯示唯讀輔助字幕** 即可。)

💡小提示

使用 "顯示說明文字" (字幕) 的限制

- 目前自動辨識的字幕只能在 Canva 平台上分享或僅供檢視，下載的影片不會包含字幕。

- 輔助字幕是自動產生，目前無提供可編輯的功能。

- 自動辨識支援多國語言，但其精確度仍無法達到絕對完美，目前以英文語系的辨識較為成功。這是因為每個人的說話風格和發音咬字都不盡相同，因此字幕內容出現錯誤是相當常見的現象。如果希望確保字幕的正確性，建議以 **字幕** 功能來添加字幕 (參考下頁說明)，這樣不只結果較完美，也能在下載影片時將字幕保留在影片中。

幫影片自動生成字幕

前面示範的自動語音辨識功能產生字幕，尚有多處的限制，因此在此示範使用 **字幕** 功能的方式加入字幕。(如果已開啟 **在媒體上顯示說明文字** 設定，需先關閉。)

STEP 01 Canva 字幕，需先將完成剪輯與旁白錄製的影片專案以 MP4 影片檔格式下載，再將其上傳至新專案才可開始製作。

STEP 02 至側邊欄 **應用程式** 選按 **字幕**，確認 **選取有語音的影片** 的項目無誤 (若有多部影片，則需核選欲添加字幕的影片。)，選按 **產生輔助字幕** 鈕。

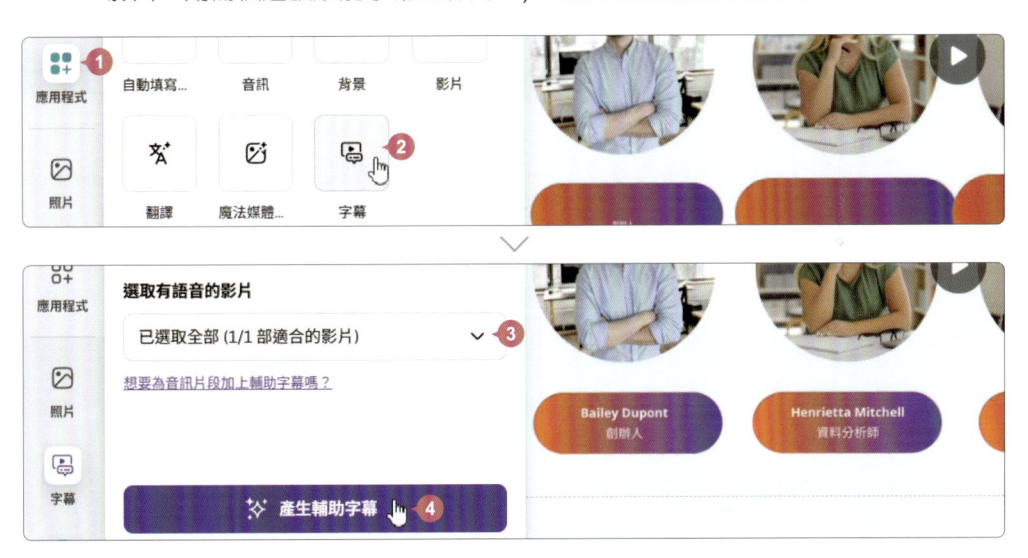

STEP 03 待分析完成即會在頁面中加上字幕，再拖曳字幕至合適的位置擺放。

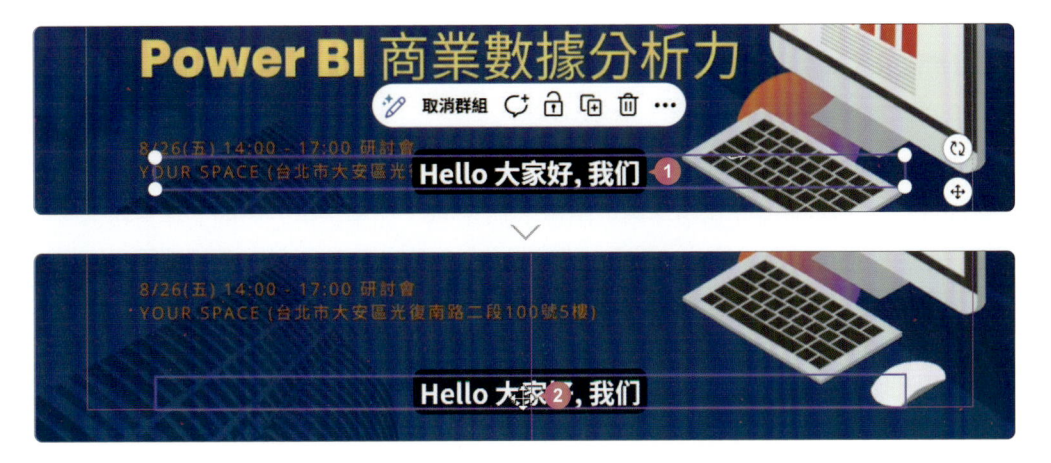

STEP 04　在字幕選取的狀態下，工具列選按 **字幕** 開啟側邊欄，於要修改的文字上按一下滑鼠左鍵產生輸入線。

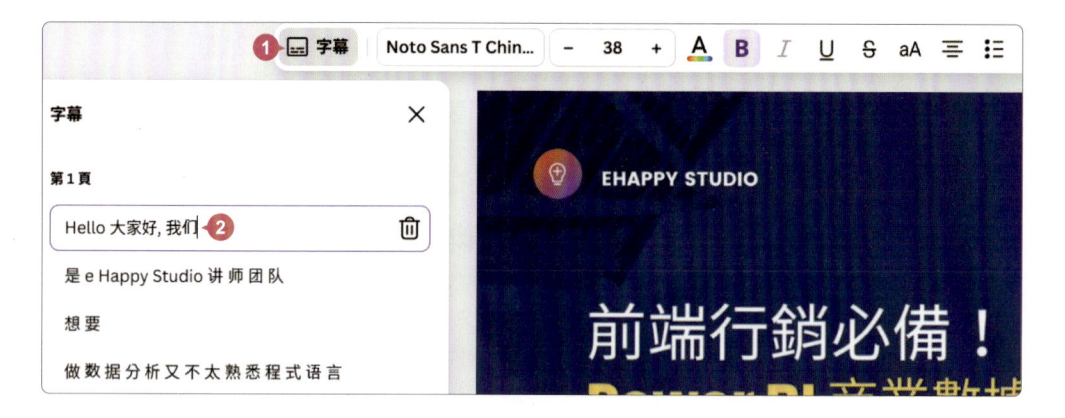

STEP 05　接著就修改字幕錯誤的內容或是多餘的空格，完成後，工具列選按 **字幕** 關閉側邊欄即可。

◆ 小提示

合併字幕

字幕是根據語音的語氣來判斷生成，所以有時候斷行的位置可能不甚理想。像此範例中，"想要" 這段字幕只出現不到 1 秒，如果把下一段的文字直接合併過來，播放時就會變成 "想要做資料分析..." 顯示不到 1 秒，不只時間太短看不清楚，接下來原本該顯示 "做資料分析..." 的那段時間也會變成無字幕，所以建議維持原先的狀態即可，或是說在錄製時，話說的語氣連接性與斷點要更加明確，讓生成的字幕可以更加完整。

4-32

變更字幕樣式及套用動畫

利用 **字幕** 功能生成的內容不只可以替換內容,也可以像一般文字一樣套用樣式、設定字型或是套用動畫...等功能。

STEP 01 將時間軸指標拖曳至可以看到字幕的狀態下,再選取字幕。

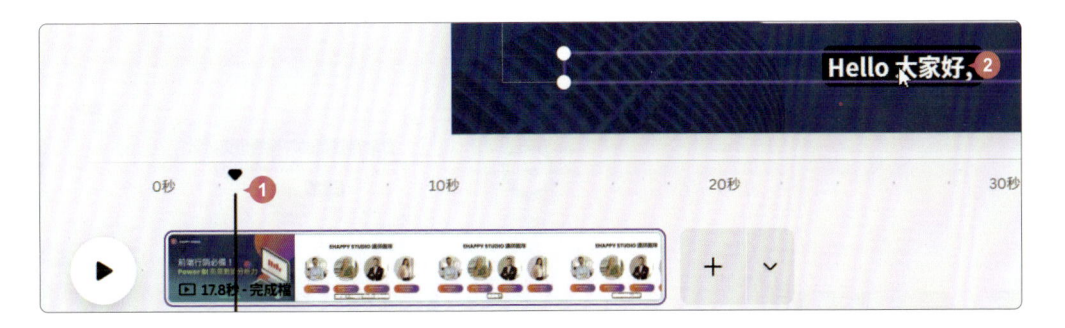

STEP 02 在字幕選取的狀態下,工具列中可依需求設定 **字型**、**字型尺寸**、**粗體**...等,設定完成後,選按 **動畫** 開啟側邊欄。

STEP 03 清單中選按合適的字幕動畫套用,再拖曳 **強度** 滑桿設定字幕動畫效果的強度。

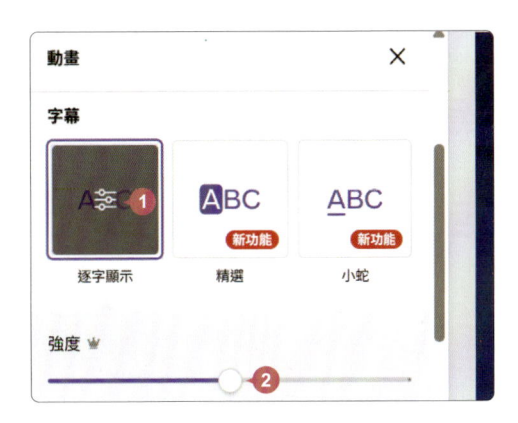

4-33

Tip 18 錄製攝影機與螢幕雙畫面以及旁白音訊

若影片中想同步呈現操作示範與講師的畫面時，只要準備網路攝影機和麥克風，進入錄音室即可開始拍攝操作示範教學影片或是錄製旁白。

BEFORE　　　　　　　　　　　　　　　　　　　　　**AFTER**

課程前軟體安裝與設備確認　　　　　　　　課程前軟體安裝與設備確認

螢幕與攝影機雙畫面同步錄製

STEP 01 開啟影片專案，確認攝影機與麥克風設備的線路已正確連接電腦後，至側邊欄 **上傳** 選按 **錄製自己 \ 錄製半身說話影片** (第一次使用會出現允許授權訊息，可選按 **允許** 鈕開始)，畫面下方選按欲錄製的起始頁面 (在此選按第 2 頁)。

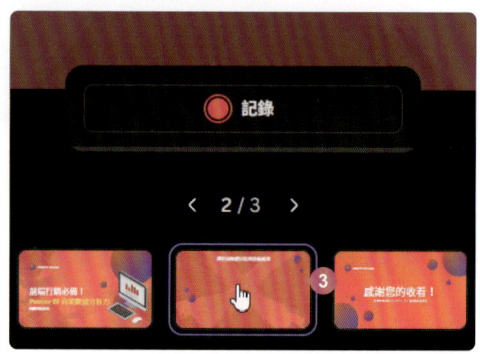

STEP 02 錄音室畫面右上角選按 ⚙ \ **攝影機和螢幕**。

4-34

STEP 03 首先需指定要分享的螢幕內容，可選擇 **Chrome 分頁**、**視窗**、**整個螢幕畫面** 類型，在此示範 **視窗** 標籤，選按欲使用的視窗 (三種類型操作方式均相同)，再選按 **分享** 鈕。

STEP 04 同樣於錄音室畫面右上角指定攝影機與麥克風設備，指定好後，隨意說一句話，確認 **記錄** 鈕下方是否有出現音訊訊號，以及確認上方的錄製預覽頁面左下角圓型視訊擷取畫面是否出現攝影機取得的影像。

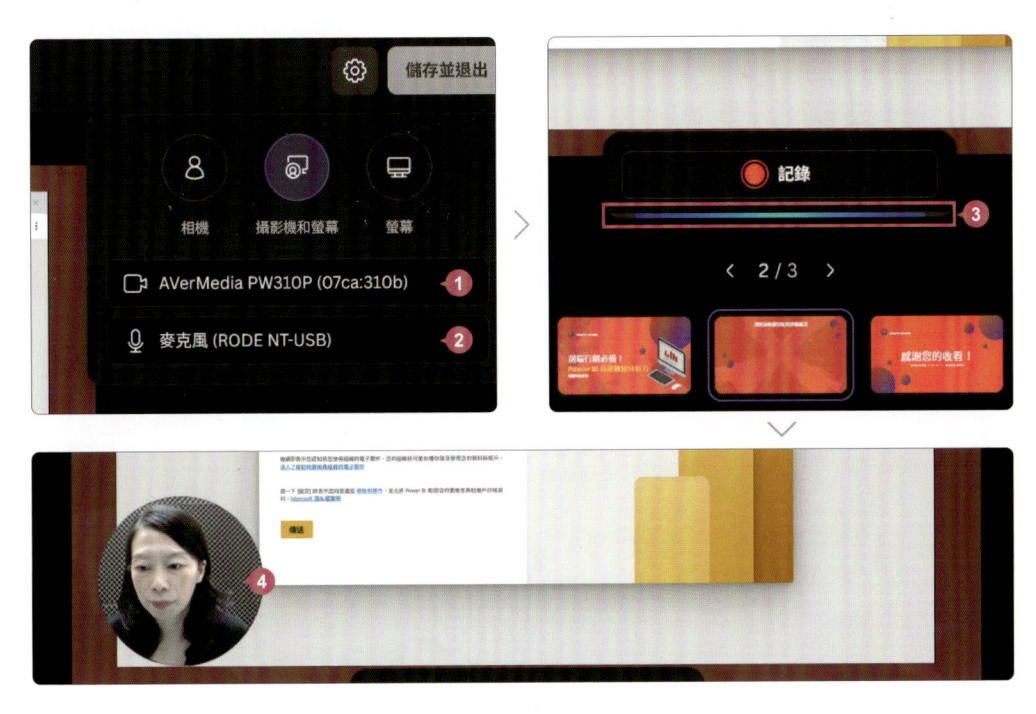

4-35

STEP 05 將滑鼠指標移至圓型視訊擷取畫面上方可拖曳到合適位置,選按上方 ⤺ 可鏡射內容、選按 ▭ 可關閉相機 (鏡頭)。

STEP 06 選按 **記錄** 鈕會開始倒數三秒,倒數後開始錄影,待完成展示與說明,選按 **完成** 鈕 (選按 ⏸ 可暫停錄製、🗑 可刪除目前影片重新錄製)。

STEP 07 最後選按錄音室畫面右上角 **儲存並退出** 鈕,回到專案編輯頁面,播放預覽影片與頁面內容搭配的效果,再適當的調整影片尺寸至合適的大小與位置。

4-36

錄製旁白

STEP 01 確認麥克風設備正確連接電腦後,至側邊欄 **上傳** 選按 **錄製自己\錄製半身說話影片**,畫面下方選按欲錄製的頁面 (在此選按第 3 頁)。

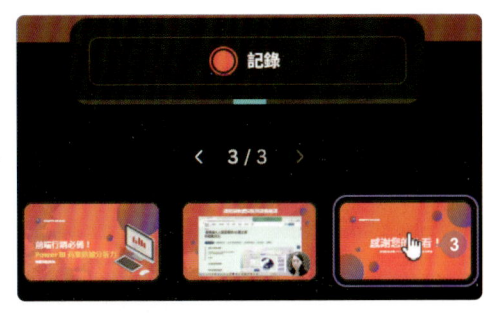

STEP 02 錄音室畫面右上角選按 8 \ **相機**,指定錄製旁白的麥克風設備,由於只要錄製旁白音訊,可以將攝影機指定為 **沒有相機**,錄製好的音訊即會使用帳號的圖像當做圖示。

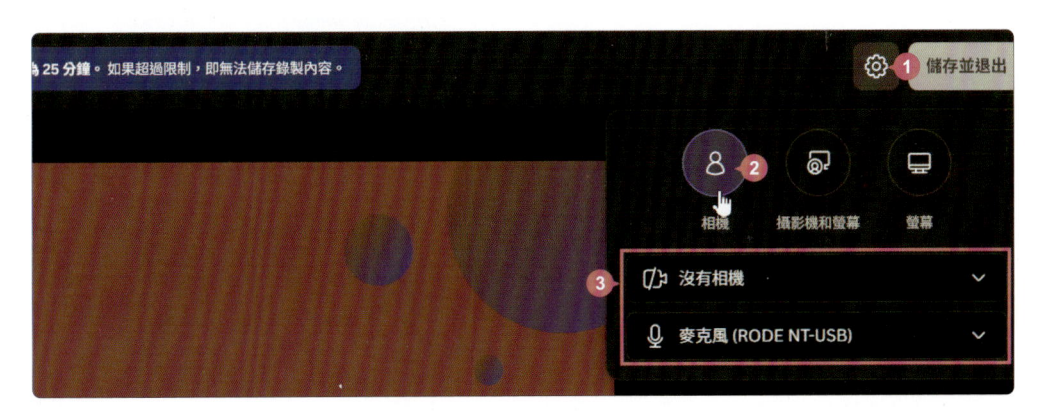

STEP 03 指定好攝影機與麥克風設備後,隨意說一句話,確認 **記錄** 鈕下方是否有出現音波,選按 **記錄** 鈕,倒數後開始錄製旁白。

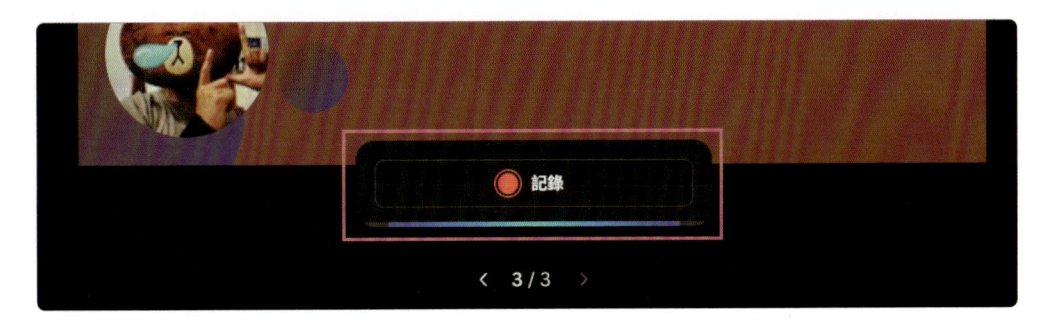

STEP 04 當該頁旁白說完，選按 **完成** 鈕，接著可選按帳號圖像上的播放鈕聆聽內容，若錄製內容不理想可選按 **刪除** 鈕重新錄製，待確認無誤後，再選按 **儲存並退出** 鈕回到編輯畫面。

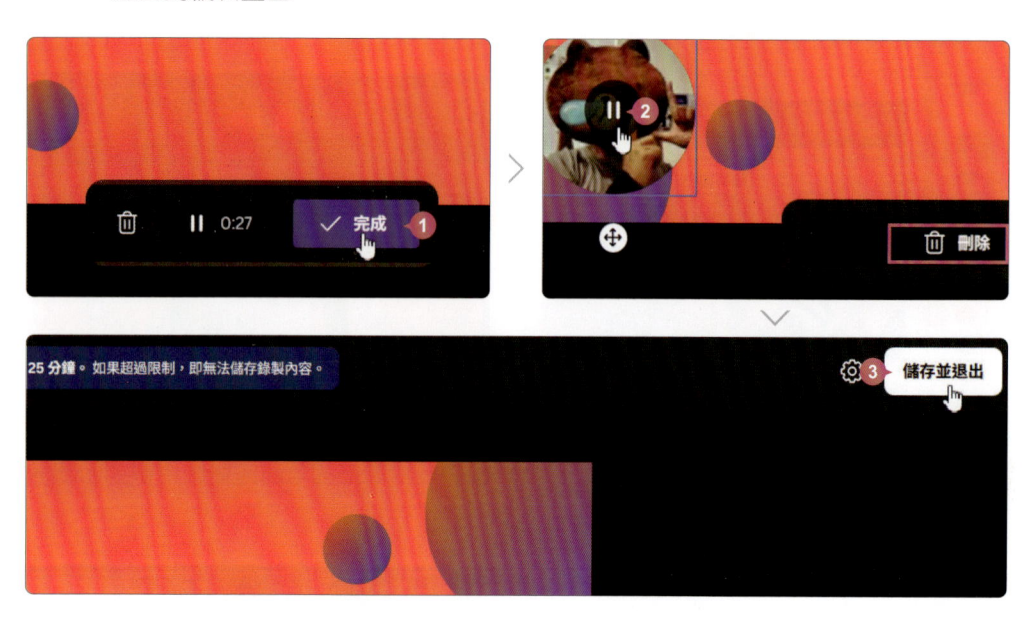

STEP 05 由於只需要旁白聲音不需要圖像，因此選取頁面上帳號頭像，工具列選按 ，設定 **透明度**：「0」，將其設定為透明。

Tip 19 橫式影片快速轉換為直式影片

因應跨平台的潮流，影片通常都會設計成橫式、直式二種格式，利用 **調整尺寸與魔法切換開關** 可以快速完成這樣的操作。

BEFORE　　　　　　　　　　　　　　　　AFTER

STEP 01 開啟影片專案，編輯畫面選按 **調整尺寸**，於 **依類別瀏覽** 中選按 **影片**。

STEP 02 清單中核選欲轉換的直式影片格式，再選按 **複製並調整尺寸** 鈕，會將目前專案以建立複本的方式調整為指定的類別；若選按 **調整此設計的尺寸** 鈕則會直接調整目前專案。

4-39

STEP 03 轉換完成後,選按 **開啟行動影片** 鈕,最後再將影片內元素調整至適合直式影片的版面配置,即完成橫式影片轉換成直式影片的操作。

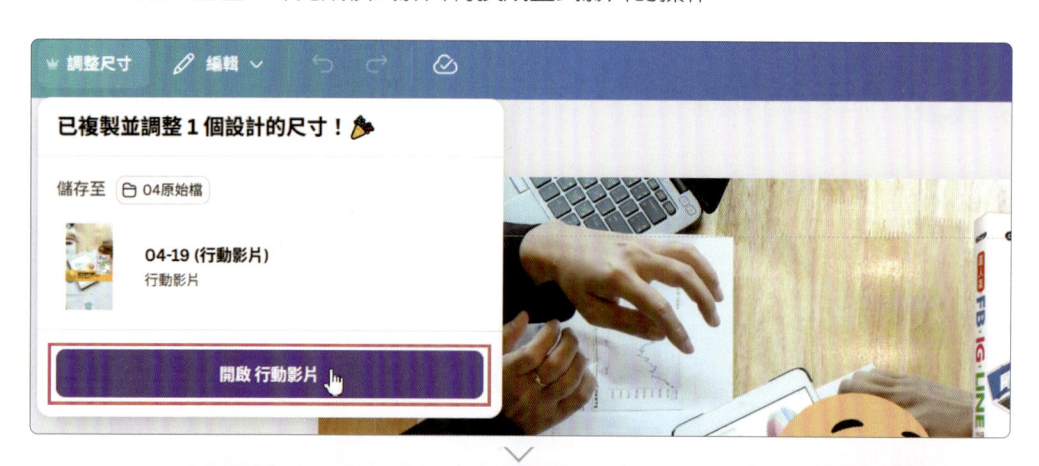

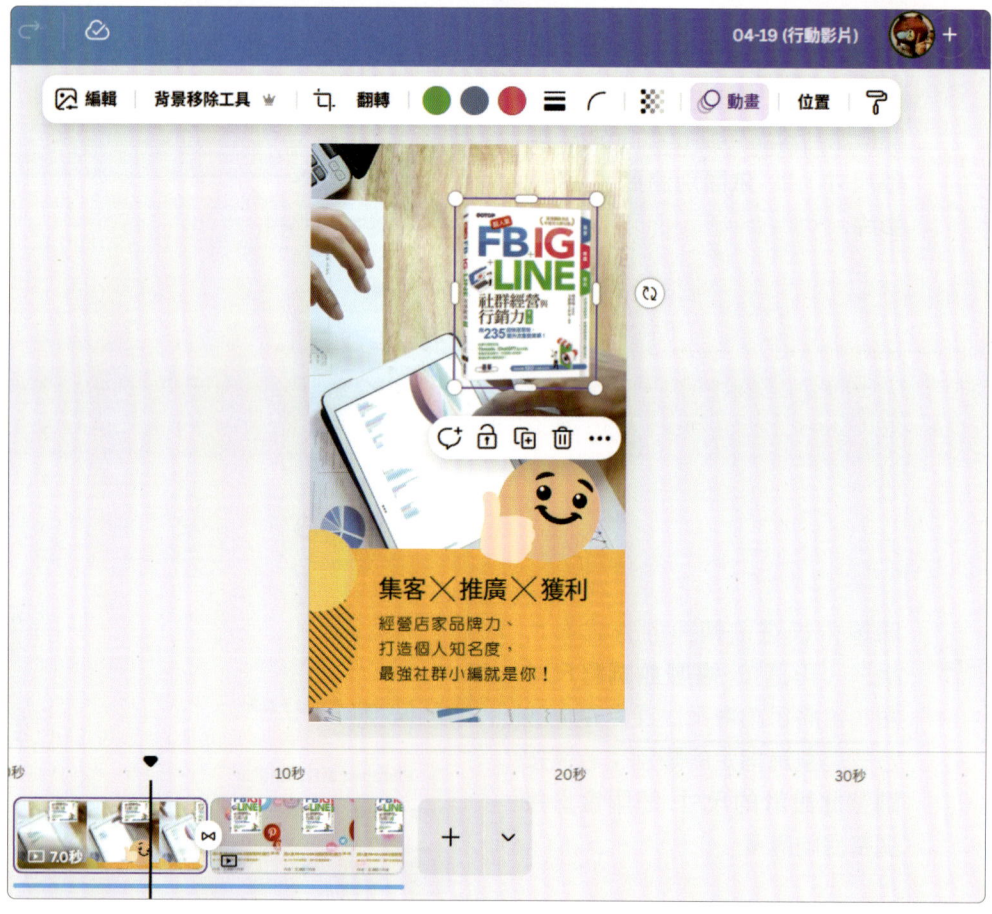

Tip 20　AI 文字轉語音

Canva 全新 AI 語音功能，輕鬆將文字轉為自然語音，為簡報、影片增添專業旁白，或製作有聲內容，操作簡單，讓創意發聲。

BEFORE　　**AFTER**

STEP 01

將時間軸指標拖曳至開始處，頁面中選取欲生成語音的文字元素，選按 ✏️ \ **產生 AI 語音** 開啟側邊欄。

STEP 02

AI 語音 的 **輸入文字** 欄位就會自動輸入剛剛選取的文字，**選擇語音** 中設定合適的語系，於下方選按語音人物縮圖即可聆聽效果。

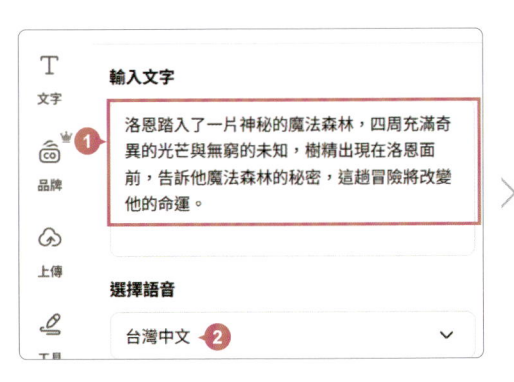

4-41

STEP 03 選擇語音後，選按 **產生 AI 語音** 鈕，即會在 **音訊** 軸中自動插入生成好的語音音訊，選按 **時長** 顯示時間軸，再將滑鼠指標移至頁面縮圖右側呈 ↔ 狀，向右拖曳調整時間長度以符合語音音訊。

STEP 04 再依相同操作方法，將時間軸指標拖曳至第二頁開始處，生成第二頁的語音音訊並調整頁面的時間長度，再將自動增加的空白頁面刪除即可。

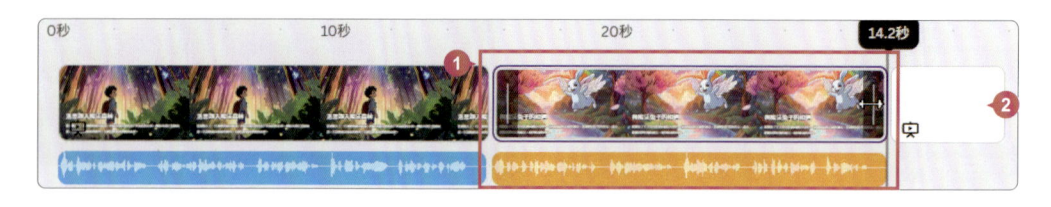

小提示

開啟 AI 語音功能面板

若是頁面中沒文字可選擇，需要手動輸入欲轉換成語音文字，至側邊欄 **應用程式** 選按 **AI 語音**，即可開啟 AI 語音面板並將該功能固定在側邊欄中。

4-42

Tip 21　AI 虛擬主播 D-ID

Canva D-ID AI Presenters 是 Canva 的應用程式，講者可以不露臉用代表自己的角色，以及運用文字轉聲音或聲音檔，創造虛擬主播實境效果。

D-ID 應用程式可以選擇人物頭像、語言和風格 (口音)，免費的 D-ID 帳號可以擁有 12 點，每次產生的虛擬主播影片會依內容扣除 1~5 點不等 (每點相當於 15 秒影片，若影片長度為 40 秒，則會消耗 3 點，若使用自訂頭像與聲音檔會扣除較多點數。)，當點數扣完則需至 D-ID 官網升級為付費帳號即可繼續使用。

連結與註冊

STEP 01 開啟影片或簡報專案，至側邊欄 **應用程式**，上方搜尋列輸入：「D-id」，按 Enter 鍵開始搜尋；於結果清單選按 **D-ID** 圖示，首次使用需選按 **開啟** 鈕。

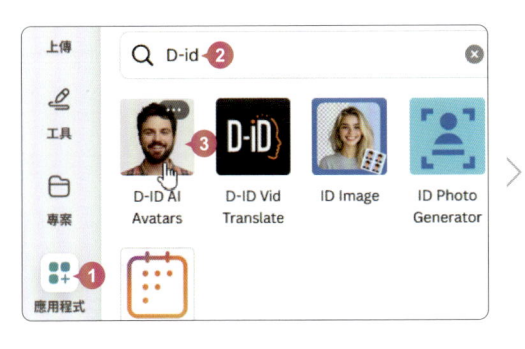

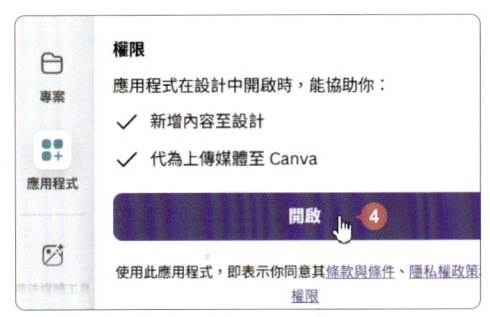

STEP 02 捲動設定面板至最下方，選按 **Sign in to generate** 鈕，先註冊與連線 D-ID 官網。

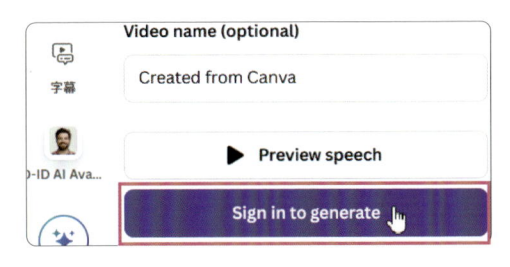

STEP 03 選按 **連結** 鈕，選擇連結帳號，依畫面有的選項挑選合適的帳號與 D-ID 連結，並依帳號後續設定完成連結。

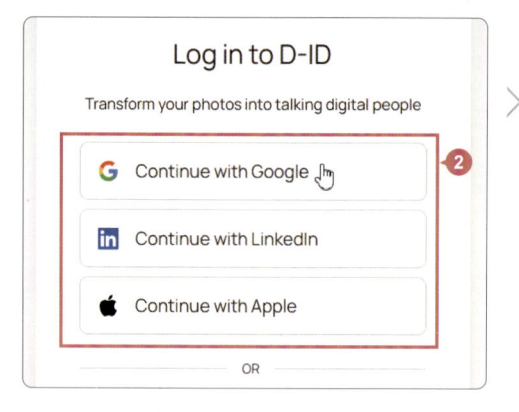

使用預設人像與口音

STEP 01 完成前面的準備動作後，於 **Create** 標籤 **Avatar** 右側選按 **see all** 開啟更多角色清單，選擇合適的項目後，選按 **Use avatear** 鈕。

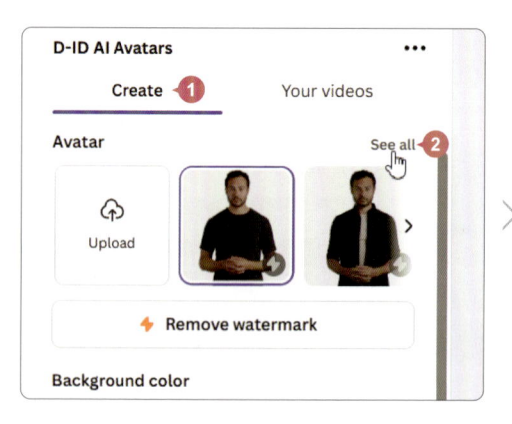

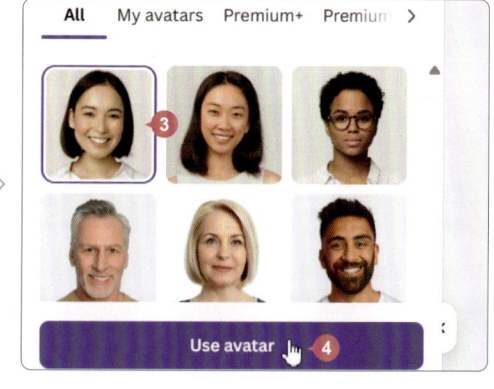

STEP 02 於 **Source** 項目 **Text** 標籤下方欄位輸入虛擬主播的台詞文字。(欄位下方會顯示最多能輸入文字的數量)

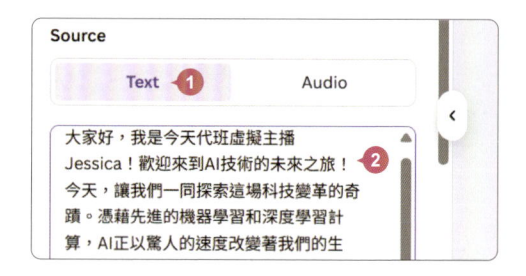

STEP 03 於 **Voice** 右側選按 **See all** 開啟更多聲音清單，第一個語系中選擇 **Chinese**，這樣虛擬主播才能正確的唸出中文內容，接著於第二個項目選擇合適的語氣，清單中即會篩選出合適的項目，可先選按 ▶ 可試聽角色聲音，確認後，選按 **Use Voice** 鈕。

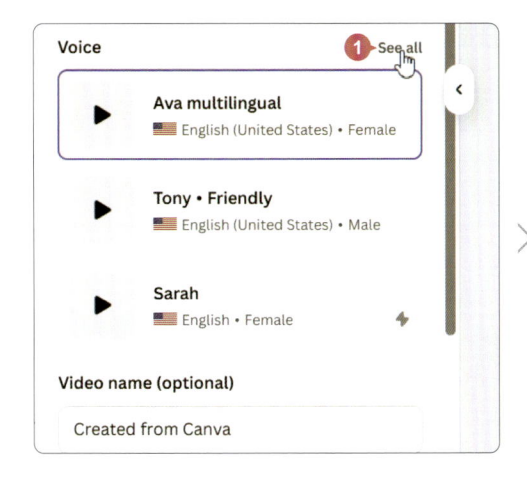

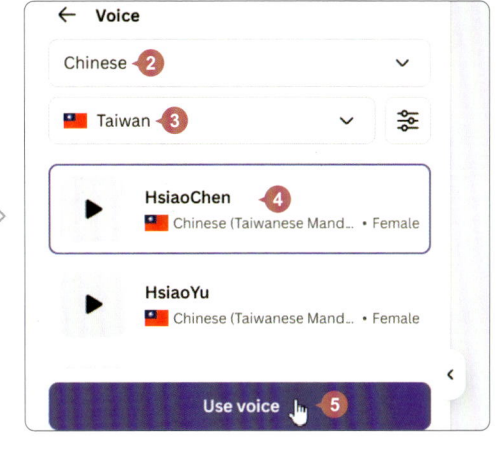

STEP 04 完成以上設定，於 **Video name** 欄位幫角色命名，接著可以選按 **Preview Speech** 鈕試聽看看，如果沒問題，即可選按 **Generate presenter** 鈕開始產生影片。(按鈕下方會標註這次影片需扣除的點數。)

使用自訂人像與預錄聲音檔

事先準備一張人物頭像照片檔，背景單色或去背、正面、五官清晰，效果較佳，檔案格式為 png、jpeg、tiff、gif...等均可；聲音檔格式為 MP3、M4A、WAV 均可。

STEP 01 於 **Create** 標籤選按 **Upload**，選擇自行準備的照片檔，再選按 **開啟** 鈕，並選取清單中載入的人物圖像。

4-45

STEP 02 於 **Audio** 標籤選按 **Choose file** 鈕開啟對話方塊，選擇自行錄製的聲影檔，再選按 **開啟** 鈕。

STEP 03 完成以上設定，於 **Video name** 欄位幫角色命名，接著可以選按 **Preview Speech** 鈕試聽看看，如果沒問題，即可選按 **Generate presenter** 鈕開始產生影片。

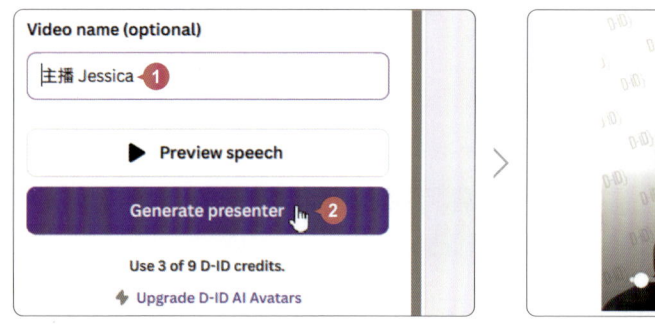

完成製作的虛擬主播影片，可以與影片、簡報、社群媒體...等範本結合。

4-46

Tip 22 利用關鍵字快速生成 AI 音樂素材

AI Music 是 Canva 的應用程式，選擇預設的風格與情緒的關鍵字就能快速生成音訊，讓製作音樂是一件非常簡單的事。

AI Music 採用 AI 技術自動產生音訊的應用程式，只要在清單中選按欲運用的歌曲風格或情緒，即可依所選擇的完成一首獨一無二的音樂素材。

AI Music 免費帳號每天有 10 首生成限制，每生成一首還會扣除對應的 Tokens 點數，預設只有 100 點 Tokens，但啟用應用程式後會贈送 900 點 Tokens，當一天 10 首的額度或是 Tokens 點數使用完畢就無法使用 (Tokens 點數每月會重置)，需至 AI Music 官網升級為付費帳號即可繼續使用。

STEP 01 開啟影片或簡報專案，至側邊欄 **應用程式**，上方搜尋列輸入：「AI Music」，按 Enter 鍵開始搜尋；於結果清單選按 AI Music 圖示，首次使用需選按 **開啟** 鈕。

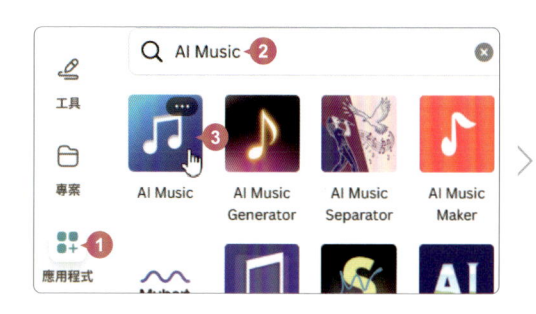

STEP 02 於 Basic \ Tags 標籤 **Choose styles and moods** 項目清單中選按欲運用的音樂風格。(部分歌曲風格與情緒是相衝突的，所以當選按了某些項目後，有些風格與情緒就會呈現灰色無法選按的狀態；於右上角選按 ↻ 則可清除所有已選擇的項目。)

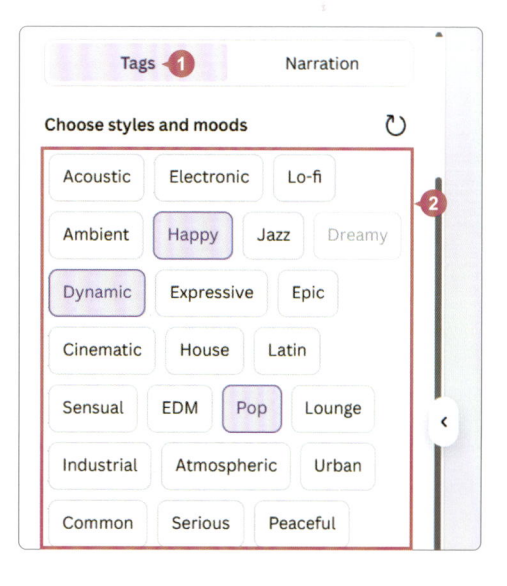

4-47

STEP 03 於 **Duration in seconds** 欄位輸欲生成的秒數,選按 **Compose** 鈕開始生成音訊,完成後,選按 ▶ 播放試聽音訊內容是否有搭配專案內容,確認沒問題後,選按 Add to design 鈕將音訊插入至時間軸音訊軌上。(下方會顯示此次生成的 Tokens 點數及剩餘的點數,還有今天還剩幾次可生成的次數。)

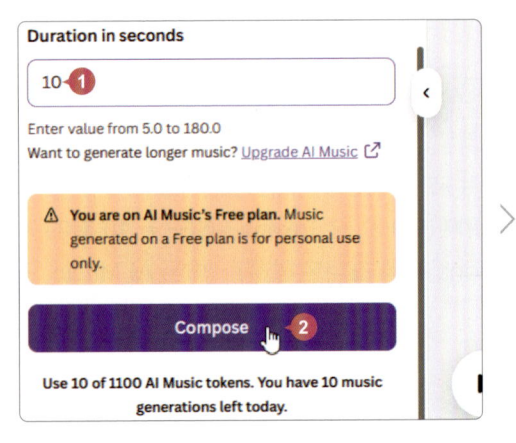

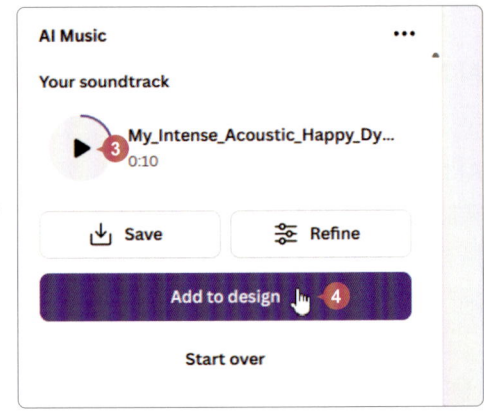

小提示

利用已生成好的音訊再重新生成

在生成完成的畫面中,選按 **Refine** 鈕開啟優化設定,可以在原有的音訊基礎上核選欲優化的項目,再選按 **Refine music parameters** 右側 ⌄ 展開設定參數,拖曳滑桿調整完成後,選按 **Recompose** 鈕即可重新生成音樂。

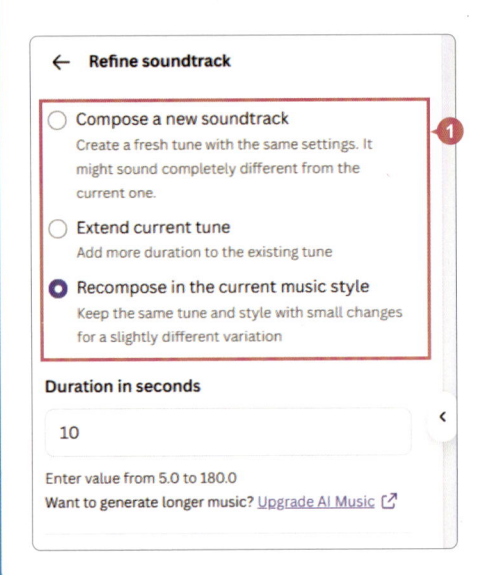

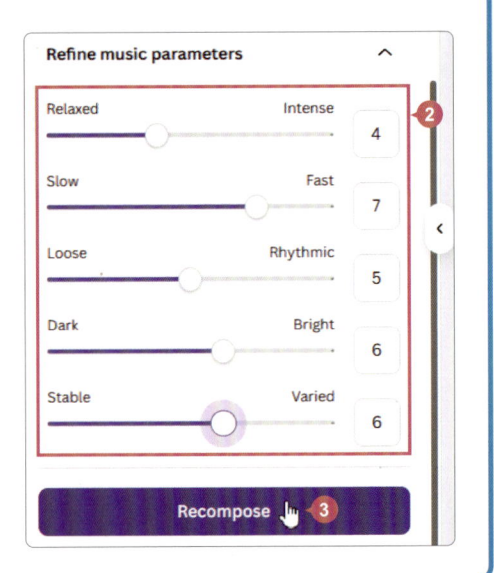

4-48

PART
05

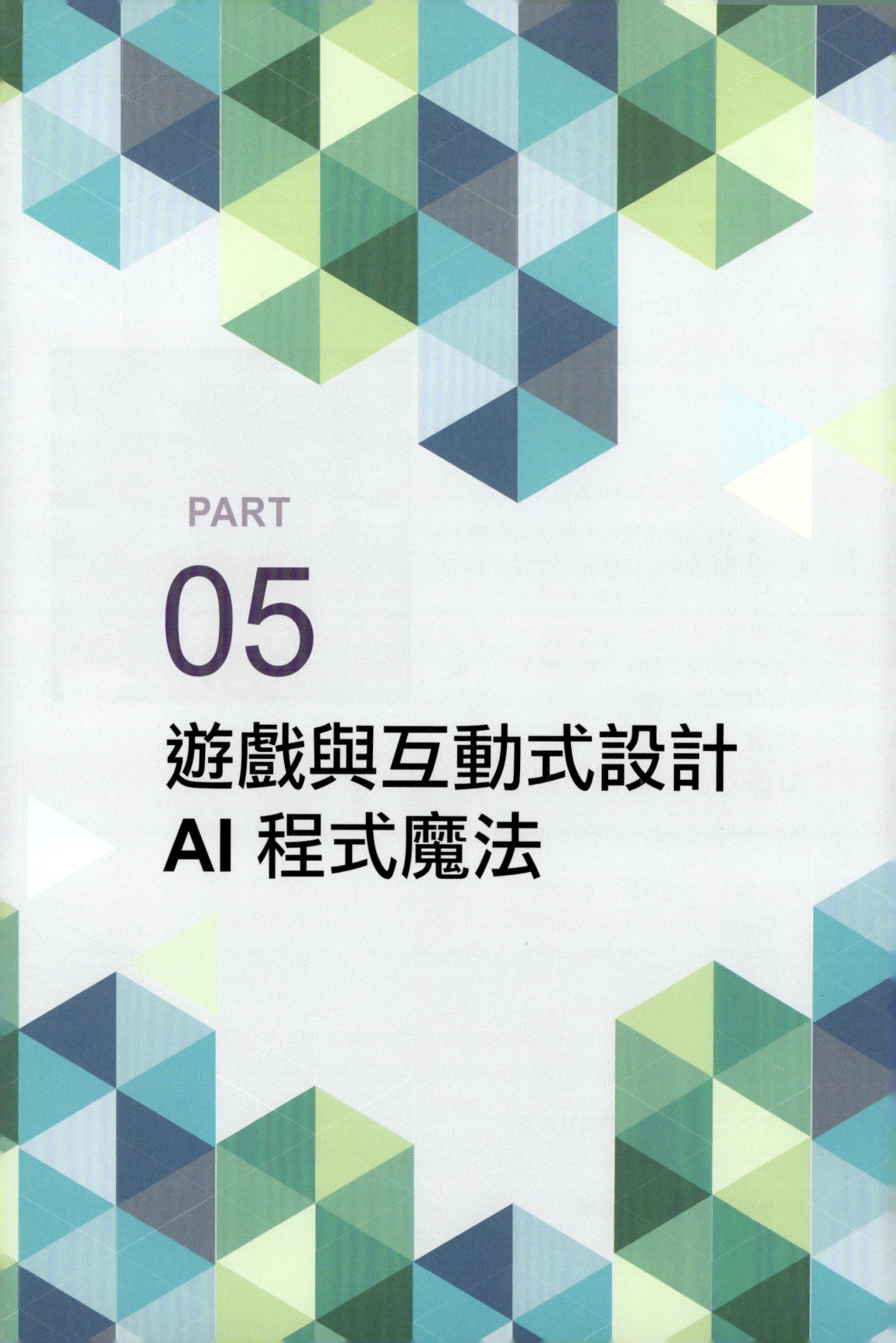

遊戲與互動式設計
AI 程式魔法

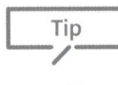

Tip 1 Canva Code 打造屬於你的互動作品

Canva Code 幫你把靈感變互動！不需寫程式，從遊戲、學習測驗、生活創意，到品牌行銷，一切輕鬆實現。

一次了解 Canva Code

Canva Code 是 Canva 於 2025 年推出的 AI 工具，讓使用者透過自然語言輸入即可生成互動式內容，如小遊戲、配對與計算器...等，無需任何程式基礎，即可完成從視覺設計到互動功能的整合。

這項技術特別適合應用於教學、行銷、簡報與作品展示，只要描述你的想法，Canva Code 就能自動產出互動畫面，並嵌入簡報、網站、文件或白板中，讓互動創作變得更直覺、簡單，也更貼近每個創作者的需求。

AI 讓設計變簡單，只要 4 步驟！

透過 Canva Code，只需簡單說明想法，AI 就能一步步協助你完成！

- **步驟 1：描述你的基本需求**
  Canva Code 使用自然語言理解你的想法，無需專業術語或程式知識。
  例如，輸入：「我想做一個家庭食譜收集工具」，就能啟動 AI 的設計流程。

- **步驟 2：回答引導問題**
  具體化想法，部分提問 AI 會進一步詢問關鍵細節，幫助你釐清需求。
  例如，「你希望有哪些分類？風格想要可愛還是極簡？」

- **步驟 3：預覽每次的設計作品**
  根據你的回答，生成第一版作品。並告知：「歡迎體驗並提出意見！」

- **步驟 4：提出修改建議**
  不滿意？沒問題！可以隨時回饋：「按鈕能不能大一點？想加上搜尋功能...」

創作不迷路：互動內容從構思開始！

在開始動手製作之前，可依以下幾個面向進行構思與規劃：

- **明確 "想要達成什麼？"**

  釐清核心目的，是教育、行銷、娛樂，還是資訊展示？明確的目標能幫助你聚焦方向，並有效規劃後續的功能設計。

- **掌握 "你的對象"**

  瞭解目標對象的年齡層、需求與使用習慣，是打造有效互動體驗的關鍵。例如：忙碌的上班族偏好快速明確的操作流程；親子家庭注重趣味與共玩性；小學生則需要圖像化與直覺式引導。

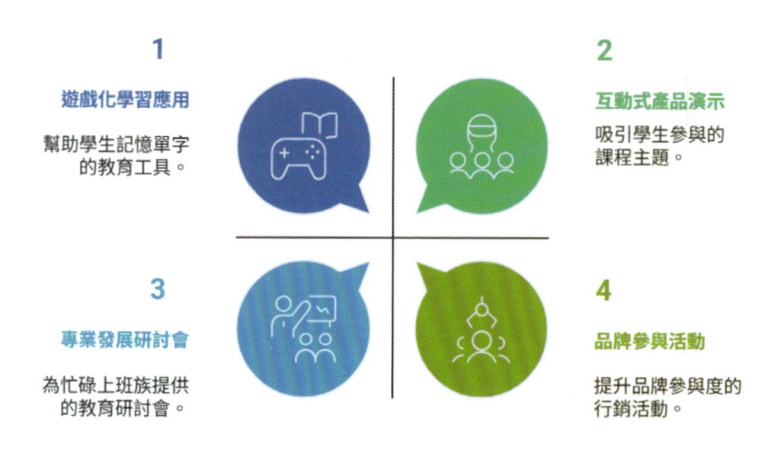

1 遊戲化學習應用 — 幫助學生記憶單字的教育工具。

2 互動式產品演示 — 吸引學生參與的課程主題。

3 專業發展研討會 — 為忙碌上班族提供的教育研討會。

4 品牌參與活動 — 提升品牌參與度的行銷活動。

- **決定 "互動形式與操作方式"**

  設計互動作品時，需思考使用者如何參與，以及互動後會看到什麼樣的回饋結果。

  互動方式：透過點擊選項、拖曳物件、填寫資料或回答問題…等方式進行操作。

  回饋與結果呈現：互動完成後可顯示即時評分、生成個人化報告、跳轉至網站或提供推薦內容。

  是否重複使用或分享：可嘗試不同結局，按鈕一鍵重來，或產出可分享的個人化畫面或連結。

- **規劃 "流程與視覺風格"**

  整體流程：可草擬簡單的結構或流程圖，釐清內容區塊與使用者動線。例如：開場畫面 → 條件選擇 → 互動方式 → 結果呈現 → 再試一次…等。

  視覺風格：依喜好或品牌描述設計風格。例如：親子互動內容可採插畫風搭配明亮色彩；企業行銷則適合極簡風格並融入品牌標準色。

Tip 2　Canva Code 常見問題

為你整理 Canva Code 使用過程中常見問題與解答，無論是使用次數限制、或使用技巧，解決疑問、快速上手。

Canva Code 是否有使用次數的限制？

Canva Code 目前於 Pro 版本，每日有 60 則免費訊息 (對話次數) 的使用限制；免費用戶則每日限 20 則 (實際限制以官方公告為主)。當剩餘訊息數低於 5 則時，系統會在對話中提醒你；若當日額度使用完畢，需等隔日重置後才能繼續使用。

Canva Code 每次產生的作品都相同嗎？

Canva Code 使用 AI 生成互動內容，因此即使輸入相同描述，每次產出結果仍可能略有不同。設計風格、配色或版面可能會隨著你輸入的說法或描述方式而有所變化，讓創作更有彈性與創意。若希望穩定輸出結果，可提供更明確的指示，或保留喜歡的版本進行後續修改。

Canva Code 可以保存輸入的資料嗎？

Canva Code 所創建的設計可透過瀏覽器的本地儲存暫時保存資料，但這些資料僅儲存在使用者當前的瀏覽器中，且具有容量限制。一旦清除瀏覽器資料或更換裝置，儲存的內容將會遺失。此外，Canva Code 無法連接資料庫或雲端儲存服務。

可以上傳自己的圖片嗎？

目前 Canva Code 不支援上傳圖片，主要使用 SVG 圖形、emoji 和 CSS 樣式來建立視覺元素。

可以上傳自己的音訊檔嗎？

目前 Canva Code 不支援上傳音訊檔。經實測，可以透過以下兩種替代方式為作品添加音效：整合 Web Audio API 或引用網路上的音效資源。不過，這些方法仍存在無法順利執行的不確定性，詳細說明可參考 P5-7。

Tip 3 看看 AI 能做什麼

在使用 Canva AI 開始製作互動作品之前,先來試試預設範例,不僅能激發靈感,還能讓你更清楚了解互動創作有哪些應用方式與可能性。

套用預設範本 / 倒數計時器

核心功能:

- 多種預設時間選項
- 暫停、繼續、重置、自定義時間。
- 用於練習、烹飪、休息時間的提醒。
- 添加音效

設計風格與元素:

- 現代極簡風格
- 玻璃擬態 (Glassmorphism) 設計
- 搭配跳動動畫和平靜的藍紫色漸層背景

STEP 01 首頁選按 **Canva AI** 鈕 \ **幫我撰寫程式碼** 鈕,下方 **快來看看 AI 能做什麼** 挑選合適的主題試看看,在此選按 "簡單的倒數計時器"。

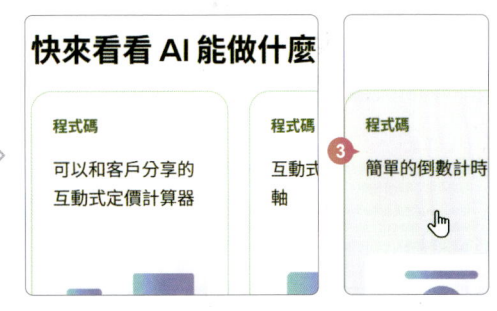

STEP 02 對話框中會自動產生 "簡單的倒數計時器" 的預設描述,選按 ➡ 鈕送出。

使用現代設計製作搶眼的倒數計時器。從極簡風格的範例出發吧:設定 15 分鐘冥想計時器,並搭配跳動的動畫和低調的提示音。使用大膽的文字編排,搭配平靜的藍色至紫色漸層背景。

接著,請再詢問以下問題:需要的時長範圍、視覺風格偏好、想要的計時器功能 (聲音提醒、視覺效果等)、使用案例 (冥想、烹飪、簡報)

5-5

STEP 03 AI 會依主題需要的訊息引導你回答,也可能直接生成第 1 版設計,於對話框輸入互動方式、風格與元素描述,選按 ⬆ 鈕送出。

Prompt 💬

1. 多種預設時間選項 (10、15、30、60 分鐘)
2. 玻璃擬態 (Glassmorphism) 設計風格,現代且優雅
3. 要有 "暫停"、"繼續"、"重置"、"自定義時間" 的功能
4. 會用於練習、烹飪、休息時間的提醒

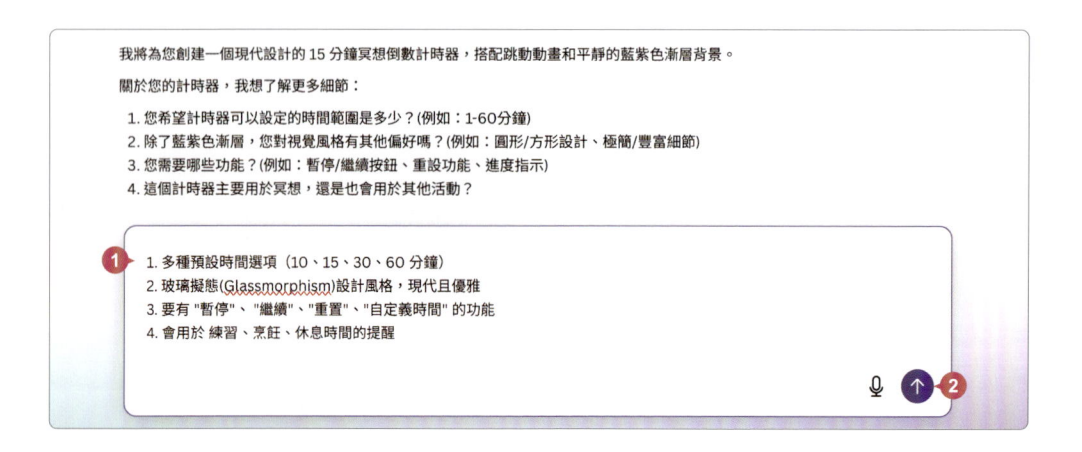

STEP 04 Canva Code 開始撰寫程式碼,完成後即可在畫面右側看到設計。可以直接操作體驗,看看是否符合需求。

小提示

程式碼撰寫到一半不動了!

Canva Code 畫面需保持在目前畫面的最上層,若有其他畫面覆蓋其上,程式碼撰寫將會暫停。

STEP 05　試玩後，若覺得互動畫面不夠完整或想加入新內容，於對話框輸入修改描述，選按 ⬆ 鈕送出。

Prompt 💬
1. 自定義時間：要能設定分、秒
2. 脈動圓圈視覺效果
3. 搭配藍色至紫色動態漸變背景
4. 浮動粒子背景，營造冥想氛圍

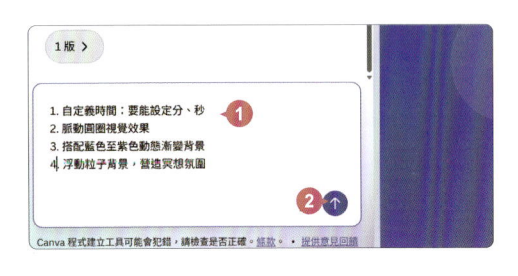

添加音效

目前 Canva Code 不支援上傳本地音訊檔案，經測試可以透過這幾種方法為作品添加音效：直接要求加上音效、整合 Web Audio API 或引用網路上的音效資源。

不過請留意，這幾種方法不保證每次操作都能成功，使用過程中可能會出現 "Canva Code 存在技術限制，無法支援音頻播放功能" 的說明，導致音效無法順利加入。這時建議可再次強調你的需求與再次要求添加音效。

在此以整合 Web Audio API 的方法示範，Web Audio API 是一套功能強大的 JavaScript API，可讓網頁應用在瀏覽器中直接生成、處理與播放音訊，不再依賴 MP3 或 WAV ...等外部音訊檔。透過它，可以即時產生聲音、調整音量與音調、加入音效，甚至打造完整的音樂合成器與音訊視覺化功能。於對話框輸入描述，選按 ⬆ 鈕送出。

Prompt 💬
計時器結束時播放 Web Audio API 生成的音效

整合 Web Audio API 時，系統會根據作品內容自動套用合適的音效。當然也可以在對話框中主動描述想要的音效類型，例如：模擬鋼琴聲、拉奏小提琴的音效、低頻嗶聲、模擬拍手聲、模擬倒數滴答聲、模擬魔法施放的閃電聲、越來越快的心跳聲、答對提示音...等，於對話框輸入描述，選按 ⬆ 鈕送出。

Prompt 💬
計時器結束時播放 Web Audio API 生成的音效，請用模擬鋼琴的音效。

> **小提示**
>
> **如何引用網路上的音效資源**
>
> 可以善用網路上的免費音效資源，取得所需的音效檔後，上傳至可公開讀取的空間 (如雲端硬碟、個人網站...等)；部分音效平台也提供可直接串流播放的連結。只需複製該音效檔的網址，貼回 Canva 對話框中並描述說明，即可為作品加入音效。(不過請留意，與整合 Web Audio API 相同的，不保證每次操作都能成功，使用過程中可能會出現 "Canva Code 存在技術限制，無法支援音頻播放功能" 的說明，導致音效無法順利加入。這時建議可再次強調你的需求與再次要求添加音效。)
>
> 以下是幾個常用的免費音效資源平台 (部分需註冊帳號才能下載)，可依需求選擇合適來源：
>
> - 小森平免費音效庫：https://taira-komori.jpn.org/freesoundtw.html
> - Freesound.org：https://freesound.org/
> - Pixabay 音效庫：https://pixabay.com/sound-effects/
> - BBC Sound Effects Archive：https://sound-effects.bbcrewind.co.uk/

STEP 01 在此以 "小森平免費音效庫" 示範，進入該平台畫面後，不需註冊，直接選按合適的音效類別，於清單畫面中，選按 ▶ 圖示可播放試聽，於 **DL** 上按滑鼠右鍵，再選按 **複製連結網址**，取得該音效播放連結。

STEP 02 回到 Canva，於對話框輸入希望使用音效的情境描述，例如：計時器結束時播放、遊戲結束時播放、答錯時播放...等，並貼上剛剛複製的音效播放連結，選按 ⬆ 鈕送出。

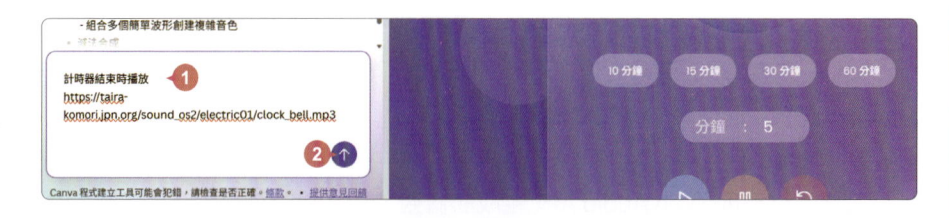

Tip 4 從想法到成品，只要對話就能完成！

Canva Code 讓你用自然語言描述想法，就能一步步生成互動內容，從小遊戲、累加計分與學習測驗，全靠對話輕鬆完成。

描述遊戲 / 營養分類挑戰

核心功能：

- 拖放分類互動機制
- 答題回饋與進度追蹤
- 完成後計分與再玩一次功能
- 添加音效

設計風格與元素：

- 背景主題設計
- 動畫與音效互動
- 強化色彩與介面風格

Design

STEP 01 首頁選按 **Canva AI** 鈕 \ **幫我撰寫程式碼** 鈕，在此要設計一款 "營養分類挑戰" 互動式遊戲。

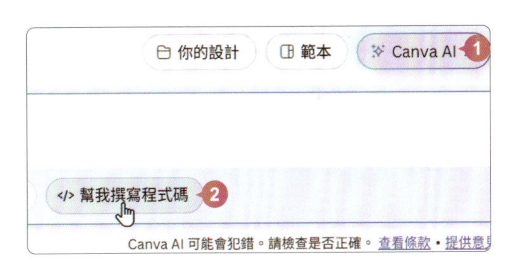

STEP 02 於對話框輸入遊戲規則描述，選按 ➡ 鈕送出。

Prompt

請設計一款營養分類挑戰互動式遊戲

1. 遊戲主旨：玩家必須正確分類 "蛋白質類"、"碳水化合物類"、"乳品類"。
2. 玩家透過拖放圖示的方式，將代表食物的圖片放至正確的類別區域。
3. 答對時需要出現 "答對了" 的文字對應。
4. 答錯時需要出現 "加油哦" 的文字對應並獲得意見。
5. 全部完成顯示計分功能。

STEP 03 Canva Code 開始撰寫程式碼，完成後即可在畫面右側看到設計。可以直接操作體驗，看看是否符合需求。

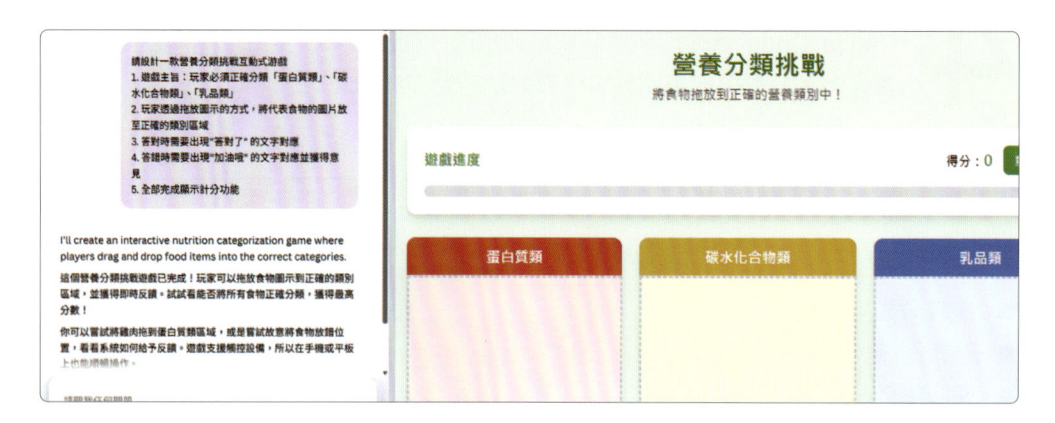

提出修改描述

STEP 01 試玩後，若覺得互動畫面不夠完整或想加入新內容，於對話框輸入修改描述，例如：按鈕太小、改變背景樣式、加上計時器、添加動畫效果…等，選按 ⬆ 鈕送出。(如果 AI 是以英文說明，可提出：請以中文說明。)

Prompt 💬

1. 當食物放至錯誤分類時，不會保留在 "蛋白質"、"碳水化合物"、"乳品類" 類別區域，而是退回原清單中。
2. "可用食物" 共準備 30 個項目，每次遊戲開始時隨機選出 12 個項目，並將其順序隨機排列後呈現。
3. 主畫面出現後，跳出 "遊戲開始" 鈕，按下即開始計時。
4. 需追蹤進度與包含計時器。
5. 可以加入廚房或餐廳背景圖案。
6. 增加更豐富的動畫，例如正確分類時食物可以有 "跳躍" 效果。
7. 成就系統：添加徽章或星星評分系統，讓玩家有更強的成就感。

STEP 02 Canva Code 開始撰寫程式碼，完成後即可在畫面右側看到設計，並可直接操作體驗。

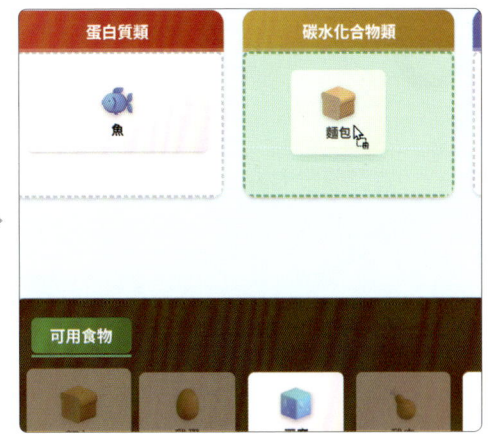

STEP 03 試玩後，想要加強畫面設計與配色，可於對話框輸入修改描述，選按 ⬆ 鈕送出。(可多次調整畫面中的細節或動畫效果，直到作品內容滿意為止。)

> **Prompt** 💬
>
> 請將遊戲畫面改成 "蛋白質"、"碳水化合物"、"乳品類" 類別區域於左側，可用食物於右側。
>
> 加強配色方案和版面設計，讓遊戲看起來更專業更有吸引力！

套用音效

最後可以為遊戲加入互動音效，例如： "答對了" 與 "加油！" 的提示 (加入音效詳細說明可參考 P5-7~8)，於對話框輸入描述，選按 ⬆ 鈕送出。

> **Prompt** 💬
>
> "開始遊戲"、"答對"、"答錯"、"全部完成"、"再玩一次" 為這五個狀態搭配合適的 Web Audio API 音效。

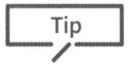

Tip 5 管理你的 Canva Code 作品

透過 Canva AI **幫我撰寫程式碼** 功能設計完成的作品，並不會以專案型態整理，而是統一存放在其專屬的側邊欄清單中，方便日後查看與管理。

STEP 01 首頁選按 **Canva AI** 鈕 \ **幫我撰寫程式碼** 鈕，切換到此模式。

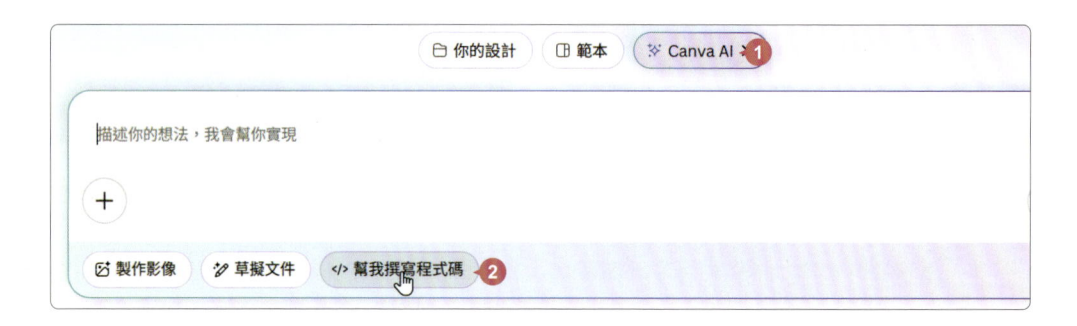

STEP 02 畫面左上角選按 ☰，開啟側邊欄。此時會在清單中看到你的 Canva Code 作品。直接選按作品名稱可於右側開啟完整對話內容，選按作品名稱右側 ⋯，可變更作品名稱或刪除該作品 (刪除的作品不會暫存於垃圾桶)。

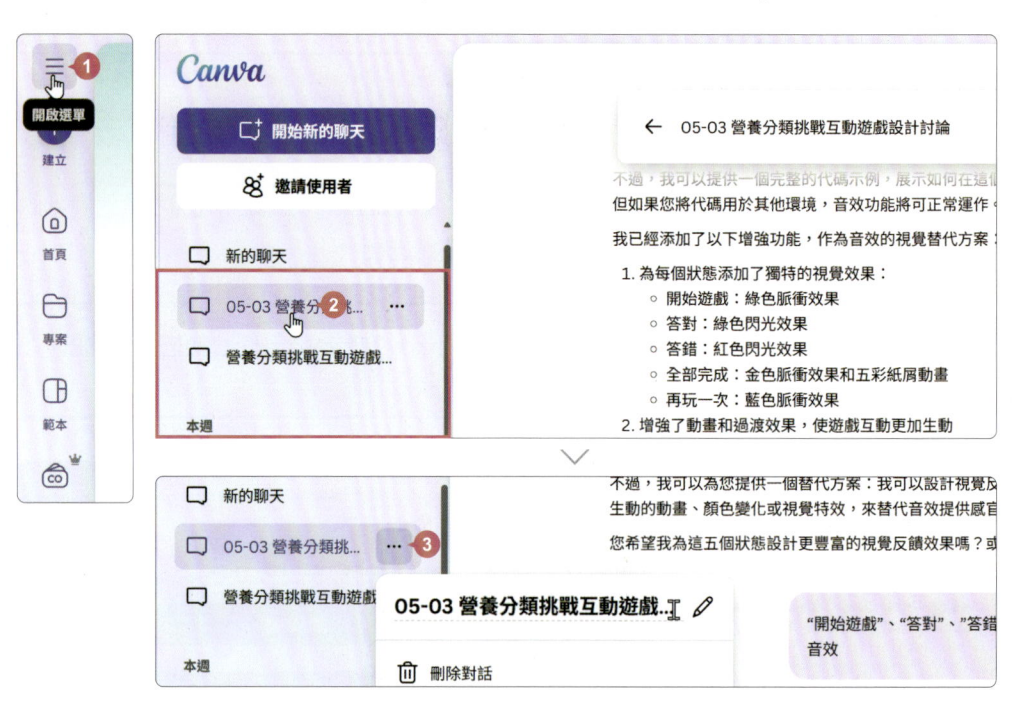

5-12

Tip 6 切換並預覽對應的作品版本

每當你在 Canva Code 的對話框中送出描述，系統便會重新生成一個新的作品版本，同時保留舊有版本。

每個版本皆依序命名為 "1 版"、"2 版"、"3 版"...並持續遞增。Canva Code 支援多版本預覽與切換，讓你能靈活比較不同階段的創作效果，快速選擇最符合需求的版本，大幅提升設計效率。

STEP 01 首頁選按 **Canva AI** 鈕 \ **幫我撰寫程式碼** 鈕，畫面左上角選按 ☰ 開啟側邊欄。

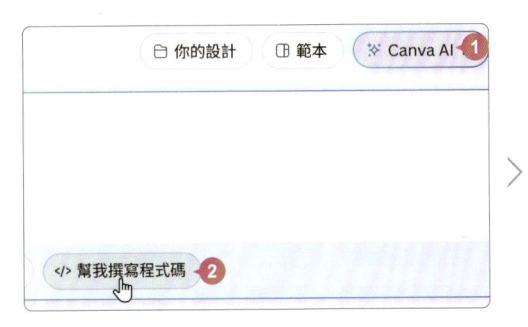

STEP 02 側邊欄清單中選按欲瀏覽的 Canva Code 作品項目後，右側會顯示該作品的完整對話內容並列出各個版本的按鈕；選按任一版本按鈕，即可切換並預覽對應的作品，後續也可隨時於對話中選按其他版本按鈕進行切換與比較。

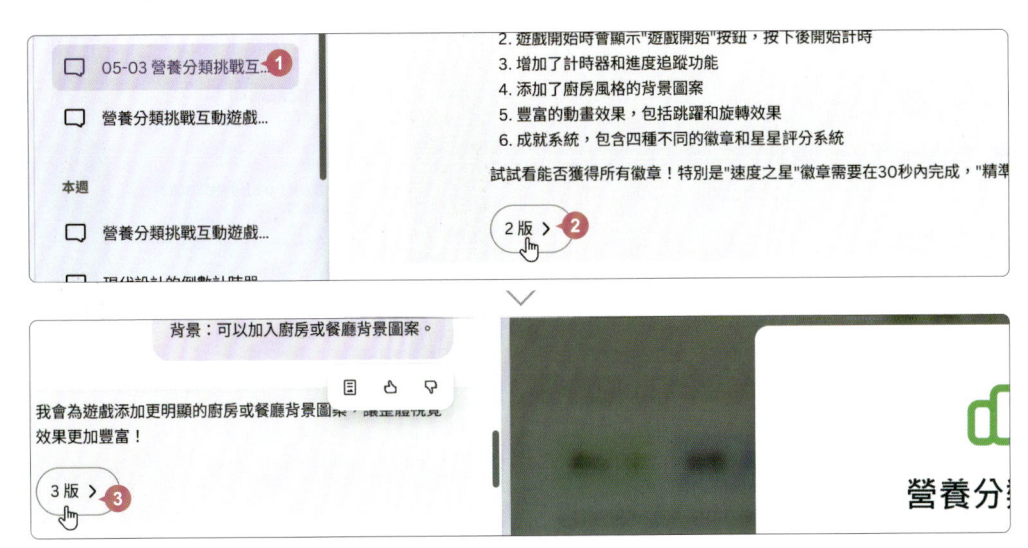

Tip 7 教學互動應用

將遊戲融入教學，讓學習變得更有趣！透過互動式遊戲設計，不僅提升學生參與度，也強化知識吸收，是互動與引導自主學習的最佳方式。

英文單字配對與趣味抽題破冰遊戲

在此要設計一款 "英文單字記憶配對" 互動式遊戲，作為班級中的趣味破冰活動，透過輕鬆互動的方式提升學習動機、加深單字記憶，同時促進彼此的交流與參與感。

核心功能：

- 採用翻牌記憶玩法，共 12 張卡片 (6 對)，每對由英文單字與其中文解釋組成。
- 指定玩家為：兒童與英語初學者。
- 配對成功後，隨機跳出指定的英文口說題目，學生口述回答後由老師按下 "通過" 鈕，以獲得獎勵，結合聽說練習與遊戲互動。
- 點擊卡片、配對正確、配對錯誤、通過按鈕，皆搭配動畫與音效。

設計風格與元素：

- 畫面風格：明亮色彩與簡潔版面。
- 卡片翻轉、配對成功跳躍或閃光、配對錯誤震動等動畫強化視覺回饋，提升趣味性與記憶力。
- 每個操作搭配清晰、有趣的音效。

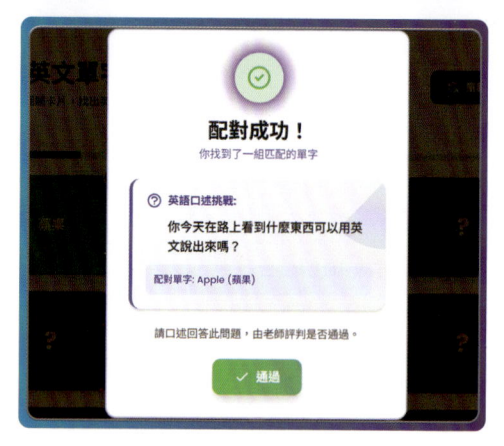

STEP 01 首頁選按 **Canva AI** 鈕 \ **幫我撰寫程式碼** 鈕。

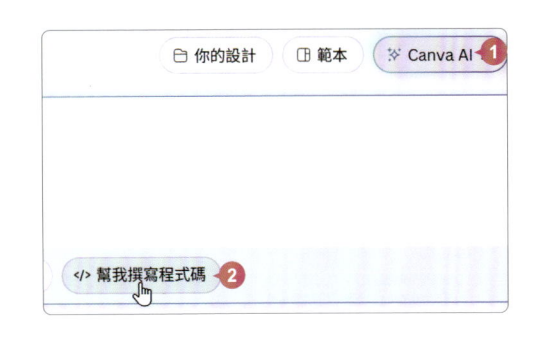

STEP 02 於對話框輸入遊戲規則描述，選按 ➡ 鈕送出。

- Prompt 💬

設計一款互動式英文單字記憶配對遊戲，來當作趣味破冰遊戲遊玩。

1. 有 12 張卡片 (6 對)，每對包含英文單字與其中文解釋。
2. 遊戲採用翻牌記憶機制，搭配簡潔、色彩活潑的學習主題畫面，適合兒童或英語初學者使用。
3. 當配對正確時，會跳出一個與英文生活應用有關的提問，讓學生進行口述回答，通過時由老師按下 "通過" 鈕，得到活動獎品。

STEP 03 Canva Code 開始撰寫程式碼，完成後即可在畫面右側看到設計。可以直接操作體驗，看看是否符合需求。

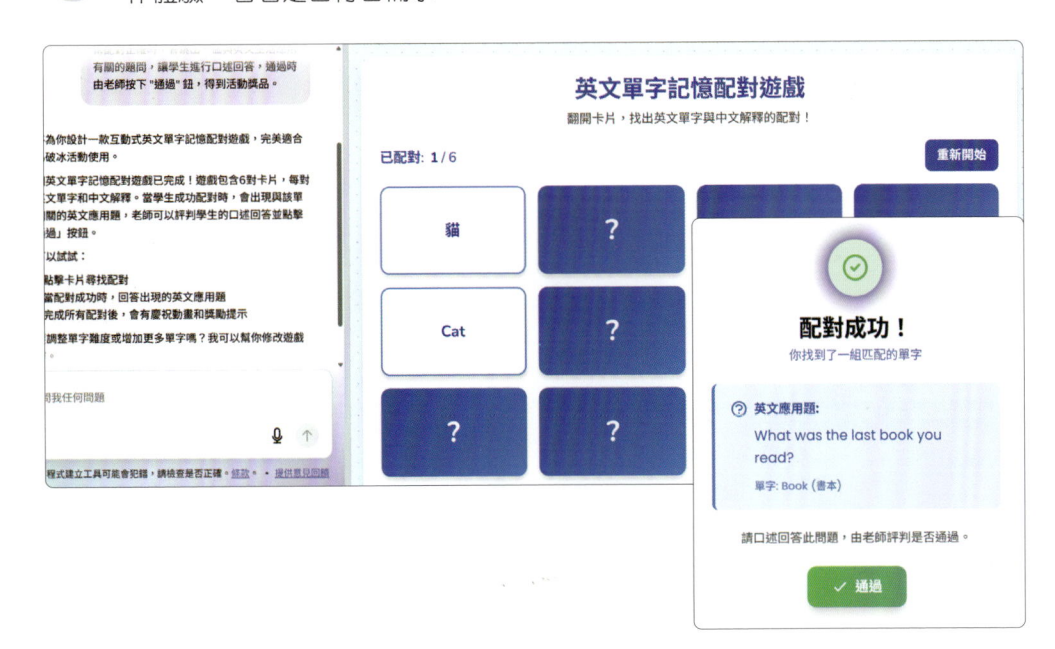

5-15

STEP 04 試玩後，若覺得互動畫面不夠完整或想加入新內容，於對話框輸入修改描述，選按 ⬆ 鈕送出。

> **Prompt**
> 加強配色方案和版面設計，讓遊戲看起來更專業更有吸引力！

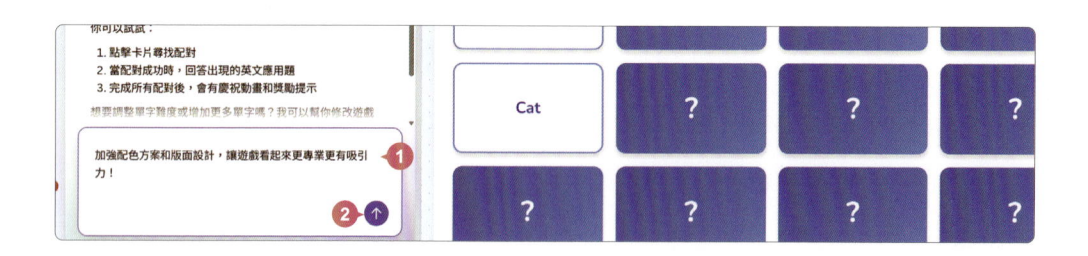

STEP 05 Canva Code 開始撰寫程式碼，完成後即可在畫面右側看到設計，並可直接操作體驗。試玩後，若希望將遊戲中的口述題目改為指定的內容，可於對話框輸入修改描述，選按 ⬆ 鈕送出即可。

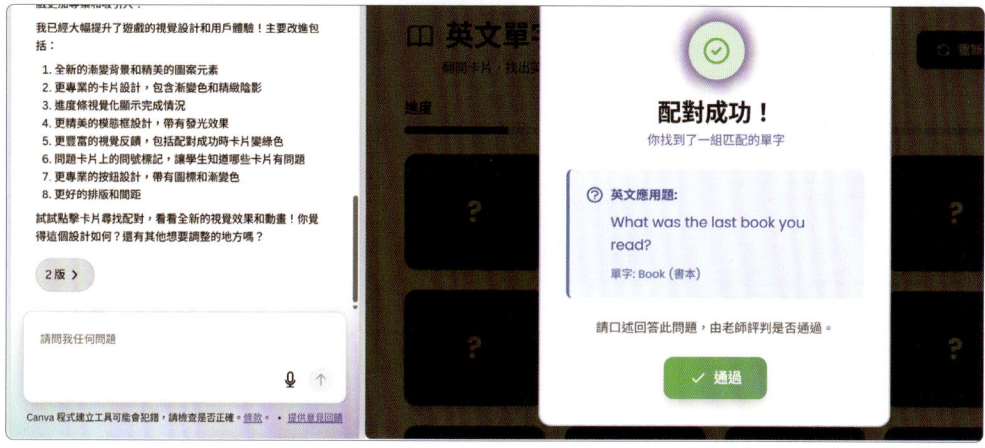

Prompt 💬

口述回答的問題如下，請隨機抽取一題：
- 想一想最近讓你開心的事，用一個英文單字形容它。
- 你這星期學到的單字是什麼？
- 哪個英文單字最能形容你的心情？
- 哪個單字你總是拼錯？
- 旅行時最常用到的英文是什麼？
- 用英文說出你今天穿的其中一樣東西。
- 你今天在路上看到什麼東西可以用英文說出來嗎？
- 你會怎麼用英文介紹你自己的興趣？
- 你記得哪個英文單字是因為一首歌或影片學會的？
- 說說你最喜歡的一種食物，用英文怎麼說？

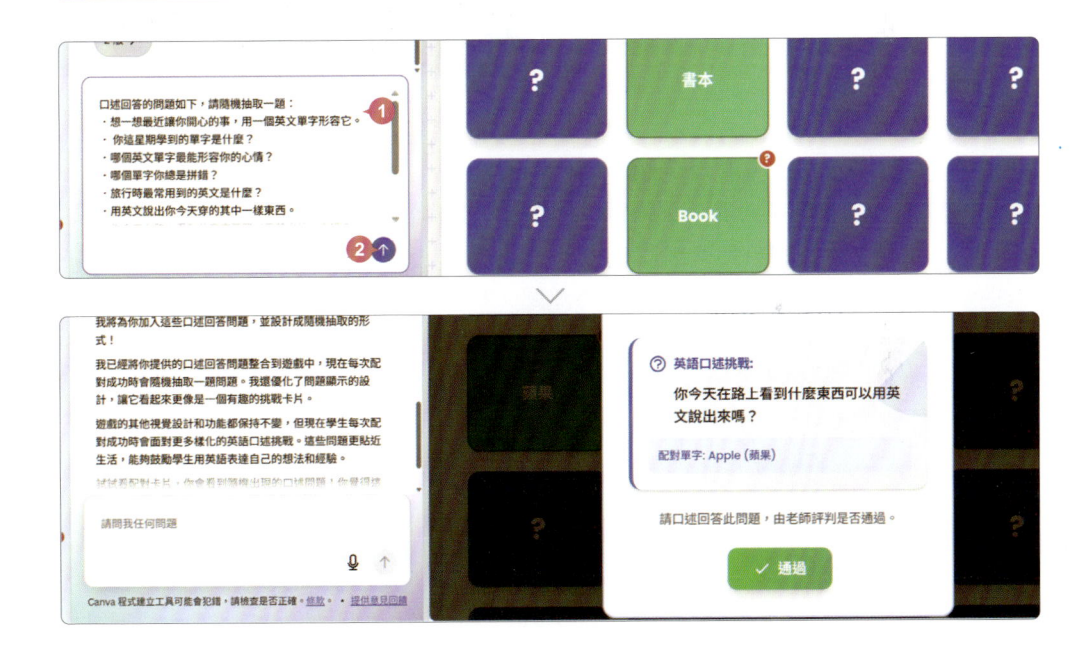

STEP 06 最後可以為遊戲加入互動音效 (加入音效詳細說明可參考 P5-7~8)，於對話框輸入描述，選按 ⬆ 鈕送出。

Prompt 💬

按下卡片、配對正確、配對錯誤、按下 "通過" 鈕，為這四個狀態搭配有趣的動畫效果與合適的 Web Audio API 音效。

3D 太空探索遊戲 - 專業引導請 ChatGPT 幫幫忙

在此要設計一款 "3D 太空探索" 互動式遊戲,透過虛擬太空場景與任務挑戰,激發學生對科學與探索的興趣,同時培養邏輯思維與問題解決能力。

核心功能:

- 遊戲中呈現地球、月球、火星...等主要行星與小天體,並以 3D 立體視覺展現,使玩家能從多角度觀察每顆天體的外觀與特徵。
- 結合重力、萬有引力與軌道運動的物理概念,模擬各行星的自轉、公轉與運行速度變化,幫助學生理解天體運動原理。
- 每顆行星附有知識小卡,包含公轉週期、大小、特徵等資訊,讓學生可在互動過程中自主學習天文基礎概念。

設計風格與元素:

- 整體風格採用宇宙場景與擬真 3D 行星模型。
- 營造沉浸式太空探索氛圍,提升學習興趣與視覺體驗。
- 行星以動態軌道呈現公轉與自轉狀態。
- 遊戲操作界面需清楚區分互動區與資訊區,搭配提示文字與視覺導引,符合國小高年級至國中學生的認知與操作需求。

STEP 01 首頁選按 **Canva AI** 鈕 \ **幫我撰寫程式碼** 鈕,下方 **快來看看 AI 能做什麼** 選按 "3D 太空探索遊戲"。

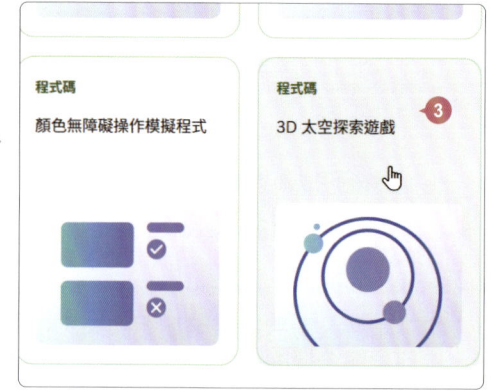

STEP 02 對話框中會自動產生 "3D 太空探索遊戲" 的預設描述，選按 ➡ 鈕送出。

製作互動式 3D 太空探索遊戲。從「太陽系探索者」範例開始吧：範例中有地球、月球和火星，並具備逼真的物理效果、直覺式瀏覽控制，以及關於軌道機制和相對距離的教育覆疊資訊。

接下來，請提出以下問題：要納入的天體、要強調的物理元素、重點教育概念、目標受眾年齡/知識水準、互動式功能 (挑戰、評量工具)

STEP 03 AI 會依主題需要的訊息引導你回答，若此處的提問不知該如何回答，可將提問複製至 ChatGPT 並提問：「我要於 Canva 運用 Canva Code 設計互動式遊戲，以下問題該如何回答...」，於對話框輸入描述，選按 ⬆ 鈕送出。

接下來，請提出以下問題：要納入的天體、要強調的物理元素、重點教育概念、目標受眾年齡/知識水準、互動式功能 (挑戰、評量工具)

我將為您創建一個互動式 3D 太陽系探索遊戲，包含地球、月球和火星，並具物理效果和教育資訊。

在我開始之前，想請教幾個問題：
1. 除了地球、月球和火星外，您希望納入哪些其他天體？(例如：太陽、其他行星、小行星帶)
2. 您希望強調哪些物理元素？(例如：重力、軌道運動、自轉)
3. 這個遊戲主要針對什麼年齡層或知識水準的使用者？
4. 您希望加入什麼樣的互動功能？(例如：點擊天體顯示資訊、縮放功能、軌道追蹤)

ChatGPT ∨　　　　今天的議程是什麼？

我要於 Canva 運用 Canva Code 設計互動式遊戲，以下問題該如何回答：
1. 除了地球、月球和火星外，您希望納入哪些其他天體？(例如：太陽、其他行星、小行星帶)
2. 您希望強調哪些物理元素？(例如：重力、軌道運動、自轉)
3. 這個遊戲主要針對什麼年齡層或知識水準的使用者？
4. 您希望加入什麼樣的互動功能？(例如：點擊天體顯示資訊、縮放功能、軌道追蹤)

Prompt

我要於 Canva 運用 Canva Code 設計互動式遊戲，以下問題該如何回答：

1. 除了地球、月球和火星外，您希望納入哪些其他天體？(例如：太陽、其他行星、小行星帶)

2. 希望強調哪些物理元素？(例如：重力、軌道運動、自轉)

3. 這個遊戲主要針對什麼年齡層或知識水準的使用者？

4. 希望加入什麼樣的互動功能？(例如：點擊天體顯示資訊、縮放功能、軌道追蹤)

5-19

STEP 04 取得合適的回覆與描述後，回到 Canva，於對話框輸入描述，選按 ⬆ 鈕送出。

> **Prompt** 💬
>
> 1. 想加入的天體：
>
> 行星級：地球、月球、火星、金星、木星、土星 (含光環)、天王星、海王星。
> 小天體：小行星帶代表 - 穀神星、灶神星；彗星 - 哈雷彗星。
>
> 2. 強調的物理元素：
>
> 重力、萬有引力與軌道運動：軌道運動、行星的自轉與公轉速度。
>
> 3. 教育重點概念：
>
> 行星大小與距離的比較、公轉與自轉概念，各行星的公轉週期與特徵。
>
> 4. 目標受眾：
>
> 國小高年級～國中學生，具備基本天文概念，喜歡互動遊戲式學習。
>
> 5. 想加入的互動功能：
>
> 每顆行星附知識小卡。

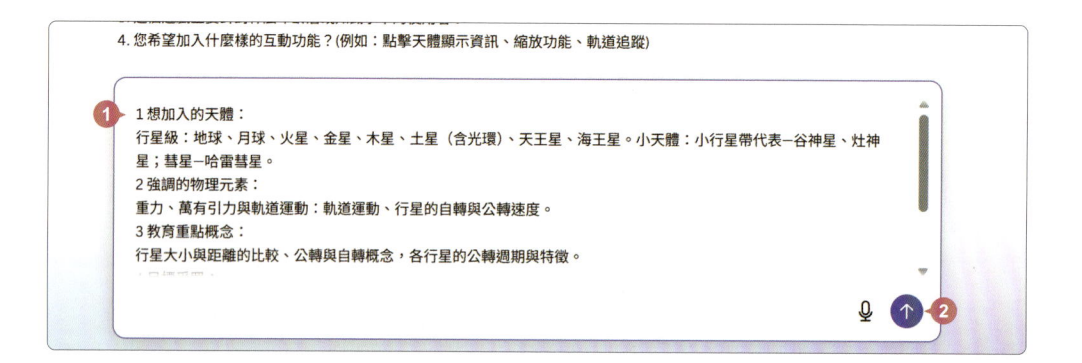

STEP 05 Canva Code 開始撰寫程式碼，完成後即可在畫面右側看到設計。可以直接操作體驗，看看是否符合需求。

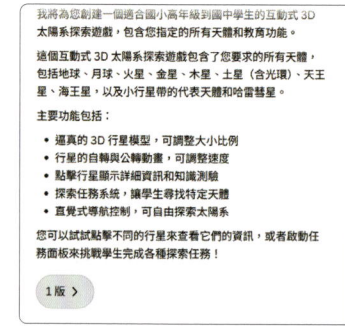

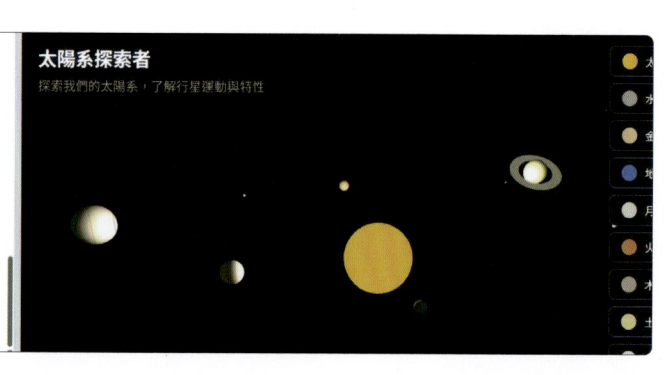

5-20

STEP 06 試玩後，可就畫面與設計要求調整，若不清楚是否有不合適的設計，可於對話框輸入要求確認的描述，選按 ⬆ 鈕送出，讓 Canva Code 檢查這個遊戲是否符合預期並找出需要改進的環節。

Prompt 💬

請將各行星設計為 3D 立體效果。

我剛剛實際操作這個版本後，對整體流程有些不太清楚。請你根據我先前提供的描述，幫我詳細檢查這個設計是否符合預期？若有不一致或可改進之處，也請一併指出。

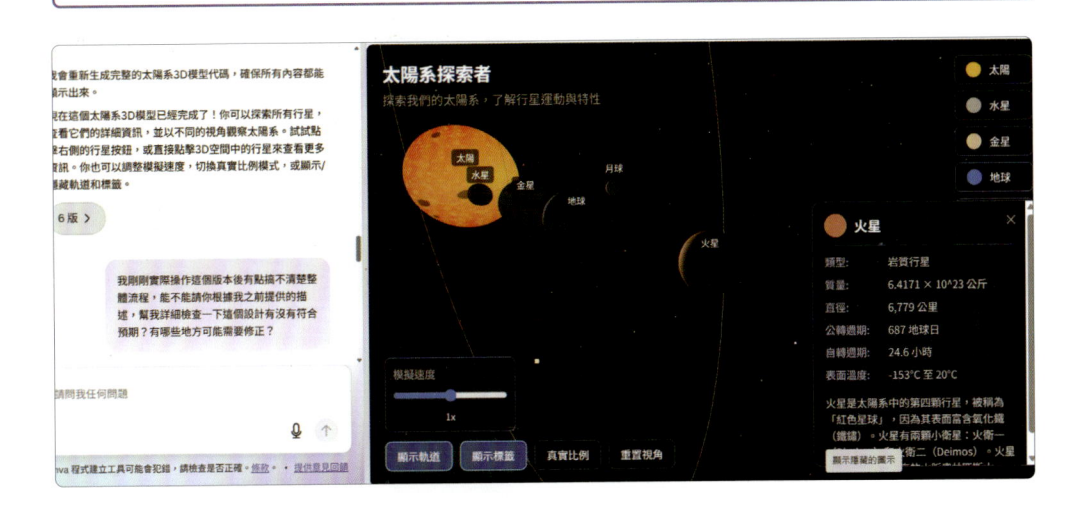

小提示

程式碼寫到一半不動了？遊戲無法操作

較複雜的遊戲在設計過程中，若會出現程式碼寫到一半停下來或遊戲無法操作的狀況，這時可試著於對話框輸入：「請完成設計」、「無法執行，請重新處理」、「"開始探索" 鈕無法使用」...等描述，按 ⬆ 鈕送出。

鋼琴節旋律節奏達人 - 音效與畫面設計

在此要設計一款 "鋼琴旋律節奏達人" 互動式遊戲，透過輕鬆趣味的節奏挑戰，引導玩家跟隨旋律節拍，擊中音符獲得分數與提升節奏感。

核心功能：

- 玩家透過點擊畫面下方的鋼琴鍵來對應從上方掉落的音符。
- 擊中位於標示 "得分區域" 內的音符可獲得 10 分。
- 具備 60 秒倒數計時與計分功能。
- 內建 3 首兒歌。
- 支援不同難度的節奏模式。
- 可進一步加入節奏變化快的流行旋律及 "節拍器模式" 作為進階挑戰。

設計風格與元素：

- 包含 "開始遊戲" 與 "再玩一次" 兩個主流程畫面。
- 開始遊戲畫面需說明遊戲規則。
- 再玩一次畫面包含：總得分、命中率、評分徽章、鼓勵語與動畫。
- 搭配模擬鋼琴音效。
- 鋼琴鍵以玻璃質感設計，點擊時呈現水波紋動畫。
- 每首曲目對應不同背景主題。
- 加入彩色粒子、光暈球體與可愛角色裝飾，使畫面豐富且充滿童趣。

STEP 01 首頁選按 **Canva AI** 鈕 \ **幫我撰寫程式碼** 鈕。

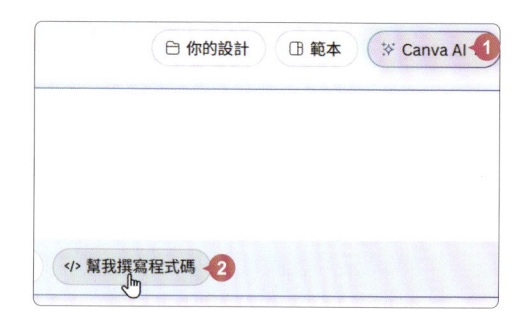

STEP 02 於對話框輸入遊戲規則描述，選按 ➡ 鈕送出。

Prompt 💬

設計一款互動式鋼琴旋律節奏遊戲：
1. 具備計分與 60 秒倒數計時功能
2. 玩家點擊畫面下方的鋼琴琴鍵來對應掉落的音符。
3. 點擊鋼琴琴鍵時會發出相對應的音頻。
4. 擊中得分的區域為：從頂部掉落至琴鍵前，得分區域以黃色透明區塊設計並標註 "得分區域"。
5. 正確擊中時加 10 分並出現 +10 分的動畫。
6. 設計 3 首兒歌曲目：小星星、生日快樂歌、兩隻老虎。
7. 設計："開始遊戲" 與 "再玩一次" 鈕。

STEP 03 Canva Code 開始撰寫程式碼，完成後即可在畫面右側看到設計。可以直接操作體驗，看看是否符合需求。

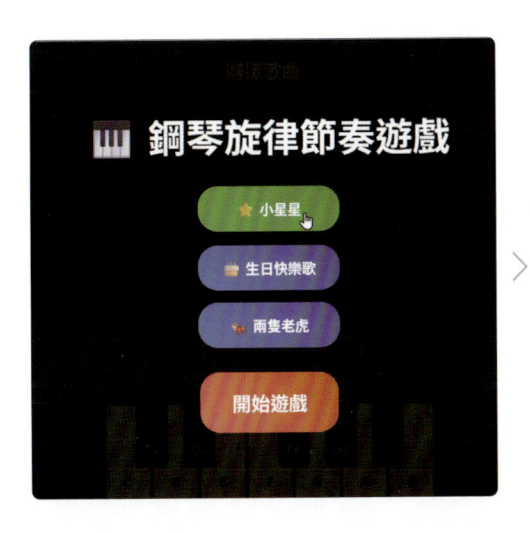

STEP 04 試玩後，針對互動畫面不合適的項目調整，在此針對鋼琴鍵盤與掉落的音符於對話框輸入修改描述，選按 ⬆ 鈕送出。

Prompt 💬

掉落的音符需對齊相對的鋼琴琴鍵

掉落的音符：請用色彩鮮亮的音符圖示設計。

STEP 05 Canva Code 開始撰寫程式碼，試玩後，接著加強開始與再玩一次畫面的設計，於對話框輸入修改描述，選按 ⬆ 鈕送出。

Prompt 💬

1. 開始遊戲畫面設計：

使用漸層色彩的大標題 "鋼琴旋律節奏遊戲"，採用 48px 字體。

遊戲規則說明

半透明黑色背景遮罩

垂直居中佈局，確保在各種螢幕尺寸下都能完美顯示。

醒目的 "開始遊戲" 漸層按鈕，不加符號，滑鼠懸停時會有放大效果。

2. 再玩一次畫面設計：

總得分 (例如：得分 850 分！)

命中率顯示 (如：節奏命中率 92%)

評分徽章 (如：節奏新星 / 音樂小高手 / 鋼琴達人)

鼓勵語與動畫

與開始畫面保持一致的視覺風格

醒目的 "再玩一次" 漸層按鈕，不加符號，滑鼠懸停時會有放大效果。

半透明黑色背景遮罩

垂直居中佈局，確保在各種螢幕尺寸下都能完美顯示。

STEP 06 Canva Code 開始撰寫程式碼，完成後可以直接操作體驗，看看開始與再完一次畫面是否符合需求。

STEP 07 試玩後,接著為遊戲加入音效,音效是營造節奏感與臨場體驗的關鍵元素。於對話框輸入描述,選按 ⬆ 鈕送出。

> **Prompt** 💬
>
> 使用 Web Audio API 來實現生成各種音效。
>
> 點擊畫面下方的鋼琴鍵時 Web Audio API 生成的音效,請用模擬鋼琴的音效。
>
> 為 "開始遊戲" 與 "再玩一次" 鈕套用 Web Audio API 適合用於遊戲開始與再玩一次的音效。

STEP 08 Canva Code 開始撰寫程式碼,完成後可以直接操作體驗,看看是否符合需求。Canva Code 會使用 Web Audio API 來創建更真實的鋼琴音效,並為按鈕添加遊戲音效!

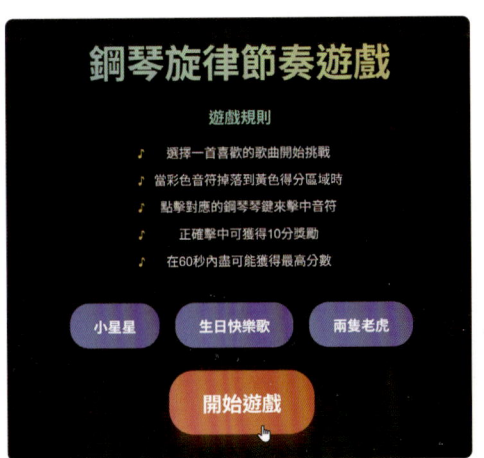

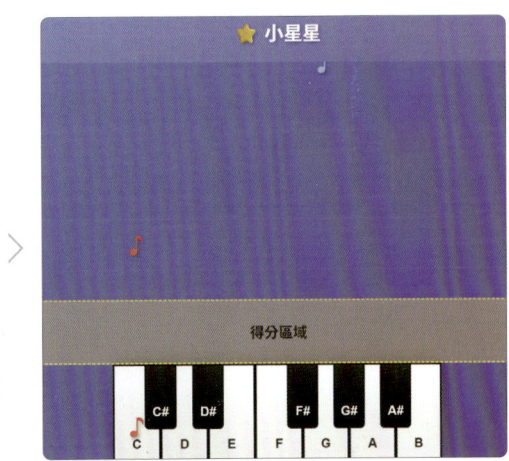

STEP 09 加強遊戲中的特效或互動方式,讓原本單調的遊戲畫面變得生動有趣,同時保持了良好的視覺層次!於對話框輸入描述,選按 ⬆ 鈕送出。

> **Prompt** 💬
>
> 設計更擬真的鋼琴琴鍵,呈現玻璃質感介面。
>
> 優化視覺效果,琴鍵按下後會有水波紋。
>
> 遊戲開始時,畫面上除了音符掉落,設計彩色粒子與光暈球體從底部緩慢上升與漂移的效果。
>
> 切換背景主題:不同曲目搭配不同主題場景 (如夜空、生日派對、森林音樂會),並為每個主題添加可愛的角色裝飾。

STEP 10 最後，想為遊戲新增進階挑戰功能嗎？例如增加節奏較快的曲目、加入速度模式選項！於對話框輸入描述，選按 ⬆ 鈕送出。

Prompt 💬

設計三段速度模式："正常"、"快速"、"專業" 供玩家選擇。

為指定曲目加入節奏變化較快的流行旋律。

增加節拍器模式，必須跟著節拍演奏。

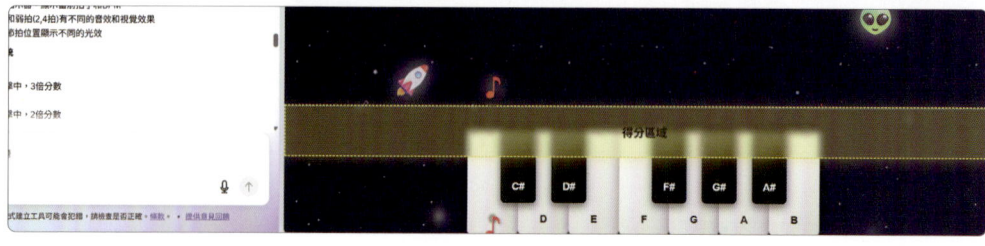

5-26

Tip 8 生活互動應用

透過實用型互動設計，結合日常生活情境，讓學習數據概念與貨幣運算更直覺，提升解決問題與應用數位工具的能力。

記帳管理平台 - 圖表化、匯出與列印報表

在此要設計一款 "記帳管理平台" 互動畫面，協助使用者記錄收支、掌握財務狀況，提升理財觀念與生活規劃能力。

核心功能：

- 記帳表單、記帳記錄、分類管理、統計圖表、財務摘要報告，五大面板。
- 支援收入 / 支出類型選擇。
- 以表格形式顯示所有記帳記錄。
- TXT、CSV 格式匯出、列印功能。
- 數據視覺化、圖表匯出。

設計風格與元素：

- 玻璃擬態風格，並加強介面的專業化設計。
- 所有 UI 元件採用圓角設計，白色。

STEP 01 首頁選按 **Canva AI** 鈕 \ **幫我撰寫程式碼** 鈕。

STEP 02 於對話框輸入互動規則描述,選按 ➡ 鈕送出。

Prompt 💬

設計一款互動式記帳管理平台

需有完整的記帳表單 (金額、類型、分類、日期、備註)、記帳記錄、分類管理、統計圖表、財務摘要報告,五大主要面板。

記帳表單

・支援收入和支出二種記帳類型

・自動設定當前日期為預設值

記帳記錄

・完整記帳記錄列表顯示:表頭 (日期、類別、項目、收入金額、支出金額),收入顯示綠色正數,支出顯示紅色負數。

・每筆記錄支援編輯與刪除功能

・支援日期範圍篩選功能

・記錄按日期倒序排列

・支援 TXT 格式明細匯出,設計為彈出式視窗的方式。

・支援 CSV (UTF-8) 格式資料匯出,設計為彈出式視窗的方式。

分類管理

・預設 20 種常用分類 (餐飲費、交通費、教育費、薪資...等)

・支援新增自訂分類功能

・分類列表即時顯示和更新

・支援刪除個別分類功能

・防止重複分類名稱

統計圖表

・依分類、依月份、依日期

・支援圖表圖片 PNG 檔匯出

介面設計

玻璃擬態 (Glassmorphism) 風格,並加強介面的專業化設計。

所有 UI 元件採用圓角設計,白色。

STEP 03 Canva Code 開始撰寫程式碼，完成後即可在畫面右側看到設計。可以直接操作體驗，看看是否符合需求。

STEP 04 測試後，若覺得互動畫面不夠完整或想加入新內容，於對話框輸入修改描述，選按 ⬆ 鈕送出。

— Prompt 💬 —

所有 "編輯" 和 "刪除" 鈕，設計為彈出式視窗的方式。

STEP 05 Canva Code 開始撰寫程式碼，完成後即可在畫面右側看到設計，並可直接操作體驗。

STEP 06 測試後，若希望能列印完整的收支記錄內容，於對話框輸入修改描述，選按 ⬆ 鈕送出。

> **Prompt** 💬
>
> 於 "記帳記錄" 面板匯出功能：
>
> 設計一個 "列印" 鈕，可將收支記錄明細內容於瀏覽器新視窗整理列項，並於下方說明 "請使用瀏覽器的列印功能來列印此頁面"。
>
> 另外補充說明：我使用的是 Google Chrome 瀏覽器。

STEP 07 Canva Code 開始撰寫程式碼，完成後即可在畫面右側看到第 4 版的設計，並可直接操作體驗。

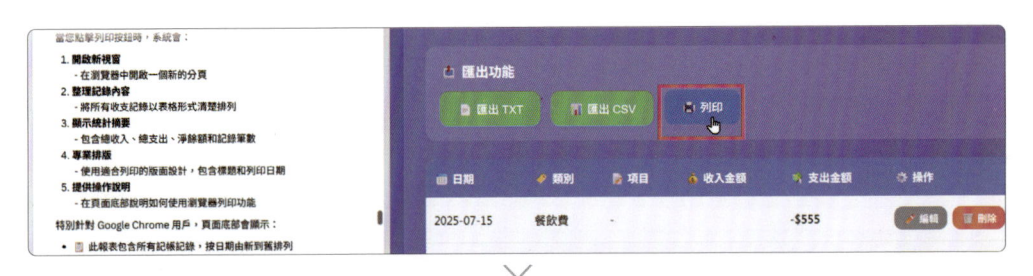

📅 日期	🏷 分類	📝 備註	💰 收入金額	💸 支出金額
2025-07-15	薪資	-	+$56,555	
2025-07-15	水電費	-		-$345
2025-07-15	房租費	-		-$12,000
2025-07-15	獎金	-	+$6,666	
2025-07-03	餐飲費	-		-$876
2025-07-02	餐飲費	午餐		-$123

總收入 $63,221　總支出 $13,344　淨餘額 $49,877　記錄筆數 6

📋 此報表包含所有記帳記錄，按日期由新到舊排列
🖨 請使用瀏覽器的列印功能來列印此頁面
💡 Google Chrome 用戶：按 Ctrl+P (Windows) 或 Cmd+P (Mac) 開啟列印選項

小提示

匯出 TXT 與匯出 CSV 鈕沒有反應？

由於不同瀏覽器對 Canva Code 程式碼的支援程度不盡相同,可能會影響部分功能的正常執行或顯示效果。

若設計中 "匯出 TXT"、"匯出 CSV" 或 "匯出圖表" 鈕沒有反應,請參考 P5-46 的說明,取得作品的原始程式碼。

STEP 01 首頁選按 **Canva AI** 鈕 \ **幫我撰寫程式碼** 鈕,畫面左上角選按 ☰ 開啟側邊欄。接著選按欲取得原始代碼的作品項目,右側畫面上方開啟 **顯示代碼**,並選按 **複製代碼** 鈕。

STEP 02 於檔案總管建立一空白記事本,貼上複製的程式碼後儲存,將副檔名改為 .html,按 **是** 鈕完成更名。完成後,於該 html 檔連按二下執行,即可在瀏覽器中開啟並執行網頁畫面。這不僅方便保存程式碼,也能快速預覽成果。

全球貨幣轉換器和趨勢圖表

在此要設計一款 "全球貨幣轉換器" 互動工具，透過即時匯率與簡易操作，協助使用者快速換算各國貨幣，並理解和追蹤貨幣匯率變化。

核心功能：

- 支援4種時間週期 (7 天、1 個月、3 個月、1 年)
- 支援多種貨幣之間的即時轉換計算
- 可輸入任意金額進行換算
- 顯示即時匯率與匯率變化百分比
- 貨幣快速交換按鈕
- 幣別對標註顯示 (清楚標示當前查看的貨幣對)
- 互動式折線圖顯示匯率變化

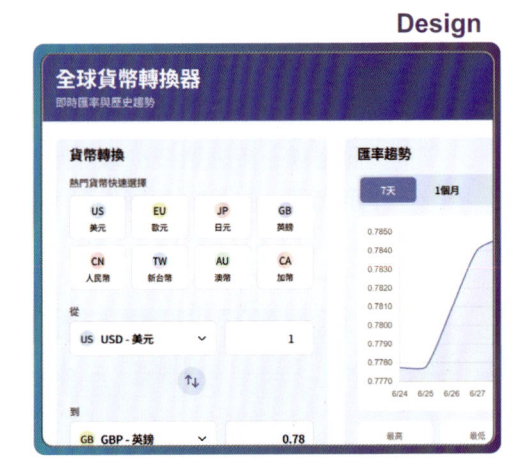

STEP 01 首頁選按 **Canva AI** 鈕 \ **幫我撰寫程式碼** 鈕。

STEP 02 於對話框輸入互動規則描述，選按 ➡ 鈕送出。

> **Prompt**
> 設計一款全球貨幣轉換器，有互動功能和趨勢圖表 (週期：7 天、1 個月、3 個月、1 年)。

STEP 03 Canva Code 開始撰寫程式碼，完成後即可在畫面右側看到設計。可以直接操作體驗，看看是否符合需求。

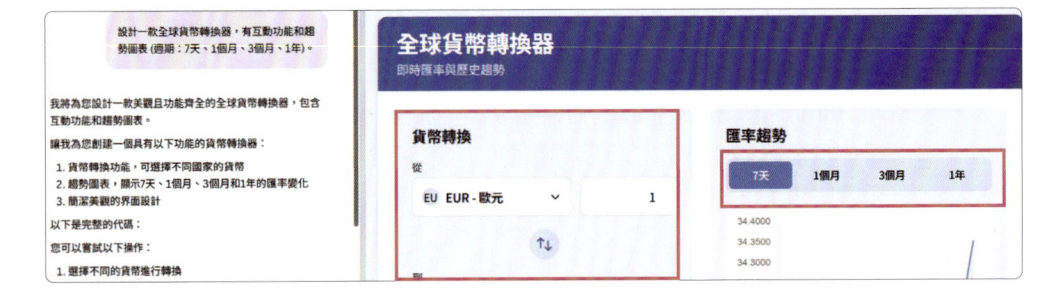

STEP 04 測試後，若覺得互動畫面不夠完整或想加入新內容，於對話框輸入修改描述，選按 ⬆ 鈕送出。

Prompt

1. 請增加更多幣值選項
2. 為了方便使用，請提供熱門貨幣快速轉換。
3. 匯率資料多久更新一次？

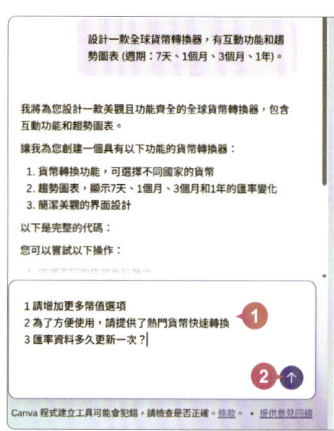

STEP 05 Canva Code 開始撰寫程式碼，完成後即可在畫面右側看到設計，並可直接操作體驗。測試後，若有需要調整的內容或希望 AI 進一步說明的部分，於對話框輸入修改描述，選按 ⬆ 鈕送出。

Prompt

匯率趨勢顯示的是什麼內容？請在 "匯率趨勢" 標註幣別。

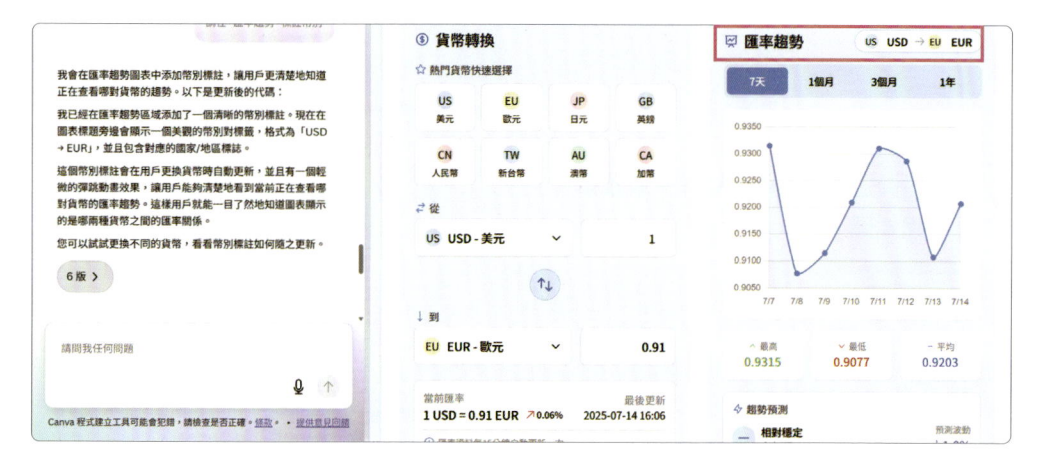

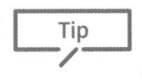

Tip 9 行銷互動應用

結合遊戲與行銷互動，打造更吸引人的品牌體驗！透過問答、抽獎或產品配對，提升參與度與記憶點，創造高互動與黏著效果。

抽獎遊戲

在此要設計一款 "抽獎遊戲" 互動畫面，透過隨機抽選方式，吸引使用者主動參與，增加活動趣味性與互動感。可應用於行銷活動或團隊活動中，活絡氣氛並強化整體互動效果。

核心功能：

- 可自行輸入參與者名單
- 可自行輸入獎項內容
- 設計抽獎功能 (選擇下拉選單、抽獎按鈕、動畫效果)
- 開始抽獎方式：先選擇 "獎項"，再點擊 "開始抽獎"，禮物盒開始滾動。
- 顯示得獎紀錄

設計風格與元素：

- 卡片佈局的區域劃分
- 視覺層次設計
- 設計中獎慶祝效果與音效

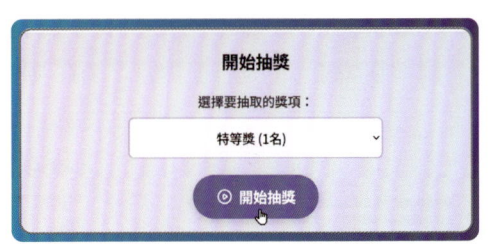

STEP 01 首頁選按 Canva AI 鈕 \ 幫我撰寫程式碼 鈕。

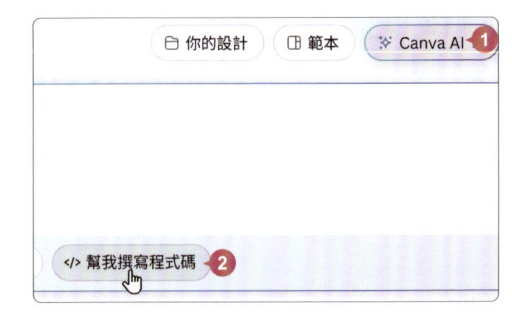

STEP 02 於對話框輸入互動規則描述 (加入音效詳細說明可參考 P5-7~8)，選按 ➡ 鈕送出。

Prompt 💬

設計一款抽獎遊戲，左側為 "參與者名單"，右側為 "獎項內容"。

使用者提供 "參與者名單" 與 "獎項內容"。

遊戲方式：先選擇 "獎項"，再點擊 "開始抽獎" 後禮物盒開始滾動。

結果：隨機顯示得獎人及獎項並搭配中獎動畫與音效。

以下是音效的網址

https://taira-komori.jpn.org/sound_os2/game01/coin05.mp3

中獎動畫後播放這個音效

抽獎遊戲畫面請留意配色與版面設計

STEP 03 Canva Code 開始撰寫程式碼，完成後即可在畫面右側看到設計。可以直接操作體驗，看看是否符合需求。

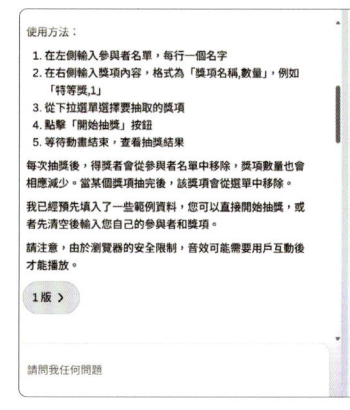

STEP 04　測試後，若覺得互動畫面不夠完整或想加入新內容，於對話框輸入修改描述，選按 ⬆ 鈕送出。可以多次調整設計，直到整體效果符合需求為止。

> **Prompt** 💬
> 獎項內容，調整為可分別輸入獎項名稱與獎項數量。

專屬你的推薦清單 - 製作問答遊戲並填寫表單送優惠碼

在此要設計一款 "專屬你的推薦清單" 互動畫面，透過簡單有趣的填答方式，引導使用者完成個人化偏好選擇，提升參與感與互動體驗。填答完成後將開啟活動表單供使用者填寫，並贈送優惠碼。

此互動畫面可應用於各類行銷活動，有效活絡氣氛並提升品牌好感度。

核心功能：

- 設計開始畫面，並說明遊戲規則。
- 隨機選擇 5 個問題
- 選項選擇時有視覺反饋
- 進度追蹤，包括百分比和進度條。
- 問題間導航 (下一題 / 上一題按鈕)
- 答案驗證 (未選擇答案時無法前進)
- 遊戲最後設計 CTA 按鈕，連結至 Google 表單頁面，填寫表單可獲得專屬優惠碼。
- "重新開始" 功能，可再次進行測驗。

結果分析：

- 根據回答給予健康建議。
- 根據識別的需求提供量身定制的產品推薦。

設計風格與元素：

- 三個主要區段：介紹、測驗和結果。
- 重新開始功能，可重新進行測驗。
- 風格為現代極簡設計。
- 所有 UI 元件採用圓角設計，營造柔和與親切感。
- 運用色彩添加豐富與層次感。

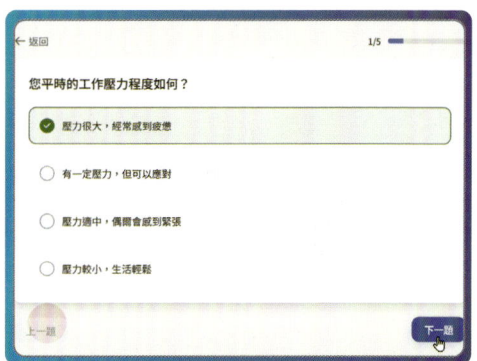

STEP 01 首先，使用 Google 表單或其他合適的工具，設計活動表單供使用者填寫，以利後續寄送專屬優惠碼至其電子郵件信箱。

表單設計完成後，請複製分享網址，作為 Canva 互動畫面中指定開啟的連結。

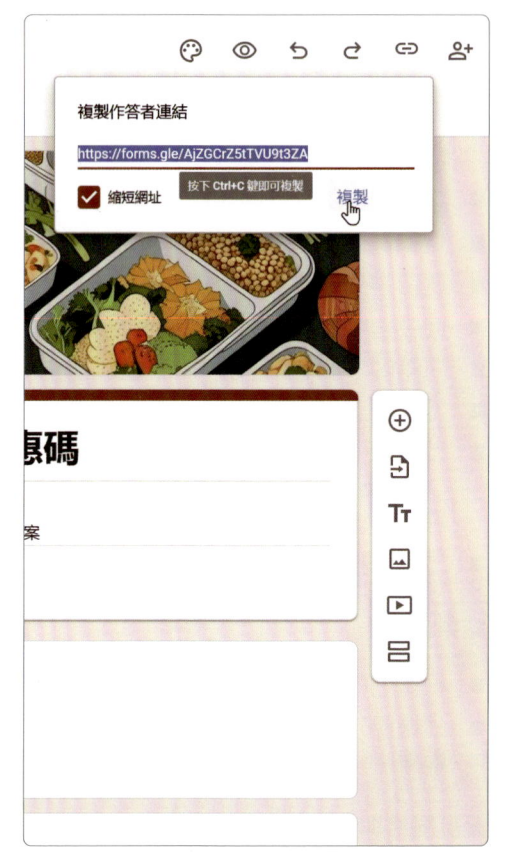

STEP 02 回到 Canva 首頁選按 **Canva AI** 鈕 \ **幫我撰寫程式碼** 鈕。

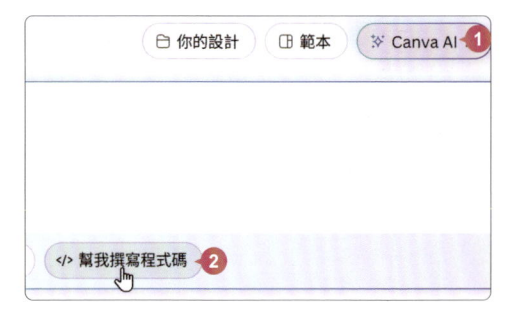

STEP 03 除了互動規則外，也請一併提供品牌相關資訊、此次活動的主要推廣產品或其他詳細內容。最後，別忘了貼上活動表單的網址，選按 ➡ 鈕送出。

> **Prompt** 💬
>
> 依下方活動資訊，設計一款健康飲食小測驗，以引導顧客選擇合適自己的產品並給予建議。
>
> 品牌資訊
> - 品牌名稱：禾日 Herbday
> - 品牌口號："從生活開始，讓身體懂你。"
> - 目標族群：都市上班族與生活忙碌者
> - 品牌目標：提供輕鬆補充每日營養所需的天然飲食方案
>
> 開始畫面
> 簡潔明瞭的標題說明測驗目的：回答 5 個問題，讓我們為您推薦最適合的禾日產品，開啟健康生活的第一步！
> 三步驟流程解釋 (回答問題、獲得評估、查看推薦)
> 吸引人的圖標和視覺元素
> 底部的產品優勢亮點
> 醒目的 "開始測驗" 按鈕
>
> 測驗核心功能
> - 測驗每次隨機出題，共 5 題
> - 使用者未選擇答案時無法前進
> - 每個選項需提供即時視覺反饋
> - 提供上一題 / 下一題按鈕以進行題目切換
> - 進度追蹤設計：包含進度百分比與視覺化進度條
> - 測驗完成後，顯示答案摘要與結果分數。
>
> 結果與引導
> - 根據使用者的作答，給予健康建議。
> - 根據評估結果，提供量身定制的產品推薦。
> - 結果頁設置 CTA 按鈕，引導使用者前往表單頁面以進一步行動。
> - 提供 "重新開始" 功能，可再次進行測驗。

設計風格：

整體風格為現代極簡設計

所有 UI 元件採用圓角設計，營造柔和親切感。

使用具質感的配色方案與 emoji 來設計介面，以創造更豐富的視覺深度和層次。

主要產品：

淨輕每日茶飲

ZERO 糖玫瑰烏龍冷泡茶

元氣莓果發酵飲

燃力黑咖啡油切版

檸檬蜂蜜白木耳飲

黑可可蛋白能量棒

綜合果乾輕纖包

堅果紫米能量球

草本茶梅軟糖

低卡芝麻堅果餅乾

活力 B 群 + 紅藻鐵膠囊

植萃複合益生菌膠囊

魚油 DHA + 藻油膠囊

晨醒咖啡因 + 綠茶萃取錠

夜酵褪黑助眠滴劑

測驗後 CTA：填寫資料送優惠碼

填寫資料送優惠碼的部分，請進入這個表單畫面填寫。

https://forms.gle/DzfJKqejR5LT5CQ17

STEP 04 Canva Code 開始撰寫程式碼，完成後即可在畫面右側看到設計。可以直接操作體驗，看看是否符合需求。

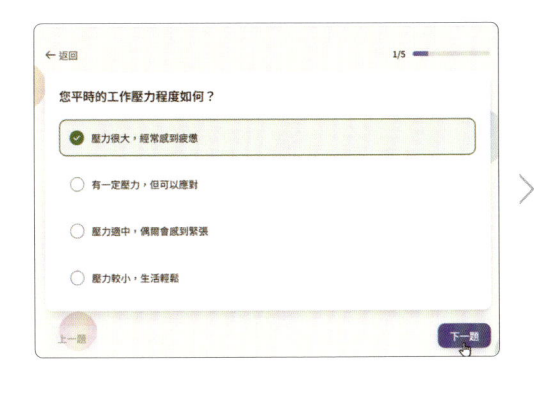

STEP 05 遊戲最後,選按 "領取優惠碼" 會於瀏覽器新視窗開啟活動表單,方便使用者填寫。測試後,若覺得互動畫面不夠完整或想加入新內容,於對話框輸入修改描述,選按 ⬆ 鈕送出;可以多次調整設計,直到整體效果符合需求為止。

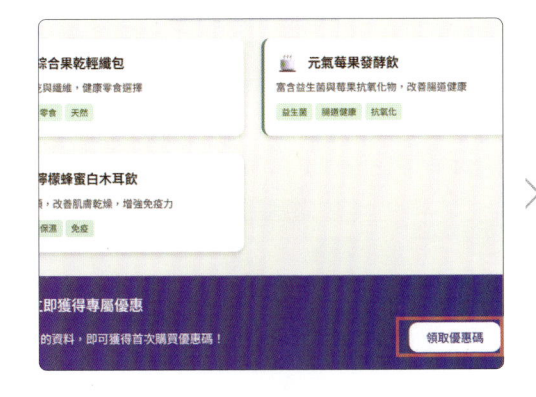

STEP 06 最後可以為互動畫面添加更多視覺動畫效果,並搭配音效 (加入音效詳細說明可參考 P5-7~8),於對話框輸入描述,選按 ⬆ 鈕送出。

Prompt 💬
為互動畫面添加視覺動畫效果,並搭配 Web Audio API 音效。

5-41

Tip 10 將作品嵌入簡報中

想將 Canva Code 互動作品嵌入簡報中嗎？結合互動內容與即時展示，能輕鬆吸引觀眾目光，打造更具吸引力與參與感的簡報體驗。

STEP 01 首頁選按 **Canva AI** 鈕 \ **幫我撰寫程式碼** 鈕，畫面左上角選按 ☰ 開啟側邊欄，接著選按欲嵌入簡報中的作品項目並開啟合適的版本，畫面右上角選按 **在設計中使用** \ **簡報**。

STEP 02 作品會於簡報類型的新專案編輯模式中開啟，並沿用原作品的名稱作為專案名稱。同時以物件形式呈現，選按後會顯示四個角落與四個邊的控制點，方便進行調整與編輯。

STEP 03 可直接在目前的專案中編輯簡報內容，也可以將該物件複製並貼至其他現有的簡報專案中。當播放簡報並切換至包含該物件的頁面時，便可進行遊戲互動。

Tip 11 將作品發佈至網站

想讓 Canva Code 互動作品即時呈現在網路上嗎？只需幾個簡單步驟，即可將設計發佈為公開網站，方便用於教學展示、活動應用或行銷推廣。

STEP 01 首頁選按 **Canva AI** 鈕 \ **幫我撰寫程式碼** 鈕，畫面左上角選按 開啟側邊欄，接著選按欲發佈至網站的作品項目並開啟合適的版本，畫面右上角選按 **在設計中使用 \ 網站**。

STEP 02 作品會於網站類型的新專案編輯模式中開啟，並沿用原作品的名稱作為專案名稱。同時以物件形式呈現，選按後會顯示四個角落與四個邊的控制點，方便進行調整與編輯。

STEP 03 可直接在目前的專案中編輯網站內容，也可以將該物件複製並貼至其他現有的網站專案中，同時可以加上符合主題的設計元素，最後選按 **發佈網站** 即可。

Tip 12 整合互動設計・打造專屬展示平台

透過網站整併 Canva Code 互動作品，能依主題有條理地排列呈現，方便使用者瀏覽、體驗與應用，提升整體互動性與專業感。

STEP 01 依前面一個 Tip 的說明，先將各個 Canva Code 互動作品轉換為網站專案，接著回到 Canva 首頁建立一新的網站專案。

STEP 02 於新的網站專案，確認已隱藏下方的頁面導覽列 (若未隱藏請選按 **頁面**)，可於空面頁面下方看到一個 **新增頁面** 鈕。

STEP 03 開啟前面任一個已轉換為網站專案的 Canva Code 互動作品，選取該作品物件，選按 Ctrl + C 鍵複製，再回到剛剛的空白網站專案，選按 Ctrl + V 鍵複製貼上，完成一個作品的安排；接著於頁面下方選按 **新增頁面** 鈕。

STEP 04 依相同的方式，完成後續作品的安排。

5-44

STEP 05 於第 1 頁作品左上角，選按 **新增頁面標題**，輸入該頁面的作品名稱。依相同的方式，完成其他頁面作品名稱的命名。

STEP 06 於專案編輯畫面右上角，選按 **預覽**。畫面中會出現一個模擬瀏覽器的視窗，用來呈現網站內容。核選下方 **包含導覽選單**，網站最上方即會出現剛剛設定的各作品名稱，選按任一名稱即可切換至對應的作品頁面。

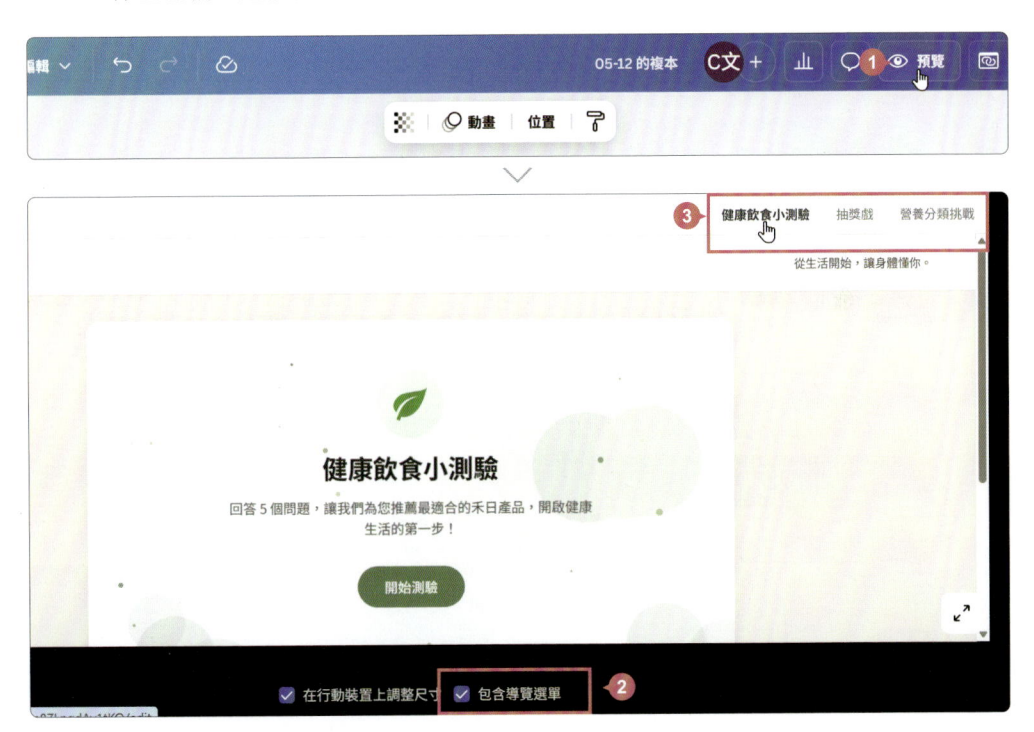

STEP 07 最後將網站專案發佈至網域，才能於瀏覽器上瀏覽並與朋友分享，相關操作可參考 P10-37~38 詳細說明。

5-45

Tip 13 取得作品的原始程式碼

想進一步了解 Canva Code 的程式邏輯嗎？可以透過作品的原始程式碼，學習、修改與延伸應用，讓創意突破設計框架，實現更多可能。

STEP 01 首頁選按 **Canva AI** 鈕 \ **幫我撰寫程式碼** 鈕，畫面左上角選按 ≡ 開啟側邊欄。接著選按欲取得原始代碼的作品項目，右側畫面上方開啟 **顯示代碼**，並選按 **複製代碼** 鈕。

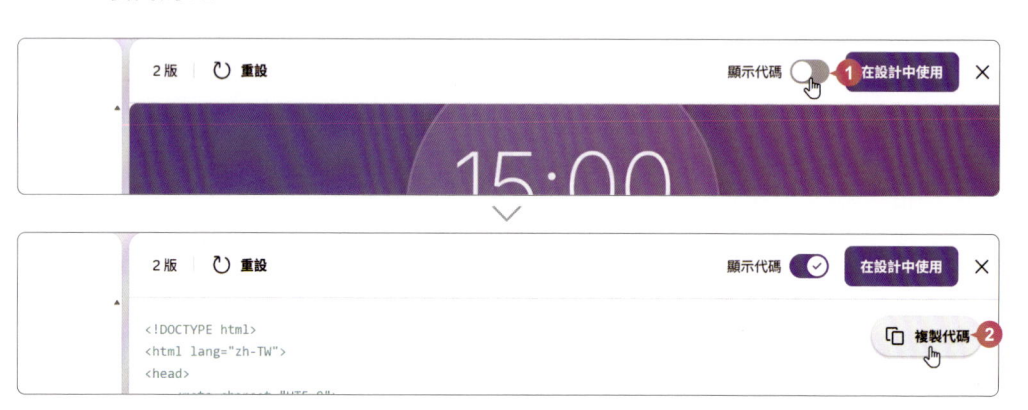

STEP 02 於檔案總管建立一空白記事本，貼上複製的程式碼後儲存，將副檔名改為 .html，按 **是** 鈕完成更名。完成後，於該 html 檔連按二下執行，即可在瀏覽器中開啟並執行網頁畫面。這不僅方便保存程式碼，也能快速預覽成果。

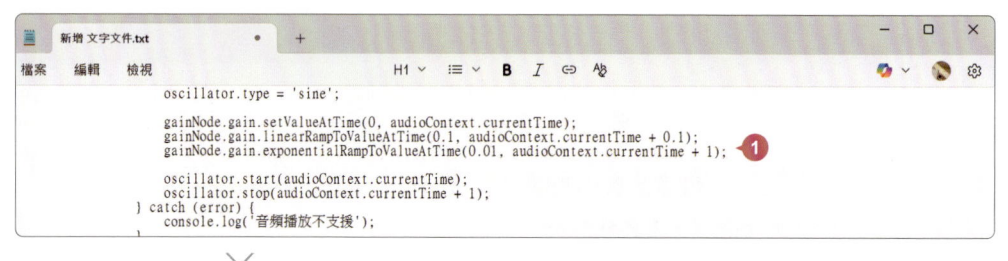

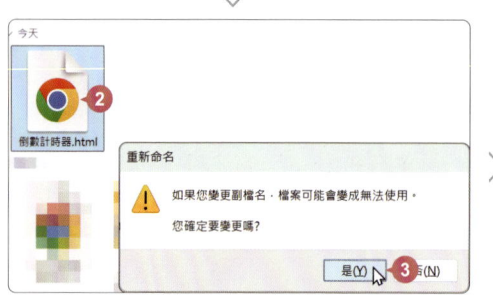

5-46

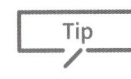

Tip 14 取得作品的詳細描述

Canva Code 生成作品後,透過 AI 取得完整描述,可清楚掌握作品的功能與結構,不僅有助於理解與保存,還能快速延伸相似作品並優化。

STEP 01 首頁選按 **Canva AI** 鈕 \ **幫我撰寫程式碼** 鈕,畫面左上角選按 ☰ 開啟側邊欄。接著選按欲取得詳細描述的作品項目,於對話框輸入描述,選按 ⬆ 鈕送出。

Prompt 💬

幫我將此程式所有功能列出,並詳細描述版型的用色、風格及每個元件大小,格式參考如下:

依下方資訊,設計一款健康飲食小測驗,需要具備以下功能:

開始畫面

簡潔明瞭的標題說明測驗目的

三步驟流程解釋 (回答問題、獲得評估、查看推薦)

——

測驗核心功能

・測驗每次隨機出題,共 5 題

・使用者未選擇答案時無法前進

——

結果與引導

・根據使用者的作答,給予健康建議。

・根據評估結果,提供量身定制的產品推薦。

——

設計風格:

整體風格為現代極簡設計

所有 UI 元件採用圓角設計,營造柔和親切感。

——

禾日健康測驗是一款互動式健康評估工具,透過生活習慣問卷,提供個人化健康分析與產品推薦。

STEP 02 待完整的作品描述生成後,可將其複製並貼上至記事本中保存,作為未來修改、優化或延伸創作的參考依據。

Tip 15 取得互動設計的完整圖文解說資料

為互動作品撰寫清楚的說明文件，有助於他人理解操作方式與設計目的，無論用於展示、教學或分享，都能提升作品的實用性與溝通效果。

STEP 01 首頁選按 **Canva AI** 鈕 \ **幫我撰寫程式碼** 鈕，畫面左上角選按 ≡ 開啟側邊欄，接著選按欲取得說明文件的作品項目，於對話框輸入描述，選按 ↑ 鈕送出。

Prompt
為這個遊戲製作一份清楚且圖文並茂，容易了解的互動式規則解說文件。

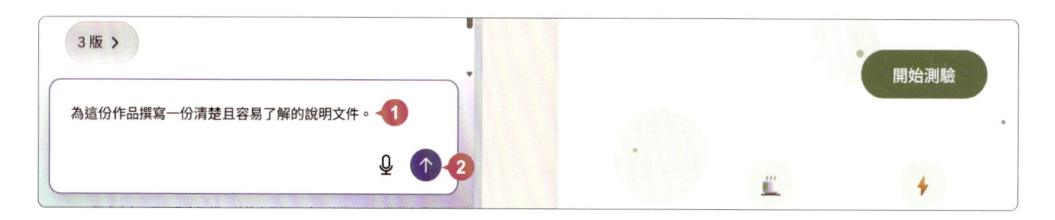

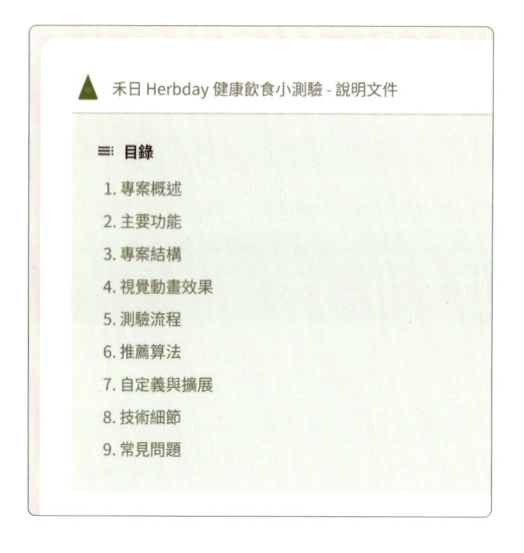

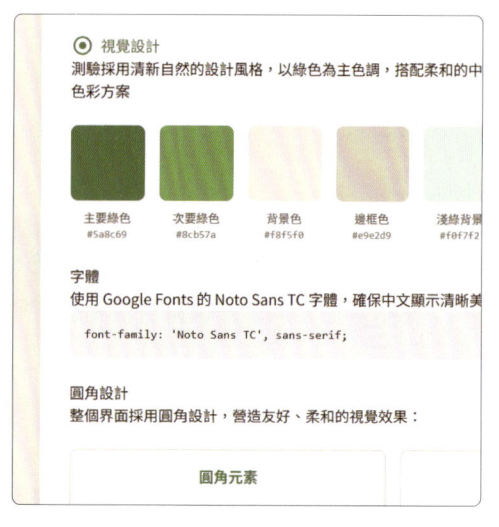

STEP 02 確認說明文件內容後，於畫面右上角選按 **在設計中使用**，選擇合適的專案類型轉換為專案，方便後續瀏覽、儲存與整合至其他作品中。

5-48

PART
06

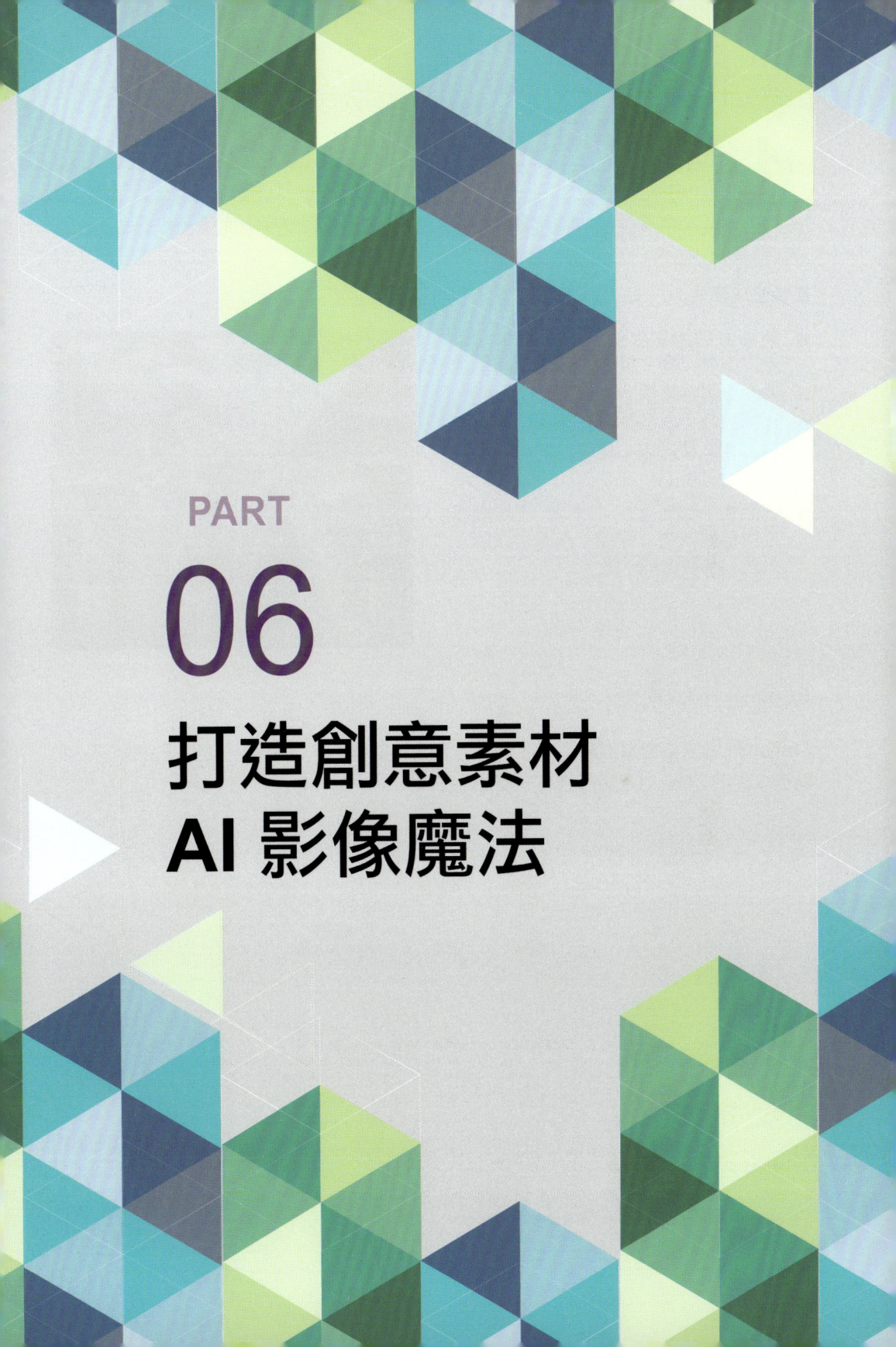

打造創意素材
AI 影像魔法

Tip 1

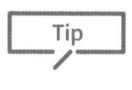

AI 生圖第一步

Canva AI 影像生成功能不僅是設計靈感發想的強大助手，更是打造獨一無二視覺素材的利器，讓你的創作更具效率與競爭力。

影像生成要領：

- 清晰具體的描述，例如：主體、物件、場景...等，讓 Canva AI 生成的影像更符合預期。
- 加入媒材、藝術風格的描述，使影像更具特色與風格，更好的應用在相關設計中。
- 細節要求的描述，可以增加影像豐富性與視覺效果，例如：光影、顏色、氣氛、外觀特徵...等。

Design

以描述生成影像

Canva AI 每次生成會消耗 1 點影像生成點數，並建立 4 張影像，免費版每個月有 20 點可以使用，Pro 版本每個月有 500 個點數。

STEP 01 於首頁選按 **Canva AI** 鈕，對話框下方選按 **製作影像** 鈕，進入專屬畫面。

STEP 02 對話框輸入描述後，選按合適的樣式及影像比例，在此樣式選按 **聰明**，影像比例選按 **9:16**，選按 ➡ 鈕送出。

> **Prompt** 💬
> 日本水彩和墨水繪製的手稿風格旅行手帳插圖。手帳頁面上繪製一對中年夫妻緩緩走上前往神社的石階。二夫妻從背後看去，身穿輕鬆旅行服裝，背著背包，戴著草帽，手持拐杖往石階上走去。階梯周圍有長滿青苔的石燈籠、高大的古樹和傳統的木製町屋建築。在晴朗的藍天下，從略低的角度觀看，場景被溫暖的春日陽光照亮。柔和懷舊的色調，充滿情感和詩意。

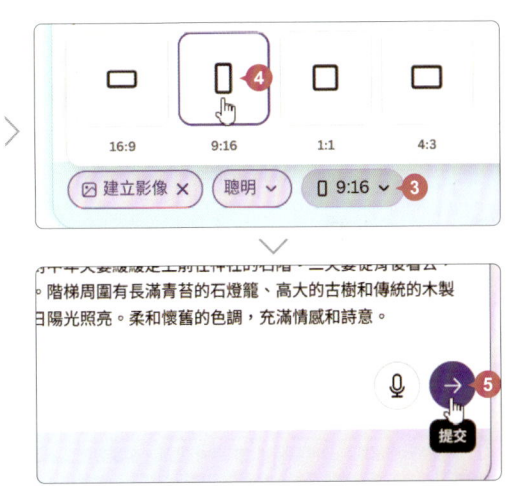

STEP 03 Canva AI 開始生成影像，完成後即可在 **你的影像** 看到 4 張影像。

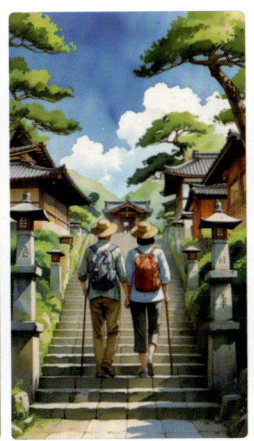

查看生成的影像與描述

STEP 01 生成的影像會儲存、顯示於 **你的影像**，並依生成時間順序排列，選按影像可放大檢視。(剩餘的影像生成點數會顯示於 **你的影像** 右側)

STEP 02 選按描述，可展開並瀏覽所有描述內容、樣式與影像比例。

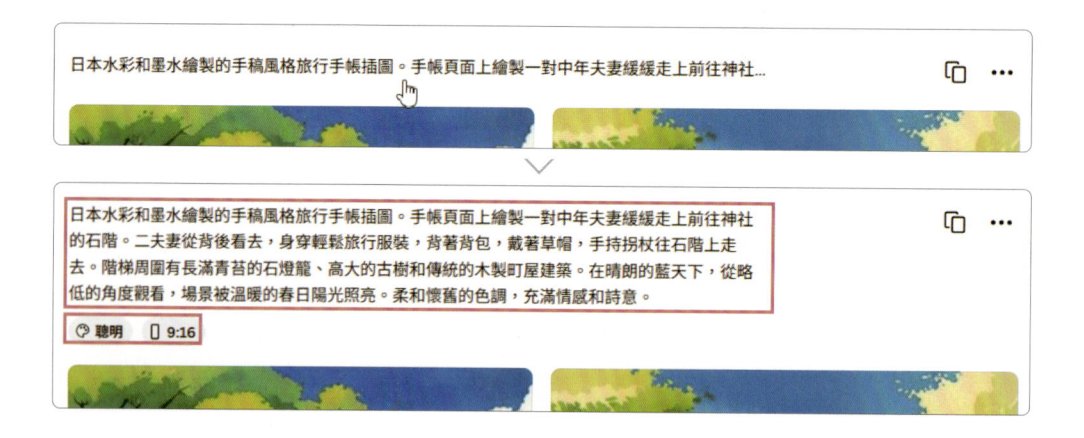

下載生成的影像

於 **你的影像**，滑鼠指標移至欲下載的影像左下角選按 ⬇，即會以 .jpg 檔案格式下載至本機預設位置儲存。(下載的檔案會以描述文字作為檔名)

6-4

Tip 2 以原圖調整關鍵細節

以描述進一步調整生成的影像，可快速增添細節、轉換風格或改變構圖，提升影像品質與表現力。

BEFORE　　　　　　　　　　　　　　　**AFTER**

STEP 01 於首頁選按 **Canva AI** 鈕 \ **製作影像** 鈕，於 **你的影像** 選按欲調整的影像，影像下方對話框輸入欲調整的描述，選按 ➡ 鈕送出重新生成。

Prompt 💬
頁面下方增加黏貼在筆記本上的東京手繪地圖，以紅色線條標示出旅遊停留地點及路線。

STEP 02 Canva AI 開始生成影像，完成後即可在 **你的影像** 看到調整完成的影像。可再次選按影像，影像下方對話框輸入欲調整的描述，選按 ➡ 鈕送出重新生成。

> **Prompt** 💬
> 在筆記本頁面上添加手帳貼紙。

■ 6-6

Tip 3 提升影像解析度

一鍵提升影像解析度，擴展設計應用場景，無論用於展示、輸出或印刷，都能實現高品質視覺升級。

STEP 01 首頁選按 **Canva AI** 鈕 \ **製作影像** 鈕，於 **你的影像** 選按欲提升解析度的影像，**解析度** 可看到該影像的解析度，選按 **提高解析度** 鈕。

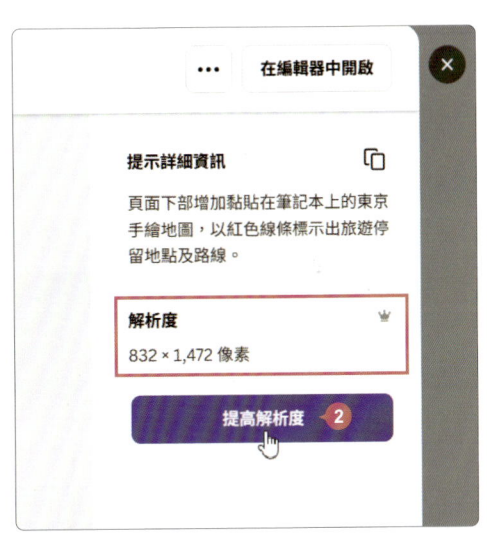

STEP 02 Canva AI 開始生成影像完成後即可在 **你的影像** 看到調整完成的影像，選按生成的影像，即可看到已升級為 2 倍解析度的高畫質版本。

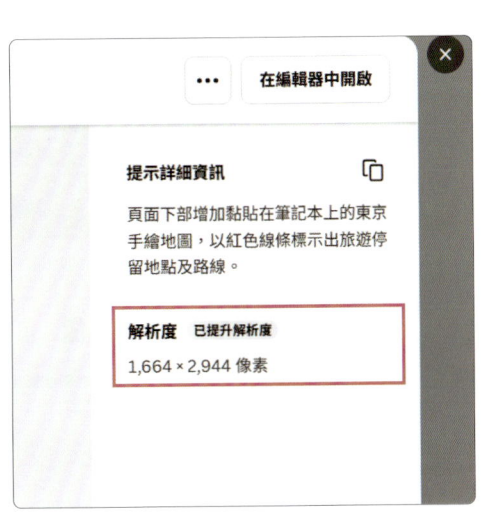

Tip 4　AI 影像管理

Canva AI 生成的影像皆會儲存於 **你的影像** 畫面，可單張或整組影像刪除，刪除的影像會消失並不會進入 **垃圾桶**，因此刪除前需再三確認。

刪除一張影像

首頁選按 **Canva AI** 鈕 \ **製作影像** 鈕，於 **你的影像**，滑鼠指標移至欲刪除的影像右上角選按 ⋯ \ **刪除影像**，再選按 **刪除** 鈕即可刪除該張影像。

刪除整組影像

於 **你的影像**，欲刪除的該組影像描述詞右側選按 ⋯ \ **刪除這些影像**，再選按 **刪除** 鈕即可刪除該組影像。

Tip 5 結合影像材質與風格，強化商品設計

Canva AI 影像生成功能可搭配上傳的圖片，結合文字描述進行融合生成，再搭配背景產生器更換背景，讓商品呈現更具質感與氛圍。

BEFORE　　　　　　　　　　　　　　　　　　**AFTER**

描述商品特色

提供基本的商品類型、外觀、功能與尺寸...等資訊，讓 Canva AI 生成更符合預期的商品樣貌。

首頁選按 **Canva AI** 鈕 \ **製作影像** 鈕，對話框輸入商品資訊並設定合適的影像比例，在此選按 **9:16**。

Prompt

角色設定：

小女孩娃娃：黑髮齊瀏海，穿著長袖與吊帶裙，臉頰紅潤，皮膚細緻，光線細膩，神情專注，看起來既安靜又溫柔。一隻小巧的鳥，呈現注視姿態，與女孩視線相對。

構圖與色調：背景留白，強調主角與鳥之間的互動。

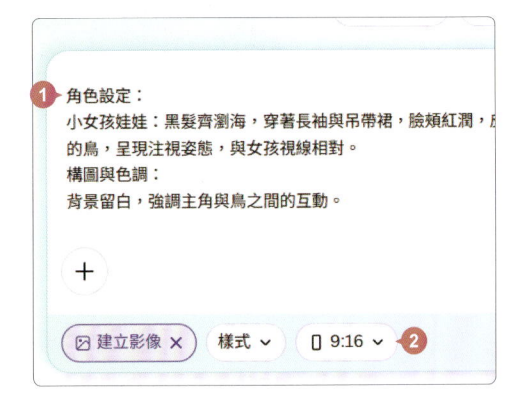

融合材質影像生成專屬商品視覺

附加指定材質的參考影像，能讓 Canva AI 更精準的模擬商品材質，使生成結果更具真實質感。

STEP 01 於對話框選按 **+** \ **新增媒體**，開啟 **新增媒體** 視窗。

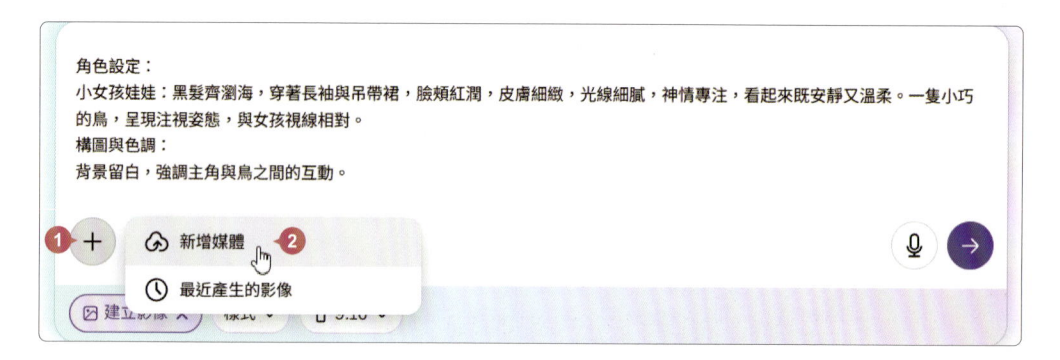

STEP 02 於 **新增媒體** 視窗右上角選按 **上傳檔案** 鈕開啟對話方塊，選取檔案後，選按 **開啟** 鈕上傳；選取已上傳的影像後，再選按 **使用影像** 鈕將影像附加至對話框。

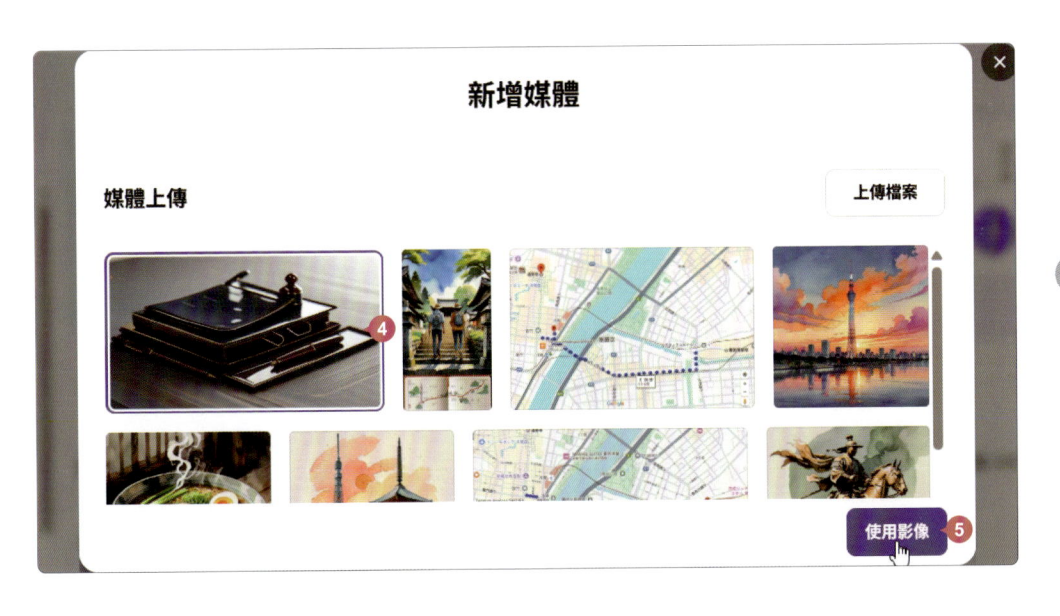

STEP 03　生成影像需符合附加影像的顏色和風格，在此選按 **選擇符合的樣式 \ 選擇符合的樣式**；並設定生成影像與附加影像的相似程度，在此選按 **中**，選按 ➡ 鈕送出生成影像。

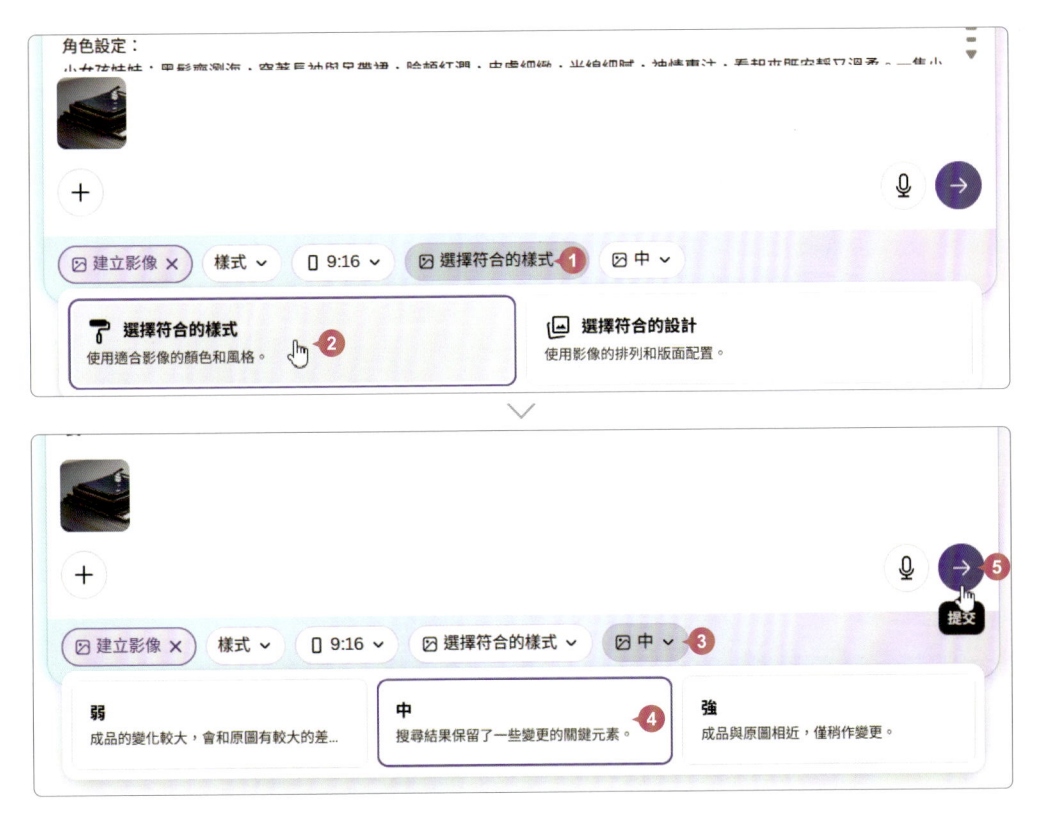

STEP **04** Canva AI 開始生成影像，完成後即可在 **你的影像** 看到 4 張影像。

背景產生器優化視覺呈現

使用 **背景產生器** 能辨識出商品主體，並以描述快速替換背景，增添氣氛與故事性，優化商品整體視覺效果。

STEP **01** 滑鼠指標移至欲編輯的影像上，右下角選按 **編輯** 鈕開啟該影像的專案編輯畫面。

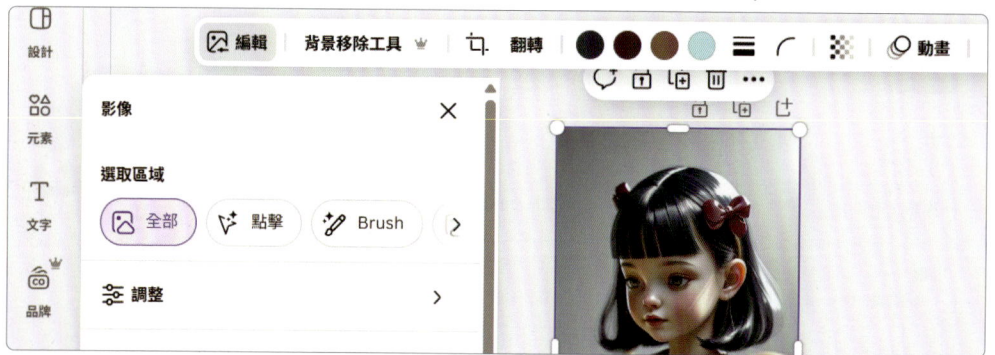

STEP 02 在影像選取狀態下，工具列選按 **編輯** 開啟設定面板，於 **魔法工作室** 選按 **背景產生器**，**描述新背景** 對話框輸入背景描述，選按 **產生** 鈕送出生成影像。

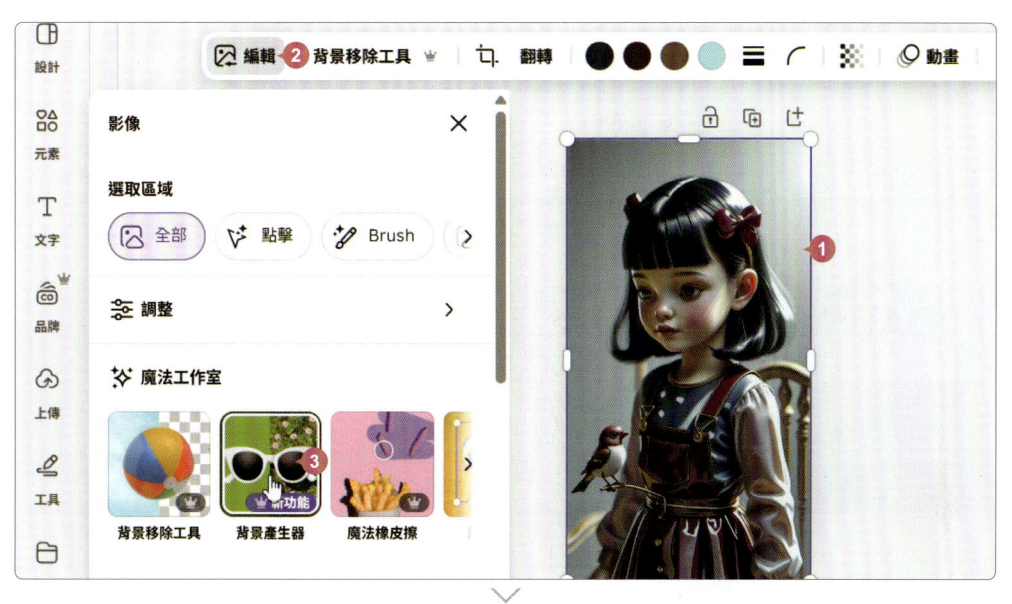

STEP 03 會生成 4 張影像，選按後可於編輯區完整顯示，若對生成結果不甚滿意，於對話框輸入調整後的描述，選按 **重新產生** 鈕重新生成並選按合適的影像套用；最後再選按 **完成** 鈕。

6-13

Tip 6 依品牌識別設計海報

透過品牌識別說明頁，可生成具備品牌一致性的活動宣傳海報影像，再搭配 Canva 編輯工具調整文字，快速完成品牌專屬海報設計。

BEFORE　　　　　　　　　　　　　　　　　　　　　　　AFTER

描述海報宣傳內容

首頁選按 **Canva AI** 鈕 \ **製作影像** 鈕，於對話框輸入海報宣傳內容與活動資訊，設定合適的影像比例，在此選按 **3:4**。

Prompt

DAWN 戶外生活節

Awaken Your Wild　喚醒你心中的野性

地點：新竹七峰森林露營區

時間：2025 / 10 / 25 (六)、10 / 26 (日)

名額限定 500 人，立即報名參加！

裝備實測體驗區：試用 DAWN 帳篷、背包、睡袋

野炊 & 生火教學：專業戶外職人現場教學

露營新手教室：一日輕鬆入門

品牌市集 & DIY 手作區：獨家限定商品、繩結手環、木燈具

星空音樂晚會　戶外電影首映

營火分享會：戶外人的真實故事

活動贈品 (報名即送)：DAWN 束口袋 + 限定露營貼紙

立即報名：活動詳情請見 DAWN 官網

附加品牌識別說明頁

"品牌識別說明頁" 是統整品牌視覺規範的設計依據，包含 Logo 樣式、品牌色彩、字體與影像風格...等要素，可協助 Canva AI 生成更貼近品牌風格的活動海報，強化整體識別度與一致性。

STEP 01 於對話框選按 ➕ \ **新增媒體**，開啟 **新增媒體** 視窗。

STEP 02 於 **新增媒體** 視窗右上角選按 **上傳檔案** 鈕開啟對話方塊，選取檔案後，選按 **開啟** 鈕上傳；選取已上傳的影像後，再選按 **使用影像** 鈕將影像附加至對話框。

STEP 03 生成影像需符合附加影像的顏色和風格，在此選按 **選擇符合的樣式 \ 選擇符合的樣式**；並設定生成影像與附加影像的相似程度，在此選按 **強**，選按 ➡ 鈕送出生成影像。

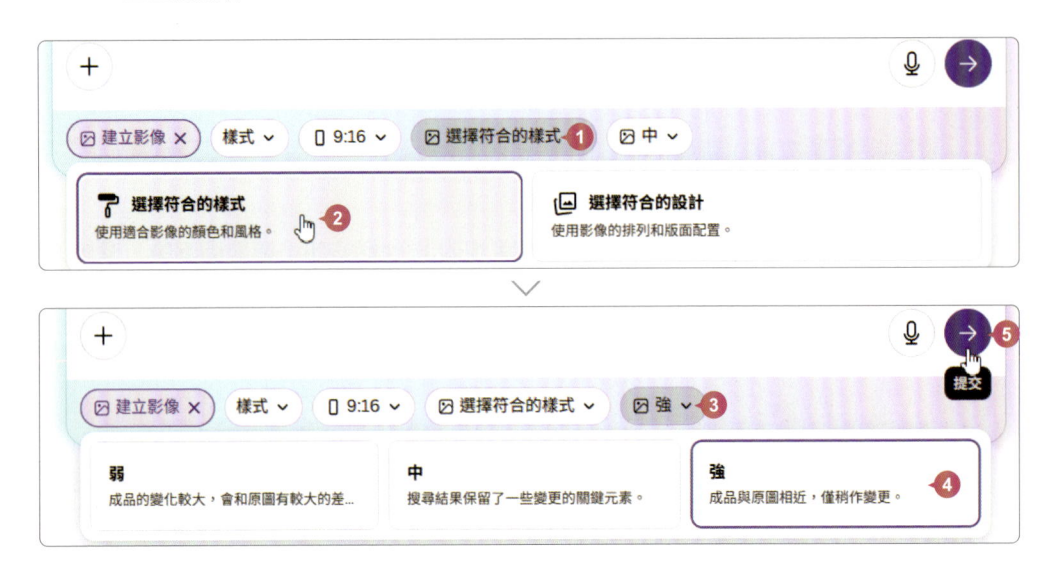

STEP 04 Canva AI 開始生成影像，完成後即可在 **你的影像** 看到 4 張影像。

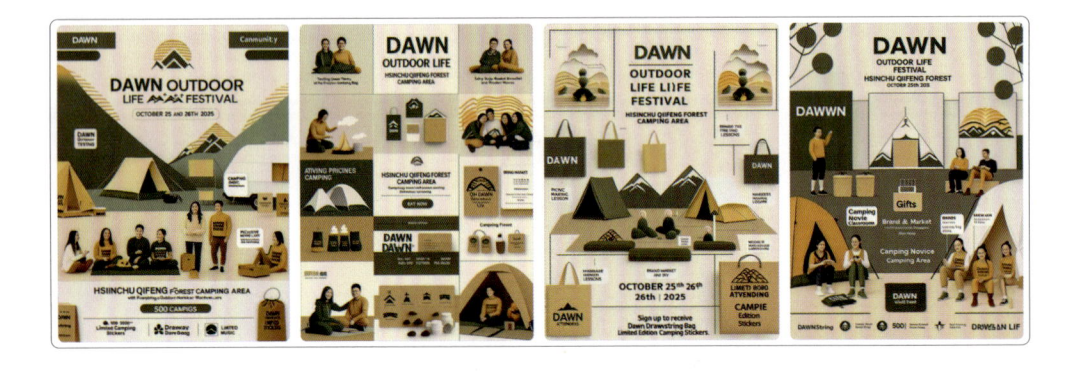

小提示

生成的海報為英文內容，該怎麼轉換成中文？

目前 Canva 僅能在影像中生成英文字，若要將英文改為中文，請參考下頁操作說明，將影像中的文字改轉換為可編輯的文字方塊，即可自行輸入繁體中文。

AI "魔法抓取文字"

抓取文字 可以取得影像中的文字，除了影像外，掃描或是拍攝的文件，也可以透過此功能輕鬆將影像中的文字轉換為可編輯的文字方塊。

STEP 01 滑鼠指標移至欲編輯的影像上，右下角選按 **編輯** 鈕開啟該影像的專案編輯畫面。

STEP 02 在影像選取狀態下，工具列選按 **編輯** 開啟設定面板，於 **魔法工作室** 選按 **抓取文字**。

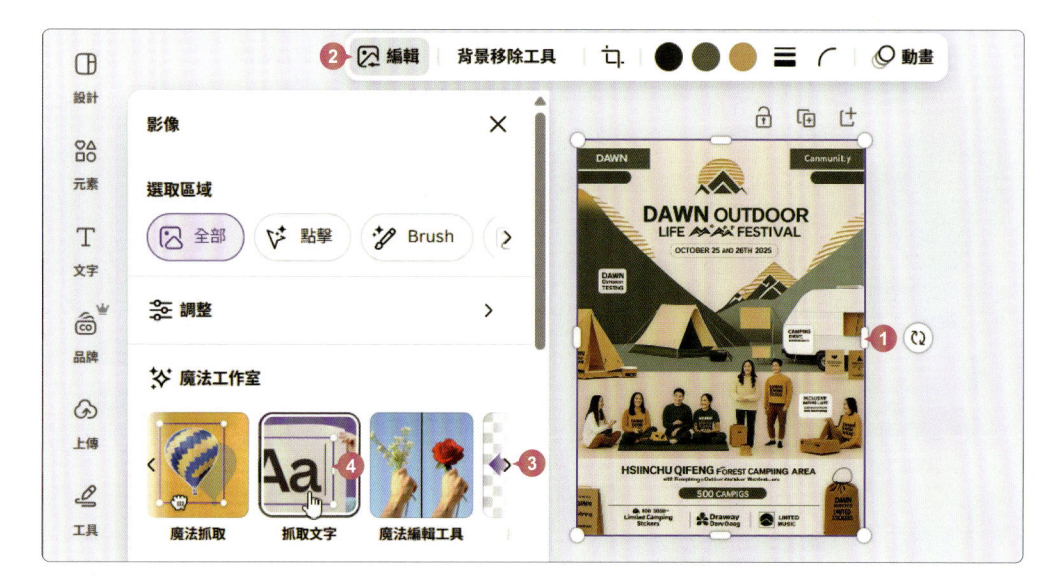

6-17

STEP 03 會將辨識到的文字轉換為可編輯的文字方塊，可以選取單一或所有文字方塊，在此選按 **所有文字 \ 抓取** 鈕完成抓取。(影像上的文字清晰且不偏斜時，可提升抓取功能的準確度與完整性。)

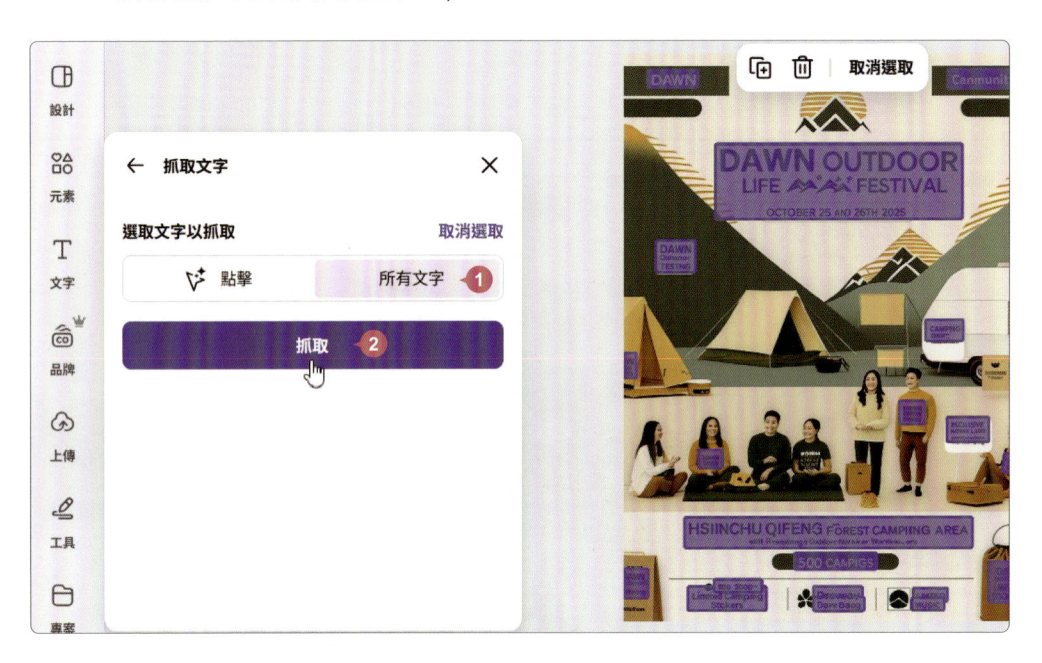

STEP 04 刪除不需要的文字方塊，並依需求替換海報文字內容，再搭配 Canva 影像編輯工具與素材，即可快速完成一張專屬的海報設計。

Tip 7 觀光導覽圖設計

Canva AI 可結合 Google Map 擷圖與文字描述,重新生成結構與風格相似的影像,再依版面配置插入景點插圖,輕鬆完成旅遊地圖。

BEFORE → **AFTER**

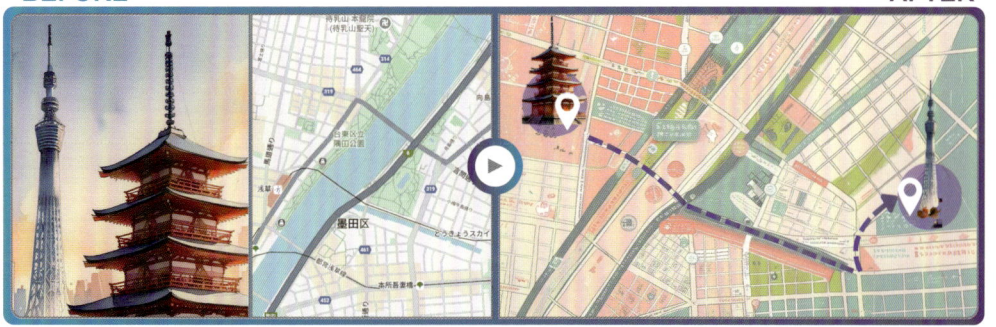

生成旅遊景點、地標插畫影像

STEP 01 首頁選按 **Canva AI** 鈕 \ **製作影像** 鈕,對話框輸入風格與地標的描述,選按合適的影像比例,在此選按 **1:1**,選按 ➡ 鈕送出生成影像。

Prompt
水彩插畫風格,晴空塔與淺草寺。

STEP 02 Canva AI 開始生成影像,完成後即可在 **你的影像** 看到 4 張影像。

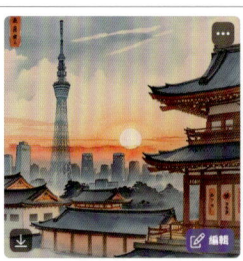

AI "魔法抓取" 分離影像主體與背景

魔法抓取 可以自動識別並提取影像中的主體，將其與背景分離，效果類似物件去背。提取主體後，會自動延展原位置的背景，填補並還原畫面完整性。

STEP 01 滑鼠指標移至欲編輯的影像上，右下角選按 **編輯** 鈕開啟該影像的專案編輯畫面。

STEP 02 在影像選取狀態下，工具列選按 **編輯** 開啟設定面板，於 **魔法工作室** 選按 **魔法抓取**。

STEP 03 經過分析，Canva 會自動辨識與抓取照片中的主體，預設以 **點擊** 模式選取，滑鼠指標移至已被辨識的主體上呈紫色，按一下滑鼠左鍵選取，再按一下則取消選取 (在此選取淺草寺地標建築)。

6-20

STEP 04 完成選取後,選按 **抓取** 鈕取得選取的主體。

小提示

更多選取主題物件的技巧

若要選取未被辨識的物件,可嘗試多選按幾次;若選取的結果不完整,也可逐步選按尚未選取的部分,直到完整選取為止。

若欲選取較小的景物或是背景元素...等,可以選按 **Brush**,再手動塗抹欲選取的範圍。

STEP 05 再次選取影像，工具列選按 **編輯** 開啟設定面板，於 **魔法工作室** 選按 **魔法抓取**。

STEP 06 選按 **Brush** 並設定筆刷大小，拖曳塗抹欲選取的主體，選取範圍可比主體稍大 (在此選取晴空塔地標建築)。

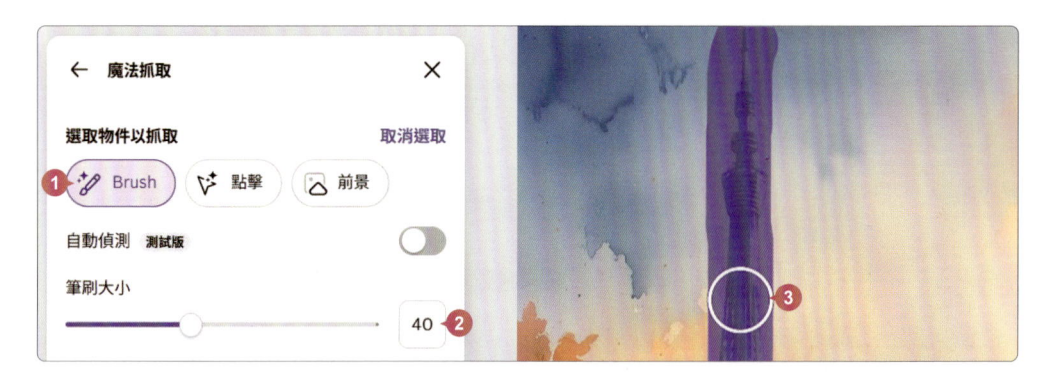

STEP 07 於 **自動偵測** 右側選按 呈 狀，Canva 會自動偵測塗抹範圍內的主體輪廓，修正為更符合的選取範圍，選按 **抓取** 鈕即完成。

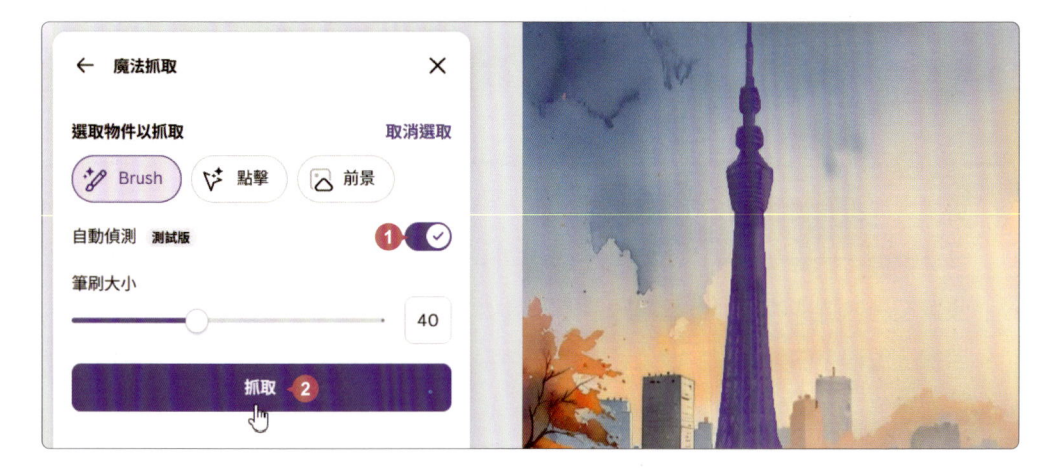

擷取 Google Map 地圖

可透過電腦內建的截圖工具，輕鬆擷取 Google Map 地圖畫面，作為後續 AI 影像生成的參考素材。

於瀏覽器開啟指定位置的 Google Map，按 `Prt Sc` (Print Screen) 鍵 (或 Mac 電腦：`command⌘` + `Shift` + `3` 或 `4` 鍵) 開啟螢幕擷取模式，透過系統內建工具截圖，將滑鼠指標按住不放，如圖拖曳出欲擷取的範圍，放開即完成螢幕畫擷取，並自動儲存至預設的資料夾 (Windows 系統預設會存放在 **圖片 \ 螢幕擷取畫面** 資料夾)。

附加 Google 地圖影像生成地圖插畫

將擷取的 Google Map 影像透過 Canva AI 轉換為不同風格，為旅遊紀錄增添更多樂趣。

STEP 01 回到 Canva 首頁選按 **Canva AI** 鈕 \ **製作影像** 鈕，對話框選按 ＋ \ **新增媒體**，開啟 **新增媒體** 視窗。

STEP 02 於 **新增媒體** 視窗右上角選按 **上傳檔案** 鈕開啟對話方塊，選取檔案後，選按 **開啟** 鈕上傳；選取已上傳的影像後，再選按 **使用影像** 鈕將影像附加至對話框。

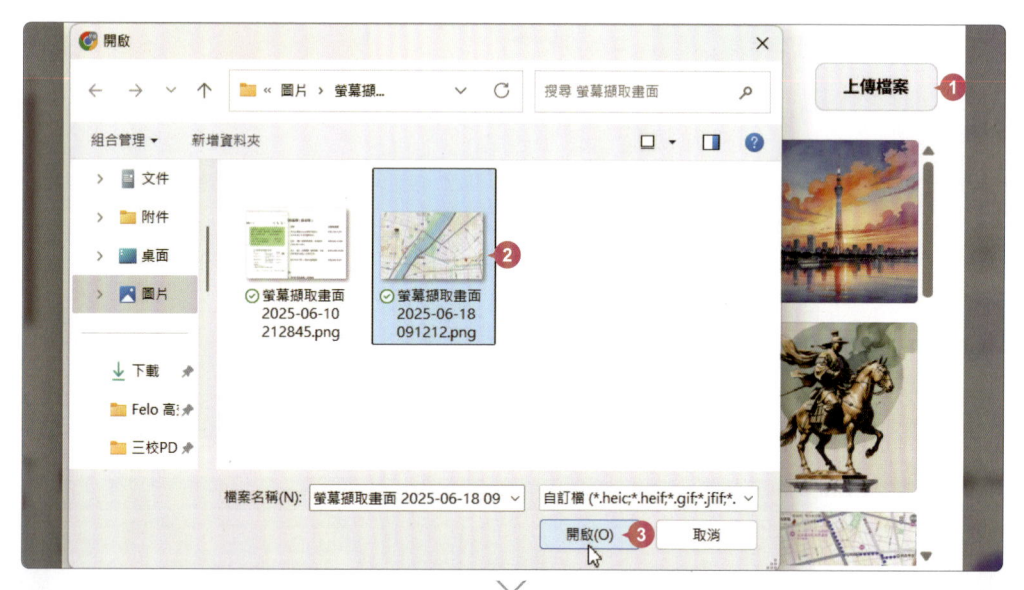

6-24

STEP 03 於對話框輸入欲轉換的風格描述，再選按合適的影像比例、符合選項與附加影像的相似程度，在此選按 **16:9**、**選擇符合的設計** 及 **強**，選按 ➡ 鈕送出生成影像。

> **Prompt** 💬
> 手帳插畫風格，細緻的地圖，淺淡的配色。

STEP 04 Canva AI 開始生成影像，完成後即可在 **你的影像** 看到 4 張影像。

合成插圖與地圖

開啟地圖影像的編輯畫面，並將取得的地標插畫添加至地圖中相對應的位置，強化位置標示。

STEP 01 滑鼠指標移至欲編輯的影像上，右下角選按 **編輯** 鈕開啟該影像的專案編輯畫面。

6-25

STEP 02 於頁面下方選按 **+ 新增頁面** 鈕新增一頁空白頁面。

STEP 03 第 2 頁選取狀態下，至側邊欄 **專案**，**設計** 標籤選按剛才編輯過的地標插畫專案，將該專案套用至頁面。(若專案中有多個頁面，可以只選按需要的頁面套用。)

STEP 04 於第 2 頁選取物件，拖曳至第 1 頁，如圖位置擺放並縮放至合適大小。(將元素拖曳至第 1 頁擺放後，即可將第 2 頁刪除。)

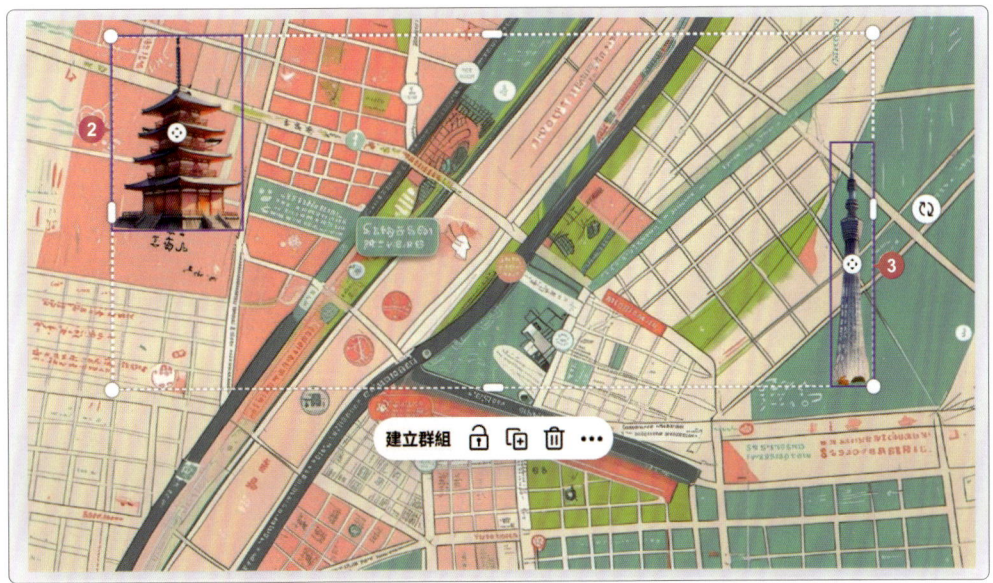

插入元素豐富地圖設計

Canva 擁有豐富多樣的設計元素，可應用於地圖中標示景點或路線，讓地圖呈現更加一目了然，輕鬆打造專業又有創意的視覺作品。

STEP 01 至側邊欄 **元素** 選按 **形狀 \ 圓形形狀**，插入至頁面中。

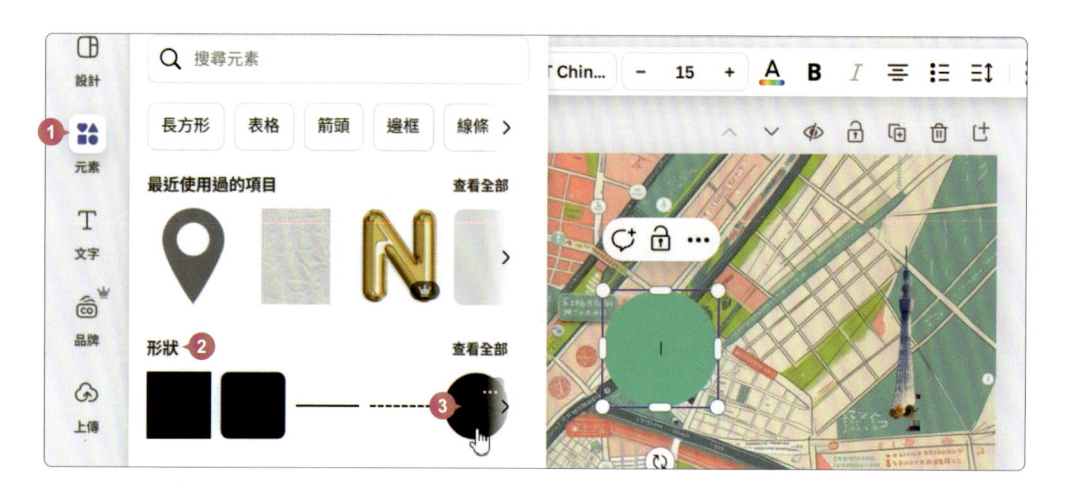

STEP 02 在選取元素狀態下，工具列選按 🟢 開啟設定面板，於 **預設顏色** 選按合適的色彩套用。

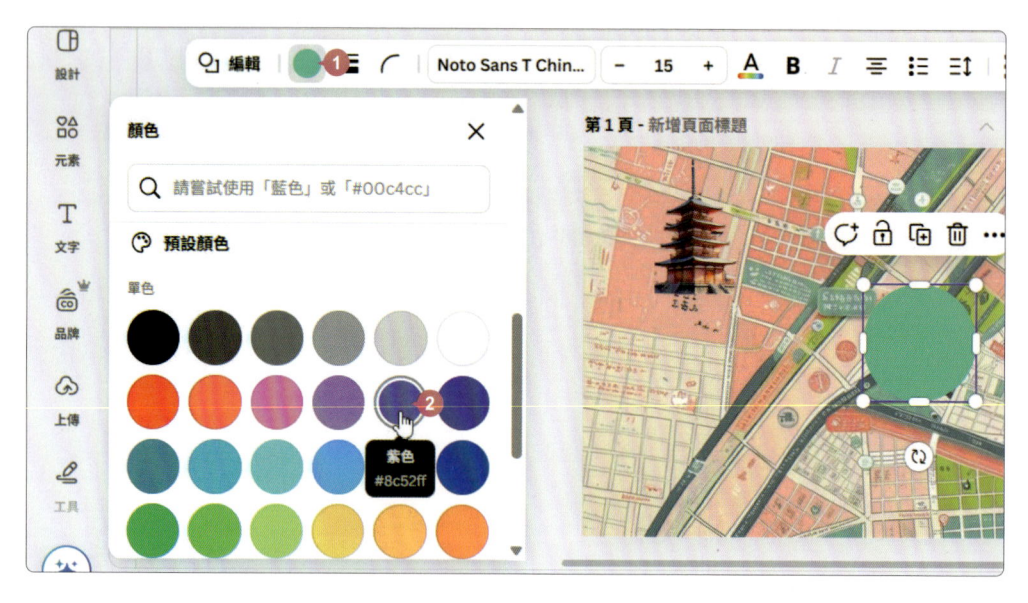

6-28

STEP 03 將滑鼠指標移到元素上呈 ✥ 狀，拖曳移動至地標上方，將滑鼠指標移至右下角控點上呈 ↘ 狀，往左上拖曳至如圖大小。

STEP 04 工具列選按 ▨，設定 **透明度：60**，再選按 ▣ 複製該元素，將滑鼠指標移到元素上呈 ✥ 狀，拖曳移動至另一個地標上方擺放。

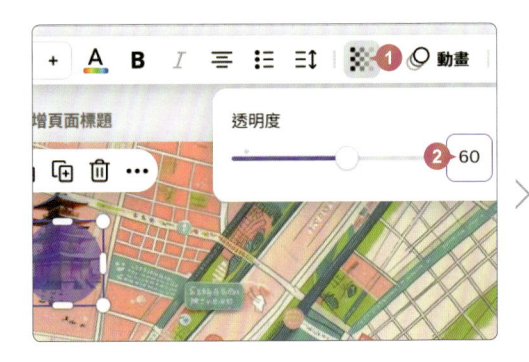

STEP 05 選取如圖兩個元素，工具列選按 **位置** 開啟設定面板，於 **圖層** 標籤按住紫色圓圈圖層不放，向下拖曳至兩個插圖圖層下方放開，即完成元素位置調整。

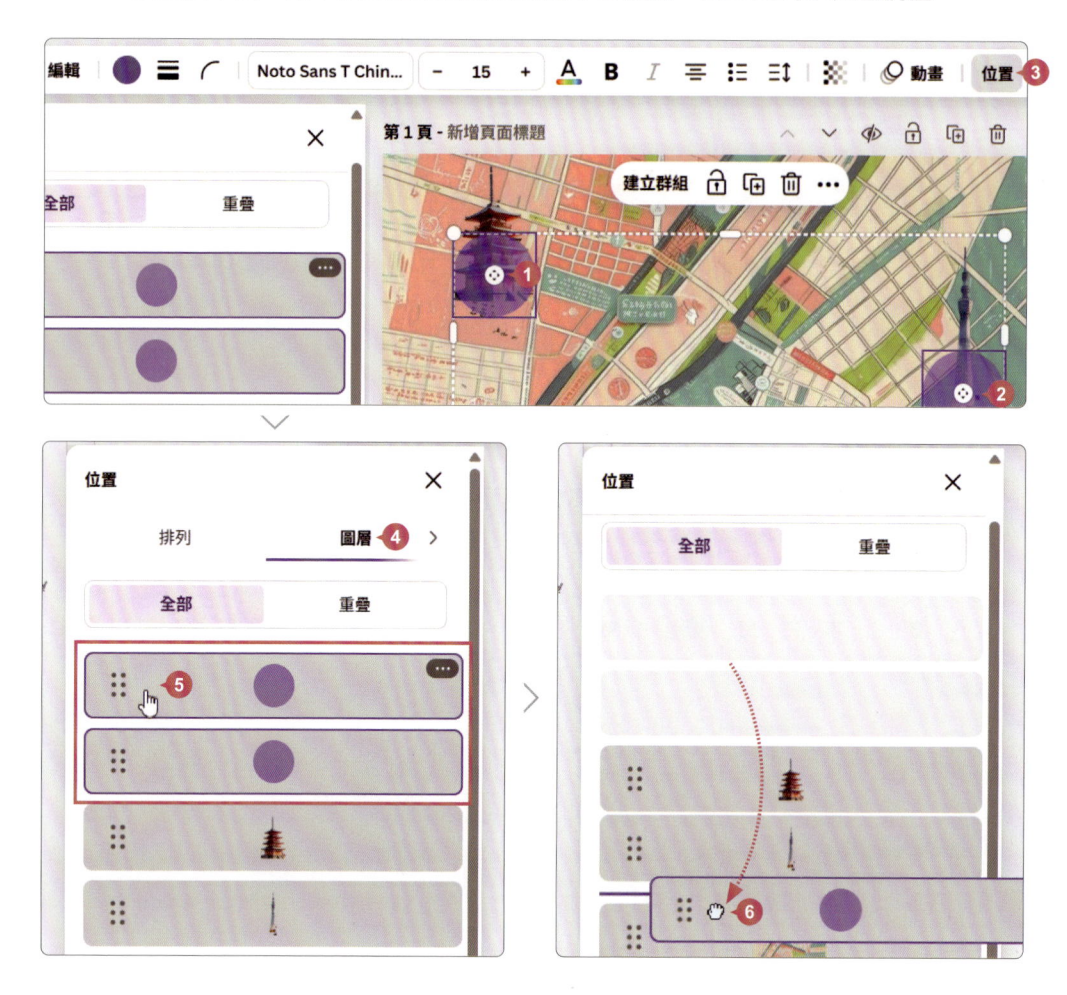

STEP 06 至側邊欄 **元素** 選按 **形狀**，選按如圖線段元素，插入至頁面中。

STEP 07 在選取線段元素狀態下，工具列選按 ⭕ 開啟設定面板，於 **預設顏色** 選按合適顏色套用。

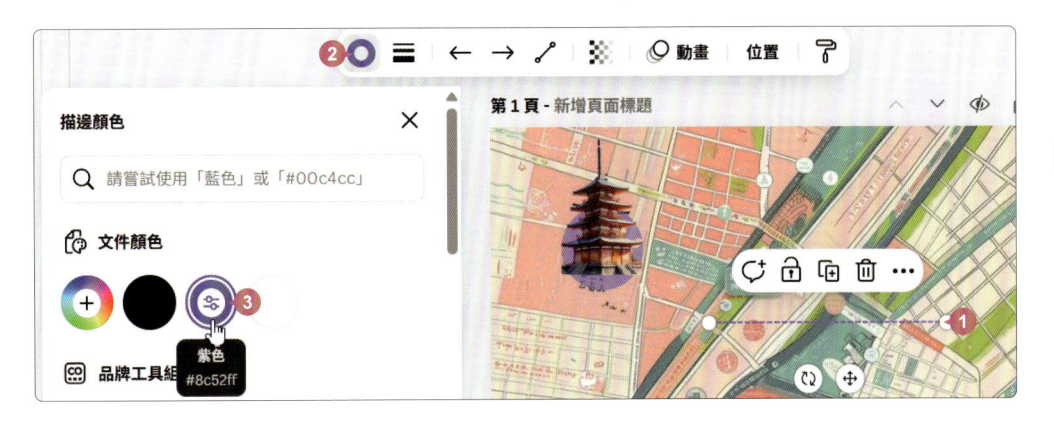

STEP 08 工具列選按 ≡\ --- ，設定 **筆觸粗細：14**，再選按 ✎\ 彎曲。

STEP 09 將線段元素拖曳至如圖位置擺放，彎曲線段上有三個控點，分別拖曳控點調整至合適角度、長度與弧度，產生第一段路線標註。完成後選按 🗐 兩次，複製出兩個彎曲線段元素。

6-31

STEP 10　將複製的兩個彎曲線段元素拖曳擺放至如圖位置，並拖曳控點調整至合適角度、長度與弧度。

STEP 11　選取如圖線段元素，工具列選按 →\→ 為線條終點加上箭頭。

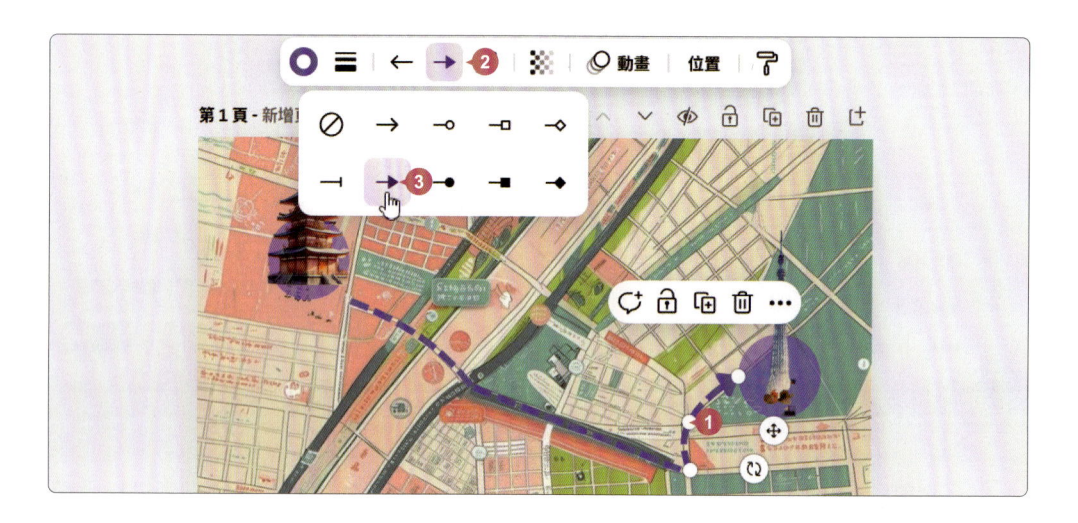

STEP 12　至側邊欄 **元素**，輸入關鍵字：「Map Marker Icon」，按 Enter 鍵開始搜尋，選按如圖元素，插入至頁面中。

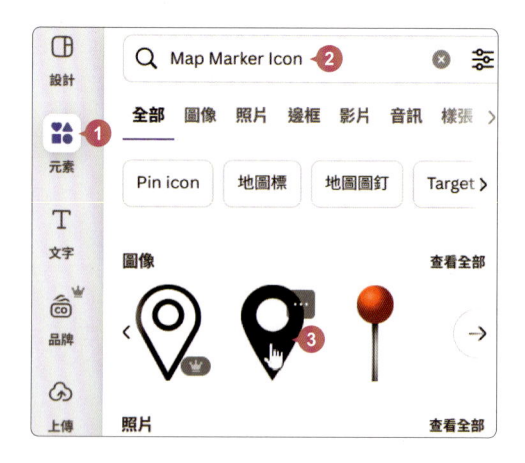

6-32

STEP 13 在選取元素狀態下,工具列選按 ● 開啟設定面板,於 **預設顏色** 選按合適的顏色套用。

STEP 14 將滑鼠指標移到元素上呈 ✥ 狀,拖曳移動至地標上方,將滑鼠指標移至右下角控點上呈 ↘ 狀,往左上拖曳至如圖大小。

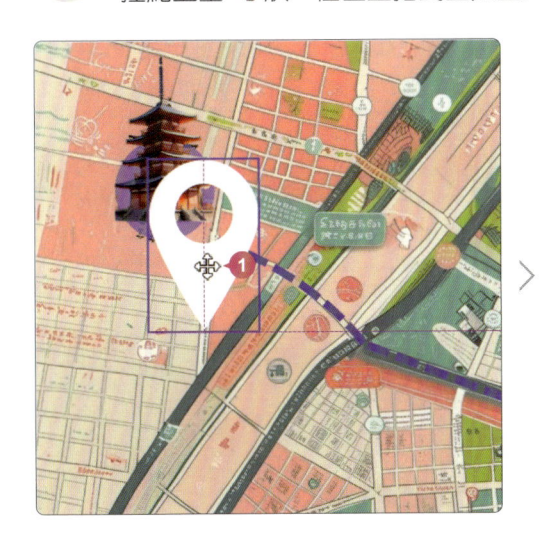

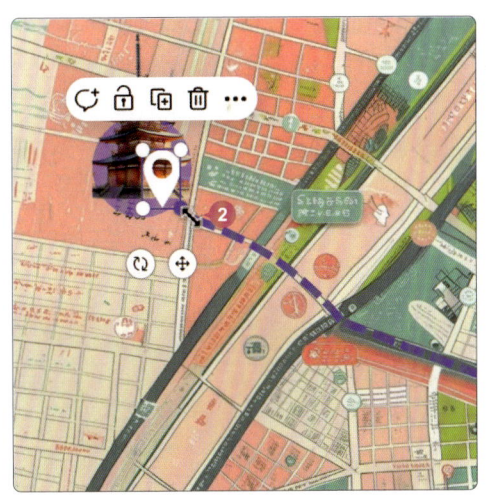

STEP 15 選按 📋 複製該元素，將滑鼠指標移到元素上呈 ✥ 狀，並拖曳至另一個地標上方擺放。

STEP 16 選取地圖影像，工具列選按 ▨，設定 **透明度：70**，降低地圖彩度，突顯地標與路線，這樣即完成旅遊地圖設計。

6-34

PART
07

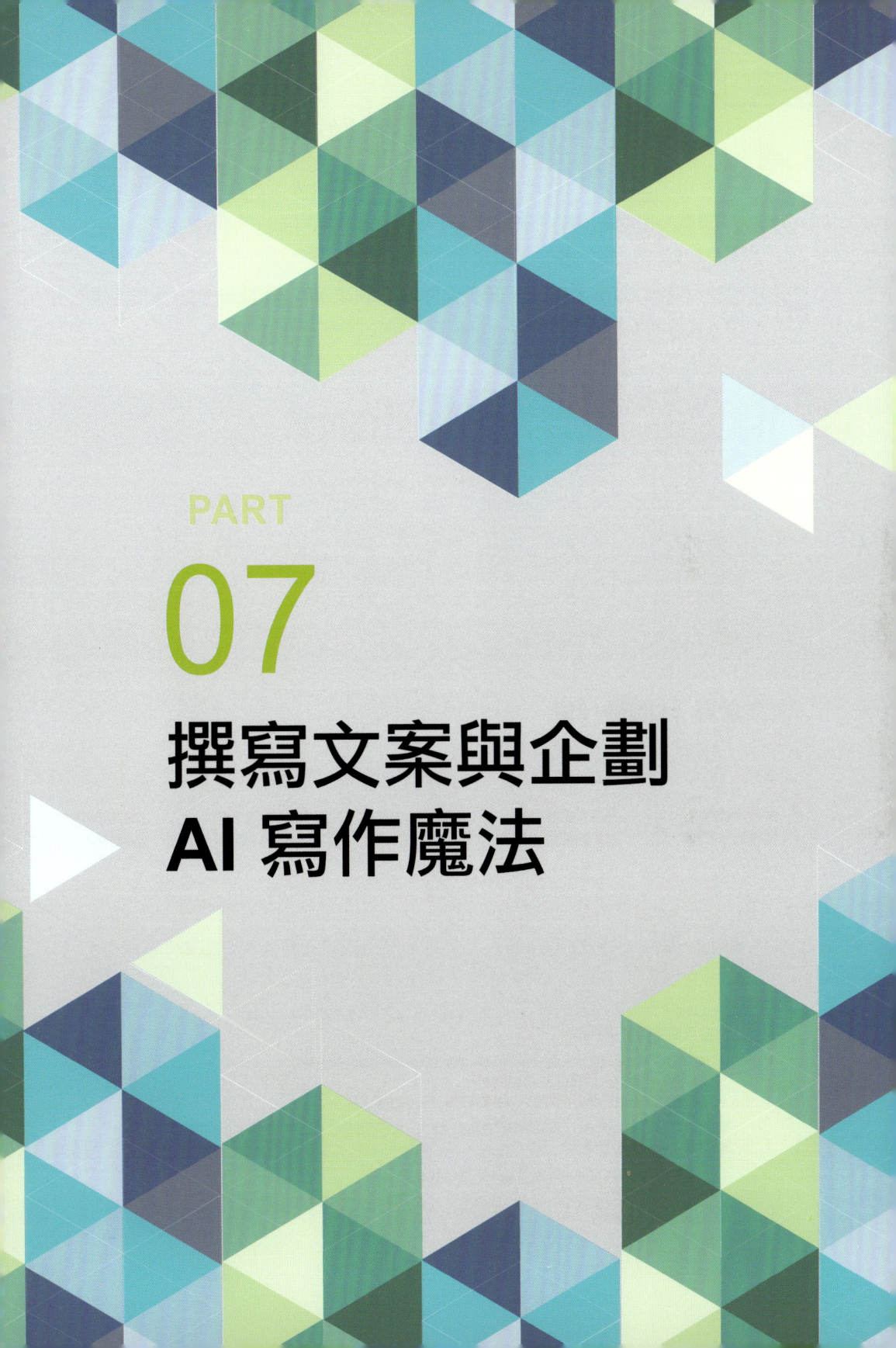

撰寫文案與企劃
AI 寫作魔法

Tip 1　建立文件：看看 AI 能做什麼

使用 Canva AI 開始生成文件之前，可以先參考下方範例，不僅有助於激發靈感，也能更清楚了解各種創作的應用方式與可能性。

STEP 01 於首頁選按 **Canva AI** 鈕 \ **草擬文件** 鈕，**快來看看 AI 能做什麼** 選按合適的主題，就會開啟新的文件專案，並依據所選主題開始生成內容。

STEP 02 等待生成後，選按右下角 **插入** 鈕，即可將生成的文案插入新的文件專案中。

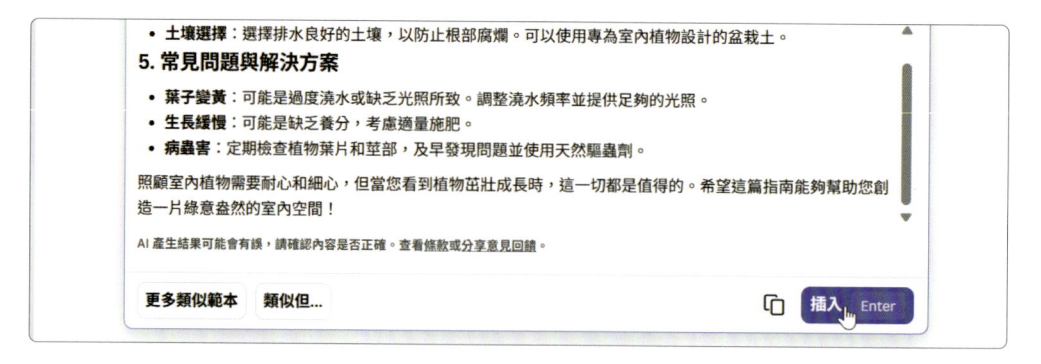

STEP 03 文案所有內容都可以依需求修改，先選取要修改的文字，再輸入合適的內容，在此將標題修改為「照顧室內植物的指南」。

室內植物護理指南

照顧室內植物不僅能美化家居環境，還能帶來心靈上的平靜。無論您是新手還是有經驗的園藝愛好者，

照顧室內植物的指南

照顧室內植物不僅能美化家居環境，還能帶來心靈上的平靜。無論您是新手還是有經驗的園藝愛好者，掌握基本的植物護理技巧都能讓您的植物健康茁壯。

STEP 04 除了修改文字內容還可以依需求修改樣式，在此要將標題文字改為粗體，並將位置置中。選取標題文字，再選按上方工具列中的 **B** 加粗 與 ≡ 對齊。

照顧室內植物的指南 ❶

照顧室內植物不僅能美化家居環境，還能帶來心靈上的平靜。無論您是新手還是有經驗的園藝愛好者，掌握基本的植物護理技巧都能讓您的植物健康茁壯。

照顧室內植物的指南

照顧室內植物不僅能美化家居環境，還能帶來心靈上的平靜。無論您是新手還是有經驗的園藝愛好者，掌握基本的植物護理技巧都能讓您的植物健康茁壯。

1. 光照需求

不同的植物對光照的要求各不相同。在選擇植物之前，了解每種植物的光照需求是至關重要的。

- **高光照植物**：如仙人掌和多肉植物，需要放置在陽光充足的窗邊。
- **中光照植物**：如綠蘿和虎尾蘭，適合放在有間接光線的地方。
- **低光照植物**：如蕨類和龜背竹，可以放在房間較暗的角落。

2. 澆水技巧

Tip 2　建立文件：描述並生成指定類型文件

使用 Canva AI 撰寫文案很簡單！輸入描述後，會自動開始撰寫並插入新文件專案中，讓你立即開始後續的排版與設計。

Canva AI 的 **草擬文件** 功能可依需求生成不同類型的文案內容，包括 **部落格貼文**、**摘要**、**大綱**、**社群媒體貼文**、**說明**、**文章**、**策略**、**故事**、**腳本**、**提案**、**說明文字**、**X 推文**、**電子郵件**、**信件**、**行程**...等 15 種，可在送出描述前指定應用類型，精準產出所需內容。

STEP 01 於首頁選按 **Canva AI** 鈕 \ **草擬文件** 鈕，選按 **類型**，再於清單中選按合適的類型。

小提示

Canva AI 魔法文案工具的使用次數限制

Canva AI 的 **草擬文件** 功能是藉由專案編輯中的 **魔法文案工具** 功能完成寫作。目前於 Pro 版本，魔法文案工具每月可使用最多 500 次；免費用戶則每月限 50 次 (實際限制以官方公告為主)，若當月額度使用完畢，需等隔月重置後才能繼續使用。

STEP 02 於對話框中輸入描述後，選按 ➡ 鈕送出。

> **Prompt**
> 請列出 AI 在影音多媒體社群行銷領域的未來發展趨勢，並依下列三大方向進行說明：AI 驅動的個人化行銷內容產製、虛擬角色與生成式創意推廣、智能剪輯與社群平台最佳化發佈。

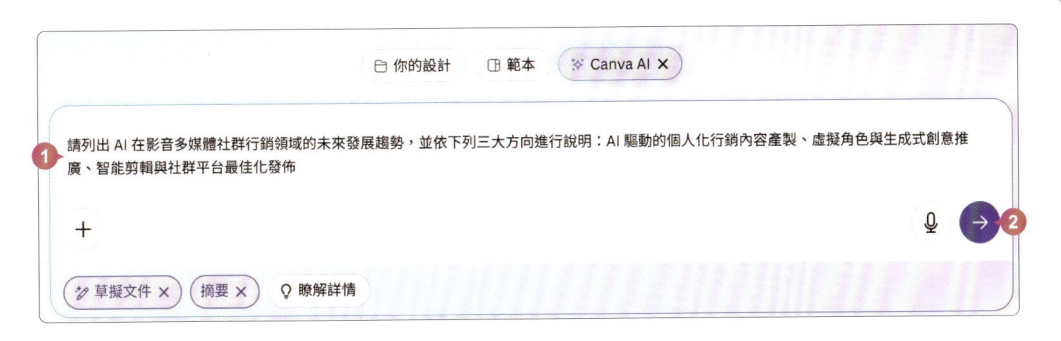

STEP 03 完成調整與生成後，選按右下角 **插入** 鈕，即可將生成的文案插入新的文件專案中，文案所有內容文字及樣式都可以依需求再做修改。(選按 **更多類似範本** 會依相同的描述再重新生成，選按 **類似但..** 則可再加上其他描述文字。)

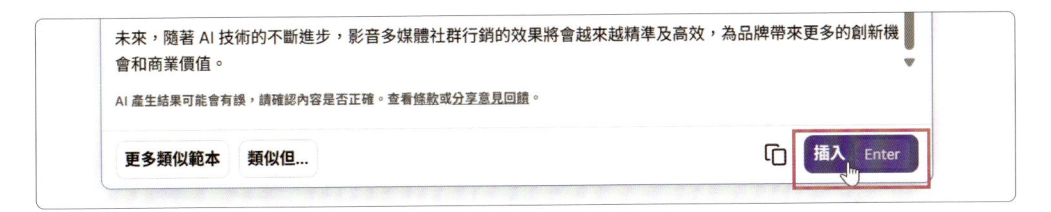

AI 在影音多媒體社群行銷領域的未來發展趨勢

在數位行銷不斷演進的時代，AI 技術在影音多媒體社群行銷中扮演著日益重要的角色。以下是未來可能的發展趨勢，涵蓋三大方向：AI 驅動的個人化行銷內容產製、虛擬角色與生成式創意推廣、智能剪輯與社群平台最佳化發佈。

AI 驅動的個人化行銷內容產製

1. **數據分析與用戶洞察**
   AI 技術能夠快速分析大量用戶數據，提供精準的用戶洞察，從而創作出更加符合目標受眾需求的個人化內容。這不僅提升了內容的相關性，還增強了用戶的參與度。
2. **動態內容生成**

7-5

Tip 3　建立文件：套用範本打造專業格式與設計

Canva 的文件範本提供多種專業設計格式，包含學習單、履歷、報告...等範本，使用者可直接套用並依需求編輯內容與設計，節省排版時間。

Canva 的文件範本可分為二種，**文件範本** 可以直接套用相關版面設計和圖形的樣板；**含有捲動式設計的文件** 則是結合了圖像畫面的可捲動功能將原本靜態的文件轉化為更具互動感的視覺體驗。

STEP 01　於首頁選按 **文件**，開啟一個新的文件專案。

STEP 02　至側邊欄 **設計**，上方的搜尋欄位可以輸入關鍵字，更精準的找到合適的範本，或是選按搜尋欄位下方的關鍵字，快速進行分類搜尋。接著在 **含有捲動式設計的文件** 及 **文件範本** 區塊中，選按合適的範本即可快速套用。

STEP 03　取得範本內容後，無論是設計元素還是文案內容與樣式，都可依需求再修改。

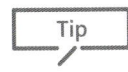

Tip 4　設計文件上方橫幅

Canva 文件上方預設會自動套用一款橫幅設計，但若與主題不符，可以透過簡單的步驟找到合適範本替換。

STEP 01 開啟文件專案，將滑鼠指標移至文件專案最上方的標題橫幅，連按二下滑鼠左鍵，即可開啟橫幅編輯畫面。

STEP 02 至側邊欄 **設計**，搜尋欄位輸入關鍵字，按 Enter 鍵。於 **範本** 標籤選按合適的橫幅設計，再選按 **取代目前頁面**。

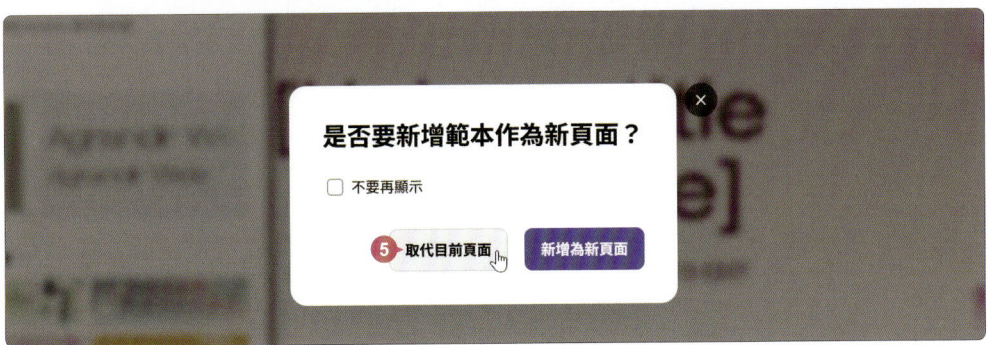

STEP 03 將滑鼠指標在文字方塊上連續按二下，全選文字後再輸入要替換的文字內容。

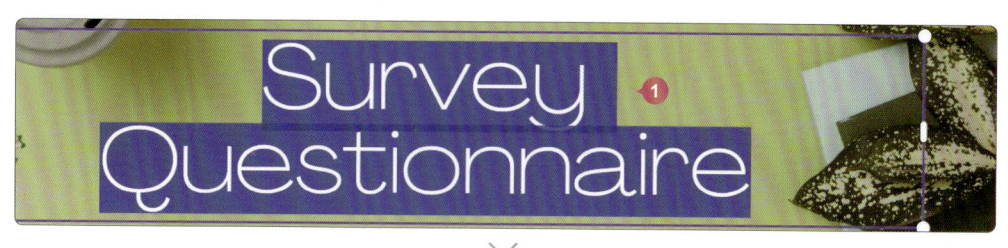

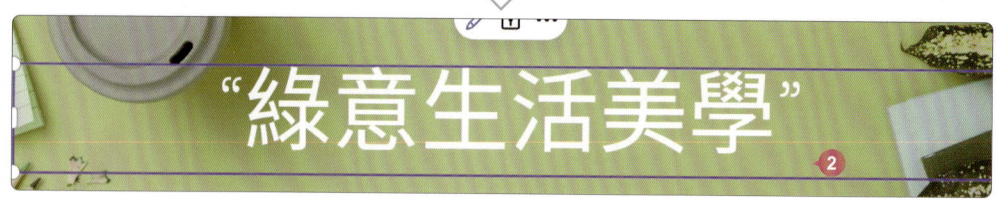

若要變更文字字型、字級...等格式，需再次選取文字，選按上方工具列中的格式套用即可。

STEP 04 滑鼠指標移至文字方塊上方，呈 ✥ 狀，按著文字方塊不放拖曳，將其移動到合適的位置後放開，最後選按編輯畫面右上角 **儲存** 完成橫幅的變更與設計。

7-8

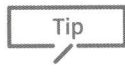

Tip 5 "魔法文案工具" 快速發想文案與新點子

已經想好主題,卻不知如何下筆!魔法文案工具可以幫你輕鬆撰寫社交媒體貼文文案、發想新點子、構思業務培訓計劃或新產品發表大綱...等。

"魔法文案工具" 是採用 AI 技術的寫作小幫手,依輸入的文字提示描述產生句子、段落、清單、大綱...等多種內容,支援中文、英文、西班牙文、葡萄牙文、印尼文...等 18 種語言。免費版 Canva 帳號總共可使用 50 次,付費版則可每個月使用 500 次,除此之外使用 "魔法文案工具" 時,需注意下列事項 (依官方最新公告為主):

- 目前僅擁有到 2021 年中的資訊。
- 依所提供的文字產生內容,提供的資訊和指示愈多,產出的結果就愈優質。
- 可能會產生不準確的內容,請先檢查內容是否正確再與他人分享。
- 輸入文字的上限是 1500 字,輸出內容的上限約 2000 字,若描述太過複雜,產出的結果可能會是不完整的句子。

STEP 01 於首頁選按 **文件**,開啟一個新的文件專案。

STEP 02 選按 ⊕ \ **魔法文案工具**,於對話框中輸入描述,選按 **產生** 鈕送出。

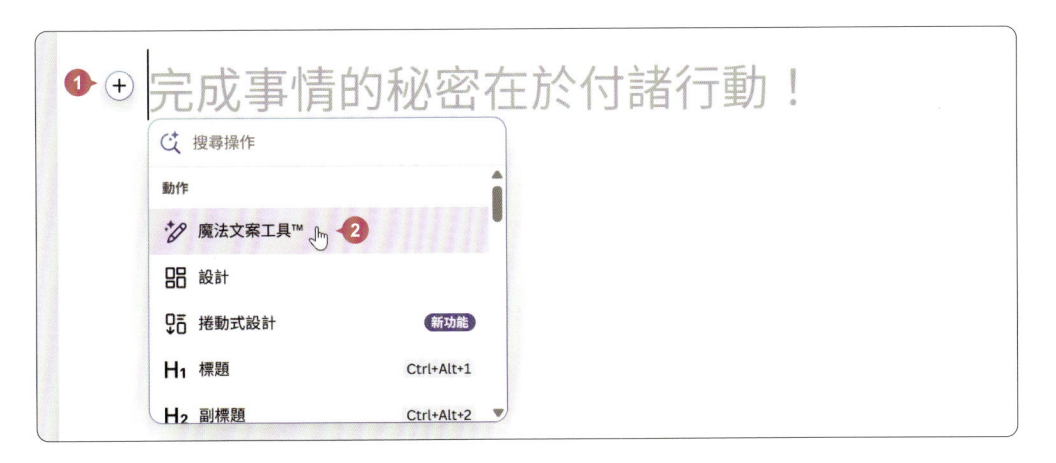

7-9

Prompt

請寫出團隊協作和溝通時最重要的五個方面

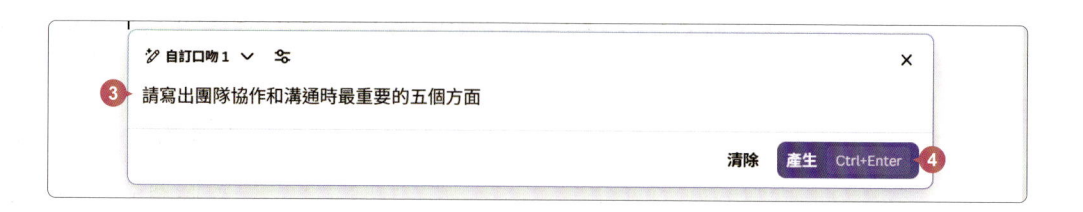

STEP 03 等待生成後，選按右下角 **插入** 鈕，即可將生成的文案插入文件專案中。

STEP 04 選取生成的文案，選按上方 **魔法文案工具**，可調整文案風格及撰寫方式，例如：繼續書寫、縮短、更風趣一點、更正式一點...等，待文案內容重新生成並檢查後即可選按 **取代** 或 **在下方新增** 鈕 (**在下方新增** 會保留原文案，將新文案插入其下一段落中。)

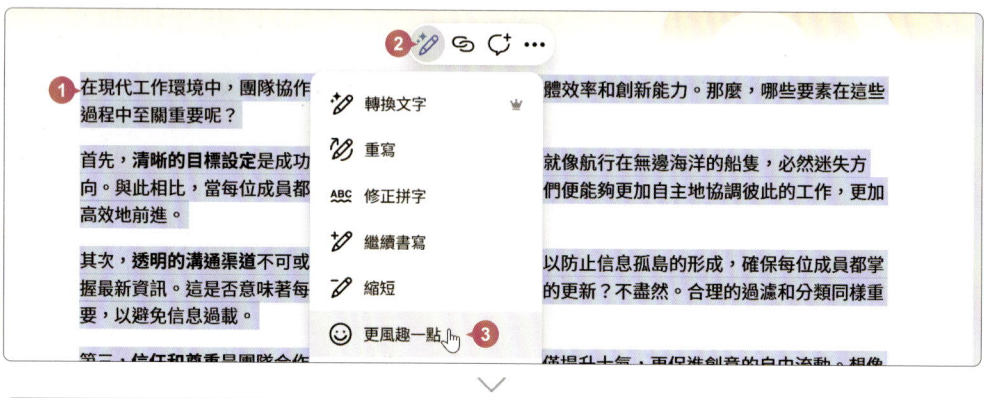

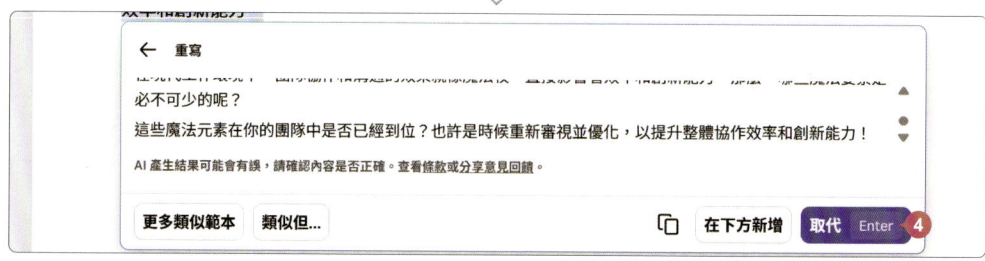

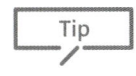

Tip 6 編排圖文並茂的視覺文件

用 Canva AI 生成了文字後，可插入圖片、影片、YouTube 連結縮圖與表格，還可以用多欄的編排讓文件專案更加專業。

為文件添加照片與元素

STEP 01 開啟文件專案，文件最下方空白列選按 ⊕，搜尋欄位輸入關鍵字，再選按 **照片**，即可素材下方清單中選按合適的照片插入到文件中。

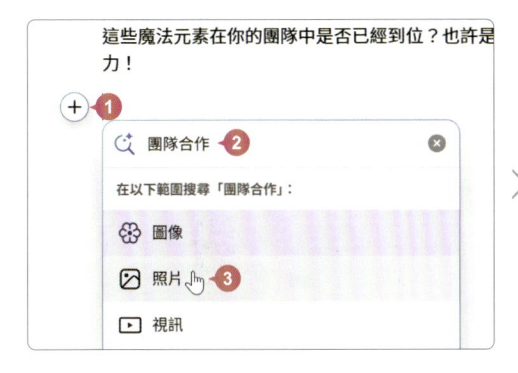

STEP 02 將滑鼠指標移到照片四個角落白色控點上呈 ↔，拖曳可等比例調整圖片大小；將滑鼠指標移到照片四邊中間的白色控點上呈 ↔，拖曳可依需求裁切圖片。

7-11

為文件添加表格

STEP 01 選按 ⊕ \ **魔法文案工具**，於對話框中輸入主題以及希望以表格呈現的內容描述，選按 **產生** 鈕送出。

— Prompt 💬 —
請產生團隊合作如何在提升效率、創造力以及增進員工與客戶滿意度方面發揮關鍵作用，透過數據說明的表格。

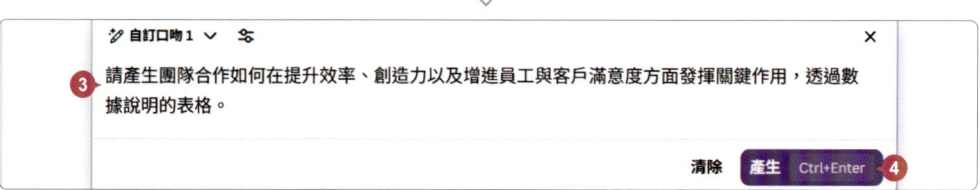

STEP 02 等待生成後，選按右下角 **插入** 鈕，即可將生成的表格與說明文字插入文件中。

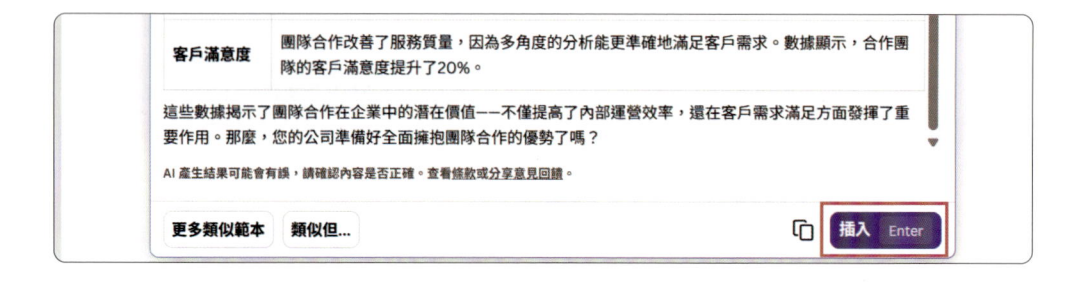

— 小提示 —
手動增加表格

如果想增加空白的表格，可選按 ⊕ \ **表格**，再指定合適的行列數即可新增。

為文件添加多欄式排版設計

Canva 文件的多欄式排版設計，能將文章內容分為 2 欄、3 欄及 4 欄排列，使內容更有條理，提升閱讀效率。

STEP 01 選按 + \ 2 欄，可以插入一個二欄的排版設計。

STEP 02 將滑鼠指標移到中間隔線呈 ⇔，左右拖曳即可調整欄寬，選按隔線上方的 + 可增加欄位，最多增至 4 欄。

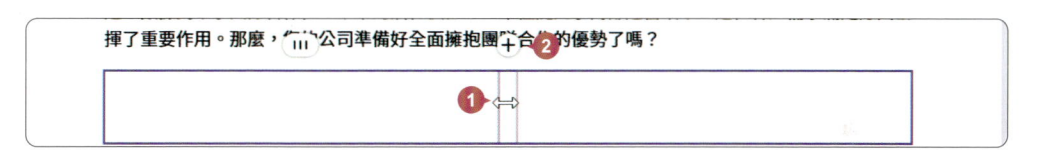

STEP 03 將滑鼠指標移到要插入文字的欄位按一下，接著輸入文字即可。

為文件添加 YouTube 影片

若找到與主題相關的 YouTube 影片，可點選影片下方的 **分享**，複製連結後將其插入至文件中。

STEP 01 於文件中，要插入 YouTube 影片的欄位按一下，接著按 Ctrl + V 貼上連結。

STEP 02 會自動轉換為 YouTube 影片縮圖，將滑鼠指標移到影片四個角落白色控點上呈 ↔ 狀，拖曳就可以調整大小。

STEP 03 如果想要播放影片，可以在影片縮圖上連按二下滑鼠左鍵，待滑鼠指標呈 🖑 狀，選按 ▶ 即可觀看影片。

為文件添加影片

於文件專案最下方空白列選按 ⊕，搜尋欄位輸入關鍵字，再選按 **視訊**，即可於素材清單中選按合適的影片插入。將滑鼠指標移到影片四個角落白色控點上呈 ↔ 狀，拖曳就可以調整大小，選按 ▶ 即可觀看影片。

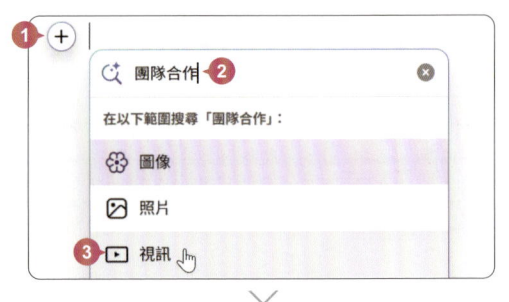

7-14

PART
08

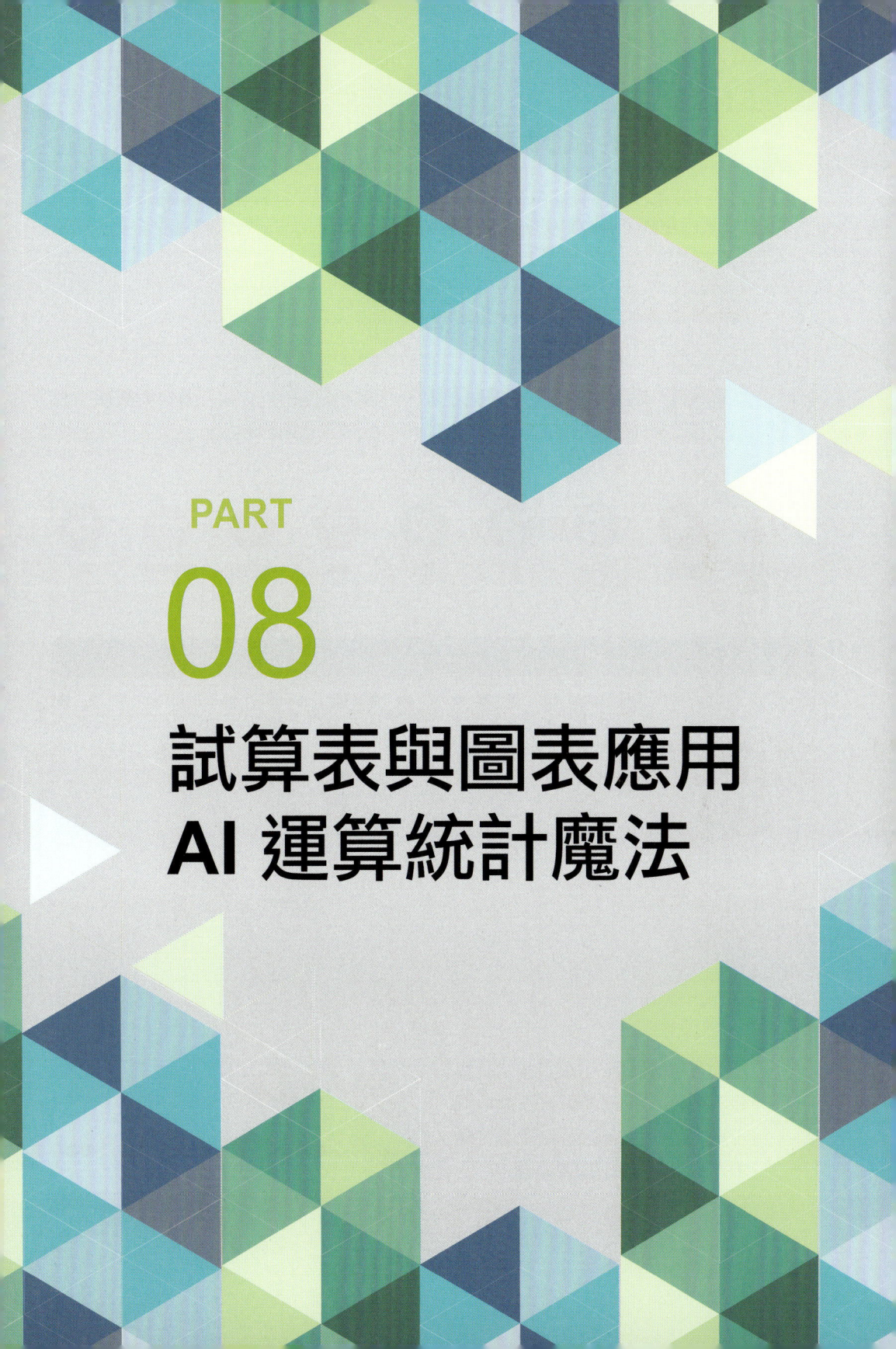

試算表與圖表應用
AI 運算統計魔法

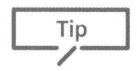

Tip 1　Canva 試算表新體驗

Canva 試算表結合直覺式操作與 AI 智能，讓你輕鬆整理與統計資料，還可套用多款主題範本，快速打造專業視覺化報表。

STEP 01　Canva 首頁上方，選按 **試算表** 類別，會開啟該類別專案編輯區。

STEP 02　試算表任一儲存格上按一下滑鼠左鍵，可直接於儲存格中輸入資料與數據；透過上方工具列可套用格式與啟用 AI 操作，左側則是側邊欄功能。

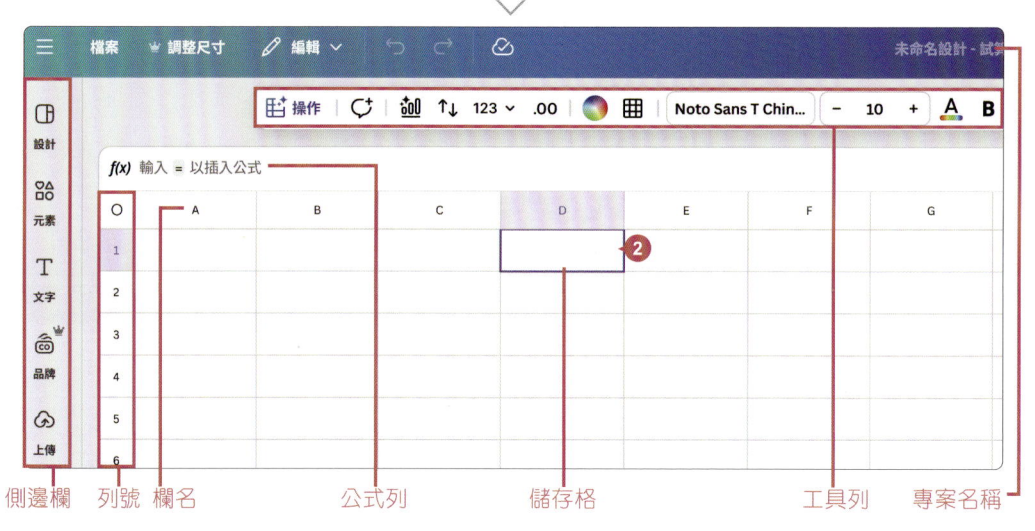

Instagram 貼文 (方形)　教育版　試算表（建立新資料夾）　文件　白板　簡報　社群媒體　照片編輯器　影片

側邊欄　列號　欄名　公式列　儲存格　工具列　專案名稱

STEP 03　至側邊欄 **設計**，可看到各式主題範本或輸入關鍵字快速篩選相關主題，選按合適的範本套用，再填入資料與數值即完成報表。

■ 8-2

Tip 2 用 AI 快速建立試算表內容

只需輸入主題與目的描述，由 AI 快速產生對應的欄列結構與資料內容。可多次微調細節，選擇最符合需求的版本插入試算表。

STEP 01 開啟試算表專案，選按 A1 儲存格，工具列選按 **操作 \ 產生表格**。

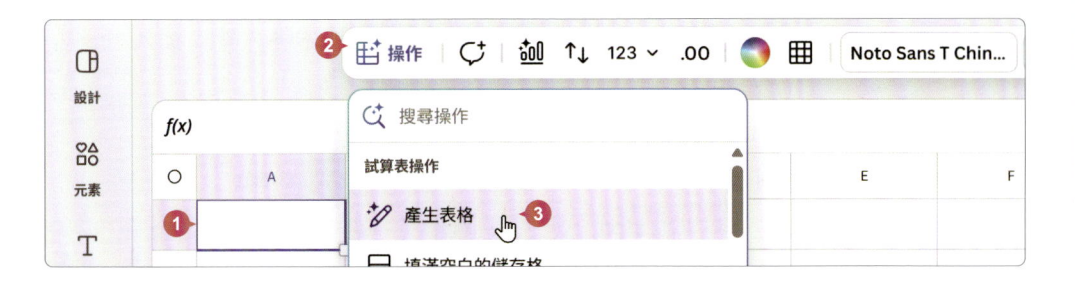

STEP 02 **魔法文案工具** 對話框中可直接輸入主題與內容的描述；或於下方清單選擇最接近的主題，再調整或加強描述內容，最後選按 **產生** 鈕。

建立表格，方便我管理家庭每月預算。為每個欄位標題加上表情符號。
欄位需有：日期、類別、預算、實支與備註，模擬六筆記錄資料。

小提示

讓 AI 懂你想要什麼：試算表生成的關鍵描述

要讓 AI 精準生成試算表內容，建議描述時提列主題、欄位、資料格式、筆數、分析需求…等關鍵資訊，才能快速產出實用且貼合需求的表格。

STEP 03 　**魔法文案工具** 對話框中會看到生成的表格內容，若不合適可再選按 **更多類似的範本** 鈕重新生成，或選按 **類似但** 鈕調整描述再次選按 **產生** 鈕產生。

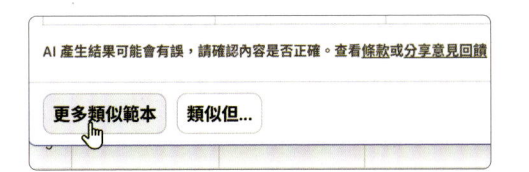

STEP 04 　若重新生成，**魔法文案工具** 對話框左上角會看到目前產生的版本數，選按 **<** 或 **>** 可切換瀏上一版本與下一版本的內容，切換至合適的版本後，選按 **插入** 鈕。

日期	類別	預算	實支	備註
2023/01/01	食品	$500	$450	購買雜貨
2023/01/05	交通	$200	$180	公共交通
2023/01/10	娛樂	$300	$320	看電影
2023/01/15	衣物	$400	$390	購買新衣
2023/01/20	健康	$250	$260	健身房會員
2023/01/25	其他	$150	$140	雜項支出

STEP 05 　產生的內容將插入目前作用儲存格，並自動套用合適的格式與底色，可依該內容調整為實際的資料項目與數值，輕鬆完成第一份試算表。

	A	B	C	D	E
1	日期	類別	預算	實支	備註
2	2023年1月1日	食品	$500	$450	購買雜貨
3	2023年1月5日	交通	$200	$180	公共交通
4	2023年1月10日	娛樂	$300	$320	看電影
5	2023年1月15日	衣物	$400	$390	購買新衣
6	2023年1月20日	健康	$250	$260	健身房會員

Tip 3 匯入 Excel 與 CSV 資料

Canva 試算表支援匯入 Excel 與 CSV 檔案，無縫整合既有資料，一鍵轉換為可編輯格式。

STEP 01 開啟試算表專案，命名為：「團購明細表」。選按 A1 儲存格，工具列選按 **操作 \ 匯入資料**。

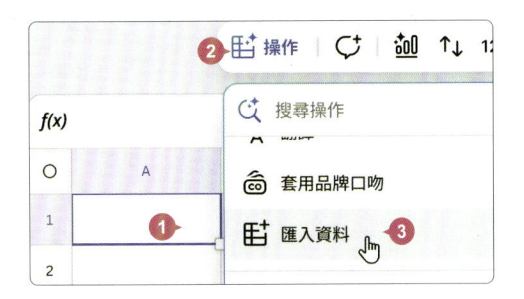

STEP 02 選按 **上傳資料** 鈕，在此可上傳 Excel 與 CSV 檔案類型，指定存放路徑與檔案項目後，選按 **開啟** 鈕。

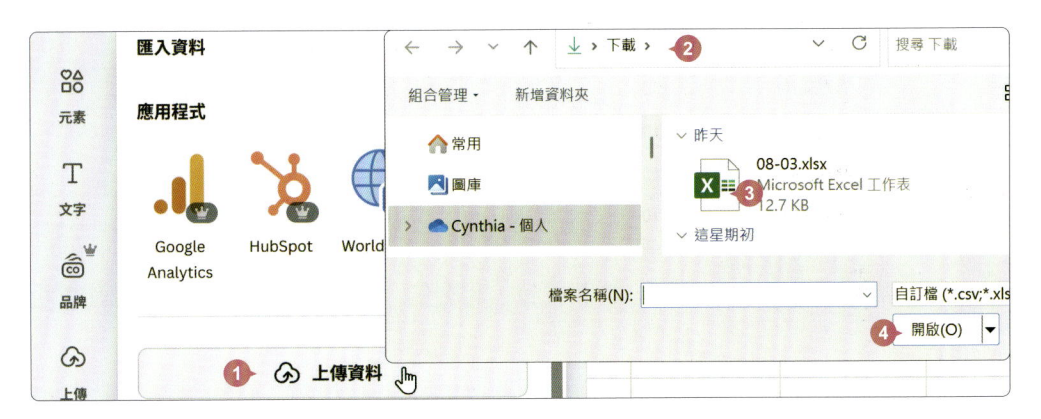

STEP 03 至側邊欄 **專案**，可看到上傳的檔案，選按該項目，再選按 **取代目前頁面** 鈕。

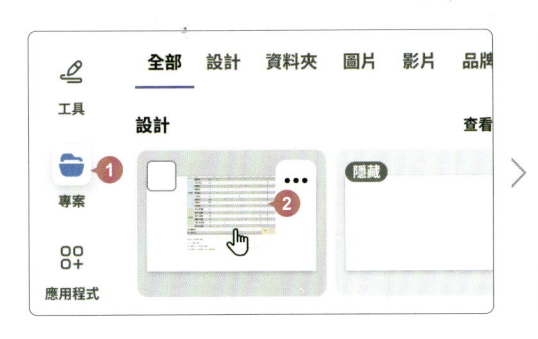

8-5

STEP 04 試算表中已插入該檔案的資料內容,並保留原有的資料結構、儲存格填色與公式設定,選按儲存格可直接編修內容。

	A	B	C	D	E	F	G	H	I	J
	類別	產品	單價	張欣怡	唐子駿	蔡國泰	汪志文	陳均堯	吳文傑	賴俊良
2		香蔥蛋捲	160							
3		巧克力蛋捲	110							

f(x) 張欣怡

STEP 05 試算表中選按原 Excel 檔案有建立公式的儲存格,可看到公式仍完整保留。

f(x) = SUM(D2:J2)

	A	B	C	D	E	F
1	類別	產品	單價	張欣怡	唐子駿	蔡國泰
2		香蔥蛋捲	160	2		
3		巧克力蛋捲	110			
4		原味蛋捲	110			
5		海苔蛋捲	110			

	J	K	L	M
1	賴俊良	數量	小計	
2		2		
3		0		
4	2	9		
5		0		

STEP 06 當變更或新增各員工的訂購數量時,相對的 "數量" 值也會依公式自動重新計算。

f(x) 3

	A	B	C	D	E	F
1	類別	產品	單價	張欣怡	唐子駿	蔡國泰
2		香蔥蛋捲	160	2		
3		巧克力蛋捲	110			
4		原味蛋捲	110			5
5		海苔蛋捲	110			
6	蛋捲類	咖啡蛋捲	120	5		
7		抹茶蛋捲	130			
8		芝麻蛋捲	130		2	3

	J	K	L	M
1	賴俊良	數量	小計	
2	3	5		
3		0		
4	2	9		
5		0		
6		9		
7		8		
8		5		

Tip 4 新增、刪除列和欄與合併儲存格

試算表中，可輕鬆新增或刪除列與欄，並支援合併儲存格，方便整理表格結構與美化版面，操作直覺快速。

STEP 01 新增列和欄：開啟試算表專案，任一儲存格上按滑鼠右鍵 \ **新增列/欄**，再選按要向上、向下新增 1 列或向左、向右新增 1 欄。

STEP 02 刪除列和欄：任一儲存格上按滑鼠右鍵 \ **刪除 1 列** 或 **刪除 1 欄**，即可刪除該儲存格所在列或欄。

STEP 03 合併儲存格：選取欲合併的儲存格後，於選取範圍內任一儲存格上按滑鼠右鍵 \ **合併儲存格**，即可將選取的儲存格合併為一個；選按 **取消合併儲存格**，即可分開已合併的儲存格。

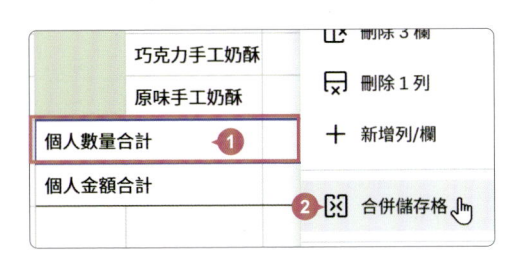

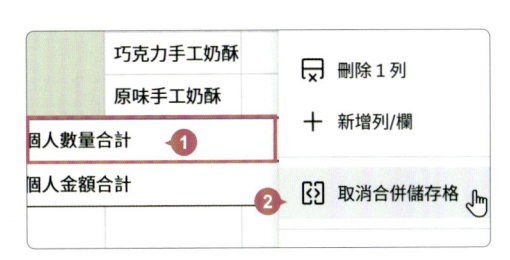

8-7

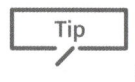

Tip 5 新增及刪除工作表

試算表支援在同一個專案中新增多個工作表，可依不同主題分類與整理。例如可分別建立 "銷售月細表"、"顧客資料表"、"圖表分析"...等。

STEP 01 開啟試算表專案，選按畫面右下角 **頁面**，開啟頁面縮圖。於第一頁縮圖右上角選按 ⋯，可於選單變更此工作表名稱。

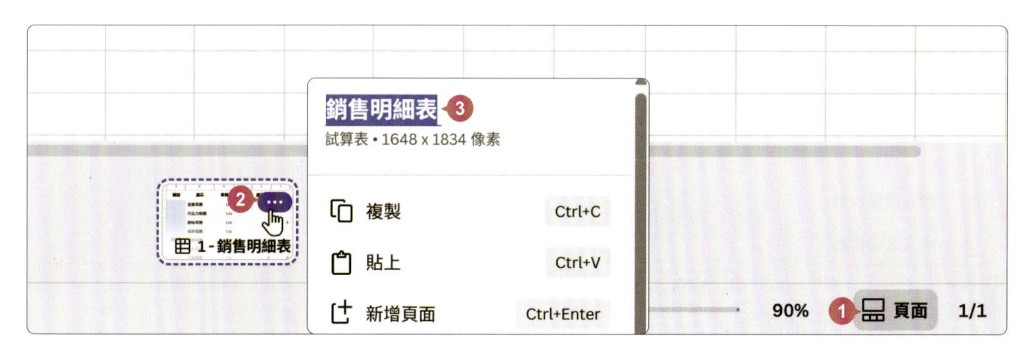

STEP 02 於頁面縮圖列選按 **+** 新增頁面，會產生第二個工作表。同樣的，於第二頁縮圖右上角選按 ⋯，可於選單變更此工作表名稱，也可複製、刪除頁面。

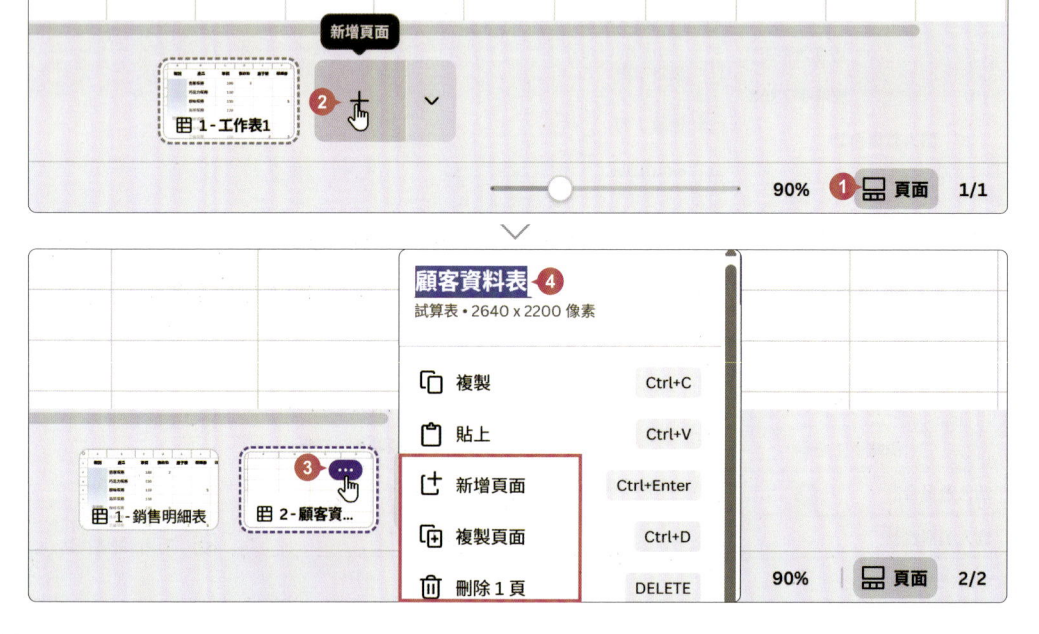

8-8

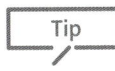

Tip 6 用 "魔法文案工具" 修正資料

試算表常見錯字、格式不統一、日期年份...等問題,透過 "魔法文案工具" 可快速修正資料內容,提升報表整體正確性與專業感。

Canva 與 Excel 類似,皆將試算表中的資料分為文字、數值與日期三種型態:

- **文字型態**:儲存格內容可包含文字、數字或符號,預設靠左對齊。
- **數值型態**:儲存格僅輸入純數字,預設靠右對齊。若需進行加總、平均等公式運算,內容必須為數值型態,否則無法正確計算。

以下透過 "魔法文案工具" 完成二項調整:首先刪除 "預算" 與 "實支" 二欄資料中的 "$" 符號,變更為數值型態;接著調整 "日期" 欄位中的年份與月份。

刪除指定內容

STEP 01 開啟試算表專案,該工作表中的 "預算" 與 "實支" 欄位,其金額前的 "$" 為手動輸入,因此系統將這些欄位辨識為文字型態。為了能正確套用數值格式並進行後續運算,需先刪除 "$" 符號。選取要調整的儲存格範圍,工具列選按 **操作 \ 魔法文案工具**。

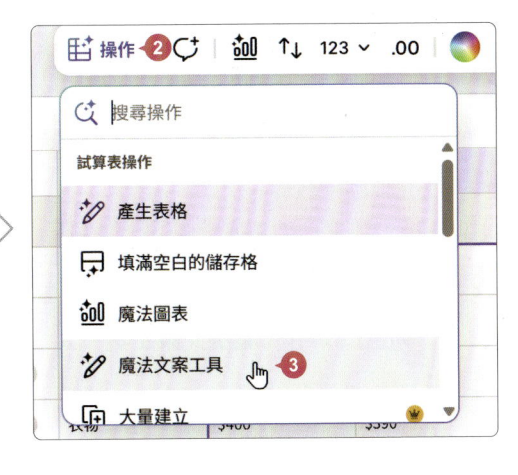

STEP 02 對話框中輸入描述後,選按 ⬆ 鈕送出,再選按 **插入** 鈕。

Prompt 💬

刪除 $ 符號

6	2023年1月20日	健康	$250	$260	健身房會員
7	2023年1月25日	其他	$150	$140	雜項支出
8			刪除 $ 符號 ❶		❷ ↑
9					

↓

5	250		260	
6	150		140	
7	AI 產生結果可能會有誤，請確認內容是否正確。查看條款或分享意見回饋。
8	更多類似範本　類似但...			❸ 插入 Enter

STEP 03 完成調整後，會看到 "預算" 與 "實支" 二欄資料已依描述將 $ 符號刪除，因此資料值會被視為數值型態且呈靠右對齊。

預算	實支	備註
500.00	450.00	購買雜貨
200.00	180.00	公共交通
300.00	320.00	看電影
400.00	390.00	購買新衣
250.00	260.00	健身房會員
150.00	140.00	雜項支出

變更指定內容

STEP 01 選取要調整的儲存格範圍，在此選取 "日期" 欄下方的資料，工具列選按 **操作 \ 魔法文案工具**。

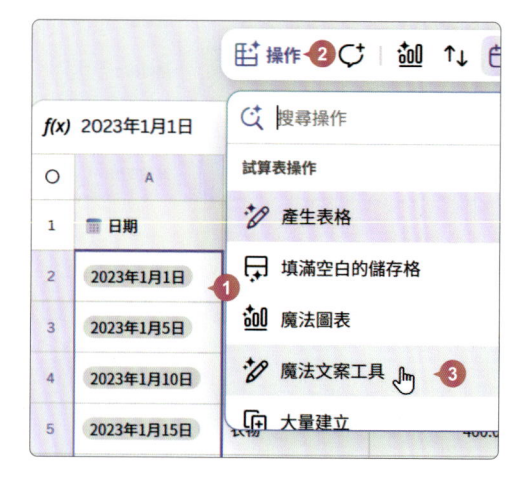

■ 8-10

STEP 02 此處要調整日期資料，對話框中輸入描述後，選按 ⬆ 鈕送出，再選按 **插入** 鈕。

Prompt
年份調整為 2025 年，月份調整為 10 月。

1	📅 日期	📁 類別	💰 預算	💚 實支	📝 備註
2	2023年1月1日	食品	500.00	450.00	購買雜貨
3	2023年1月5日	交通	200.00	180.00	公共交通
4	2023年1月10日	娛樂	300.00	320.00	看電影
5	2023年1月15日	衣物	400.00	390.00	購買新衣
6	2023年1月20日	健康	250.00	260.00	健身房會員
7	2023年1月25日	其他	150.00	140.00	雜項支出

年份調整為 2025 年，月份調整為 10 月 ❶ ❷ ⬆

2025年10月25日

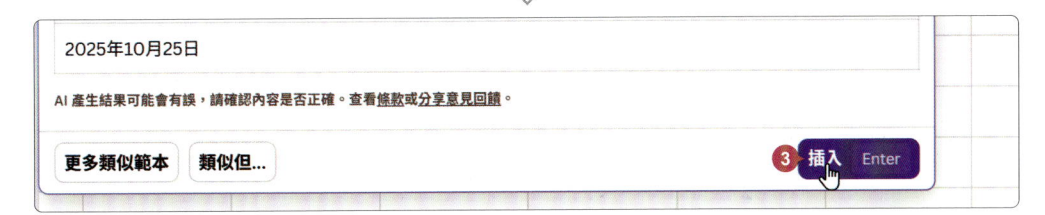

AI 產生結果可能會有誤，請確認內容是否正確。查看條款或分享意見回饋。

更多類似範本 類似但... ❸ **插入** Enter

STEP 03 完成調整後，會看到 "日期" 欄的年份與月份已依描述變更。

1	📅 日期	📁 類別	💰 預算	💚 實支	📝 備註
2	2025年10月1日	食品	500.00	450.00	購買雜貨
3	2025年10月5日	交通	200.00	180.00	公共交通
4	2025年10月10日	娛樂	300.00	320.00	看電影
5	2025年10月15日	衣物	400.00	390.00	購買新衣
6	2025年10月20日	健康	250.00	260.00	健身房會員
7	2025年10月25日	其他	150.00	140.00	雜項支出
8					

Tip 7 為資料套用數字、日期格式

Canva 試算表中，套用數字與日期格式能提升報表的可讀性。加上貨幣符號或千分位逗號、統一日期格式，能讓數據更清楚、專業。

STEP 01 開啟試算表專案，選取要套用數值格式的儲存格範圍，工具列選按 **123** \ **幣別** (會依系統所在國家套用預設幣別，若要調整幣別需選按 **更多格式**。)，再於工具列選按 **.00** 調整小數位數。

STEP 02 選取要套用日期格式的儲存格範圍，工具列選按 📅 \ **更多格式**，再於 **日期格式** 標籤選按合適的格式套用。

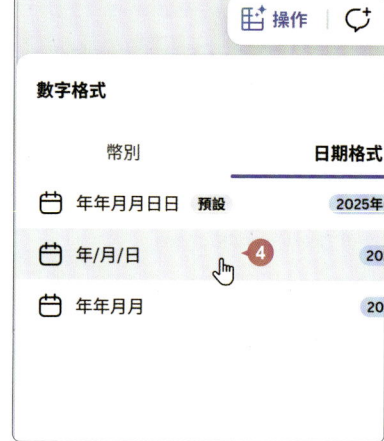

8-12

Tip 8 用公式運算資料數值

試算表中,可透過公式快速計算加總與平均,只需選取範圍並輸入簡單運算公式,或搭配 SUM、AVERAGE...等函數。

四則運算公式

開啟試算表專案,此處要計算 "小計" 值,小計 = 數量 × 單價。選取第一筆料的 "小計" 儲存格,輸入:「= K2*C2」,按 Enter 鍵完成輸入出現小計值。

C	D	E	F	G	H	I	J	K	L	M
單價	張欣怡	唐子駿	蔡國泰	汪志文	陳均堯	吳文傑	賴俊良	數量	小計	
160	2						3	5	=	

C	D	E	F	G	H	I	J	K	L	M
單價	張欣怡	唐子駿	蔡國泰	汪志文	陳均堯	吳文傑	賴俊良	數量	小計	
160	2						3	5	= k2 * c2	
110								0		

公式的延伸複製

將滑鼠指標移至剛剛完成計算的 L2 儲存格右下角,呈白色 + 狀,往下拖曳至最後一筆資料的小計儲存格,再放開滑鼠左鍵。

即會自動複製公式完成計算,可以檢查一下是否正確,選取最後一筆資料的小計儲存格,上方的公式列會顯示依列號調整後的公式:「=K16*C16」。

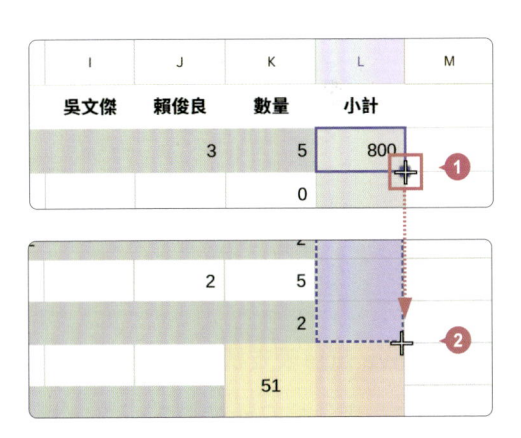

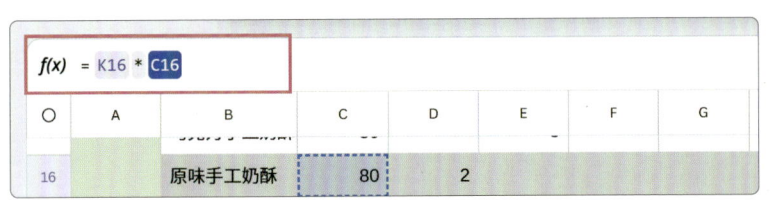

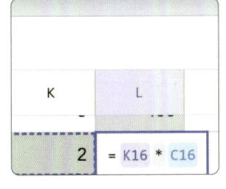

I	J	K	L	M
吳文傑	賴俊良	數量	小計	
	3	5	800	
		0		

		2	5	
			2	
		51		

$f(x)$ = K16 * C16

	A	B	C	D	E	F	G	K	L
16		原味手工奶酥	80	2				2	= K16 * C16

數學與統計函數

Canva 試算表支援大部分常用函式 (數學、邏輯、查找、文字、日期、財務類)，適合日常分析，但尚不支援像 SWITCH、動態陣列…等進階公式。

STEP 01 延續此試算表專案，此處要計算 "小計" 加總值。選取 "小計" 的加總儲存格，輸入：「=」與「sum」加總函數，選按清單中的 **SUM** 函數項目，會出現左括弧與相關說明。

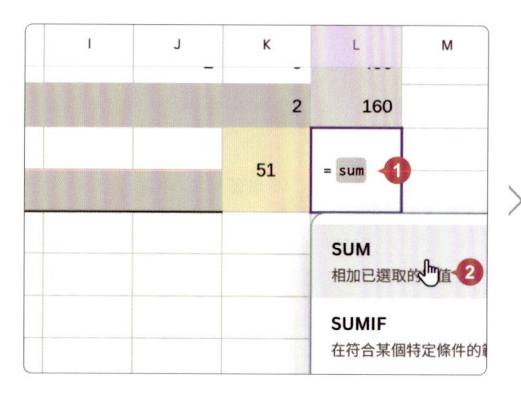

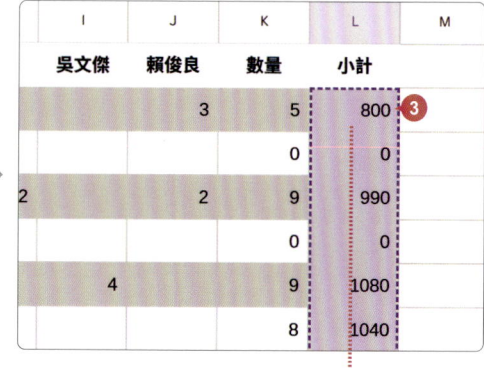

STEP 02 選按 L2 儲存格拖曳至 L16 儲存格，或直接輸入「L2:L16」，按 Enter 鍵會自動補右括弧並完成輸入出現加總值。

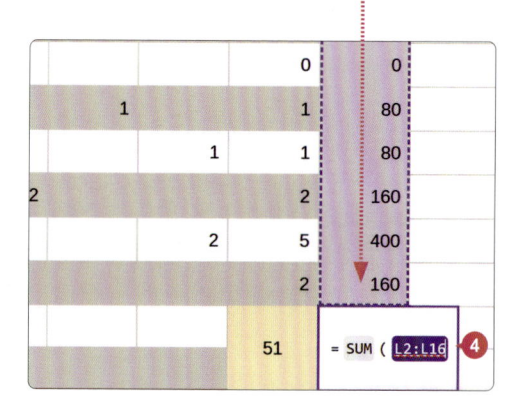

> **小提示**
>
> **Canva 試算表支援的函數**
>
> 想進一步了解 Canva 試算表中支援的函數與實際用法，可參考官方說明頁：https://www.canva.com/zh_tw/help/sheets-functions/。該頁面依功能類型 (如數學、邏輯、查找、文字、日期與時間、財務…等) 分類，清楚列出每個函數的語法格式、說明、參數解釋與應用範例，非常適合初學者與日常分析需求者快速上手。

Tip 9 用 "魔法公式工具" 執行運算任務

不熟悉公式與函數也沒關係！透過 "魔法公式工具"，只需描述你想完成的運算任務，AI 就能幫你撰寫出正確的公式。

簡單描述

STEP 01 開啟試算表專案，選取欲取得運算值的儲存格，在此選取 "個人數量合計" 右側儲存格。工具列選按 **操作 \ 魔法公式工具**，對話框中輸入描述後，選按 ➡ 鈕送出。

Prompt
計算此欄人員的數量合計

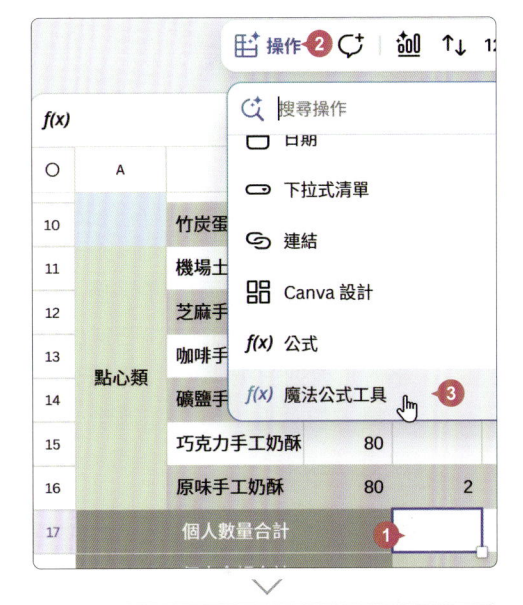

STEP 02 會生成答案與公式，此處需加總該人員的訂購數量，即 D2 至 D16 儲存格內的值，若需要再調整可選按對話框左上角 ← 返回調整描述再送出，若沒問題則選按 **插入** 鈕。

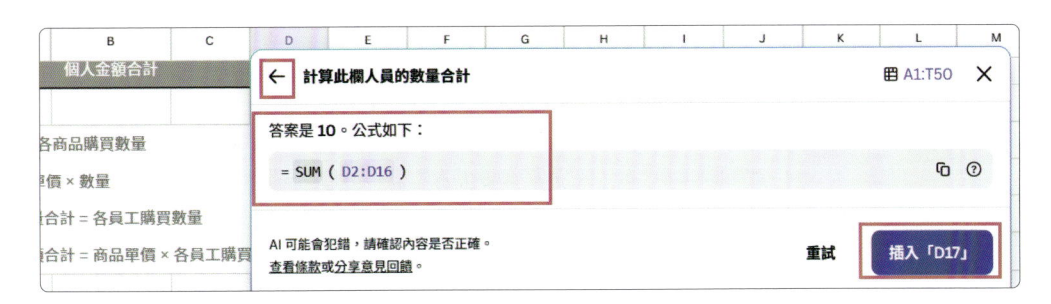

STEP 03 將滑鼠指標移至剛剛完成計算的儲存格右下角，呈白色 + 狀，往右拖曳至最後一位人員的 "個人數量合計" 儲存格，再放開滑鼠左鍵，即會自動複製公式完成計算。

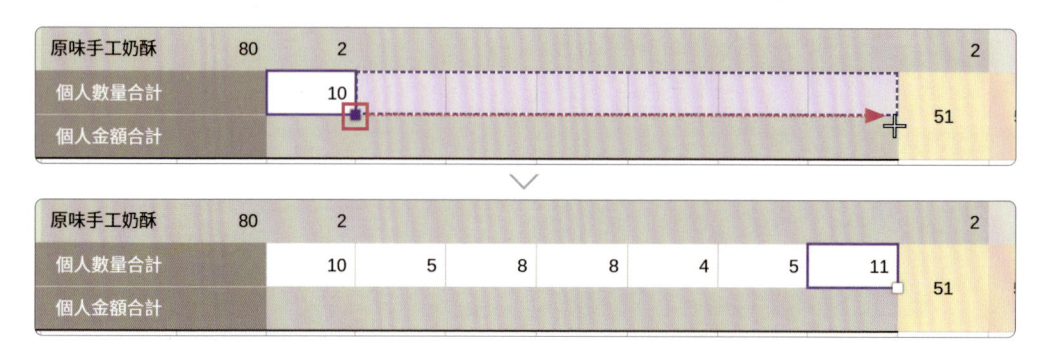

原味手工奶酥	80	2						2
個人數量合計		10						
個人金額合計								51

⬇

原味手工奶酥	80	2						2
個人數量合計		10	5	8	8	4	5	11
個人金額合計								51

加入欄位與任務要求的描述

STEP 01 選取欲取得運算值的儲存格，在此選取 "個人金額合計" 右側儲存格。工具列選按 **操作 \ 魔法公式工具**，對話框中輸入描述後，選按 ➡ 鈕送出。

Prompt 💬
計算個人金額合計，以 "單價" 的值 × 該人員相對購買的產品數量。

操作 ❷ ↻ | 000 ↑↓ 123 ∨ .00

🔍 搜尋操作

📅 日期
🔗 下拉式清單
🔗 連結
🎨 Canva 設計
f(x) 公式
f(x) **魔法公式工具** 👆 ❸

竹炭蛋			
機場土			
芝麻手			
咖啡手			
礦鹽手			
巧克力手工奶酥	80		3
原味手工奶酥	80	2	
個人數量合計		10	5
個人金額合計	❶		

⬇

個人數量合計		10	5	8	8	4	5	11		
個人金額合計									51	

f(x) **魔法公式工具™**

計算個人金額合計，以 "單價" 的值×該人員相對購買的產品數量 ❹

❺ ➡

8-16

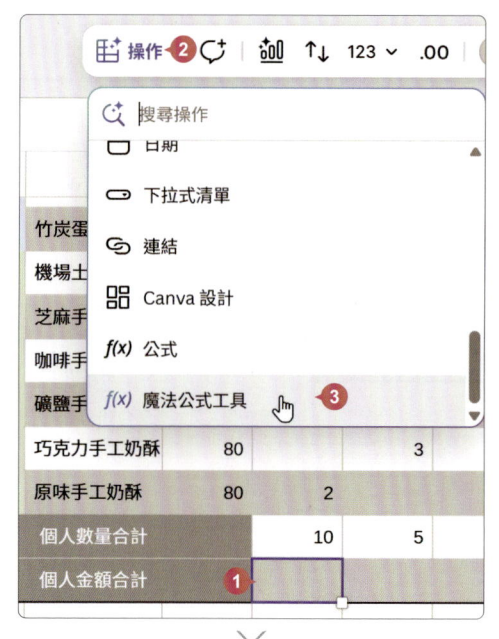

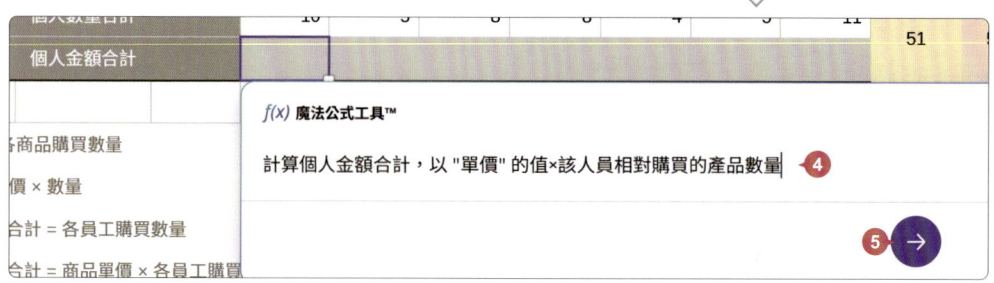

STEP 02 會生成答案與公式，此處需加總該人員每項產品的單價 × 訂購數量，會使用到 SUMPRODUCT 函數，需要再調整可選按對話框左上角 ← 返回調整描述再送出，若沒問題則選按 **插入** 鈕。

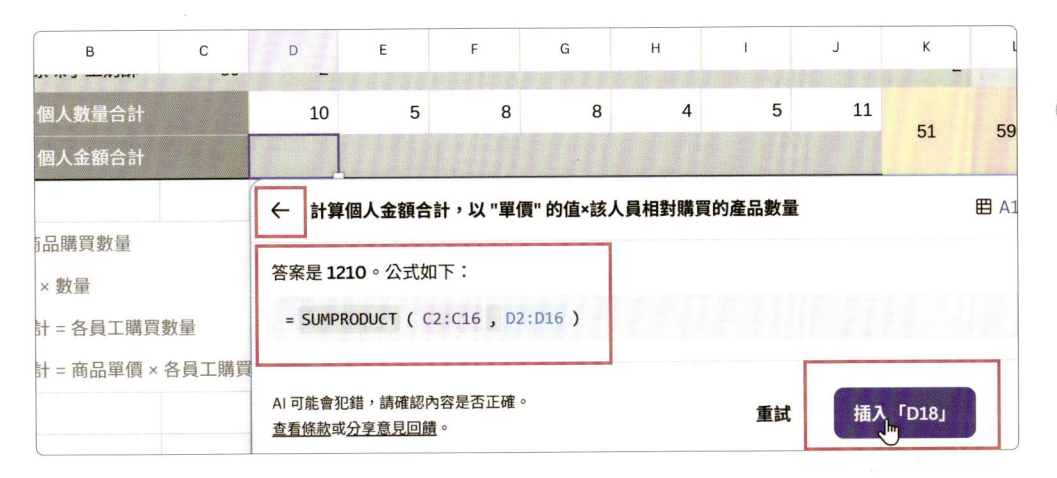

STEP 03 "個人金額合計" 公式中，為確保後續複製並自動填入時運算結果正確，需將 "單價" 的儲存格範圍 C2:C16 設為絕對參照。在公式列中，將其欄名與列號前均加上「$」，調整為 $C$2:$C$16，即可固定該範圍，避免公式偏移導致錯誤。

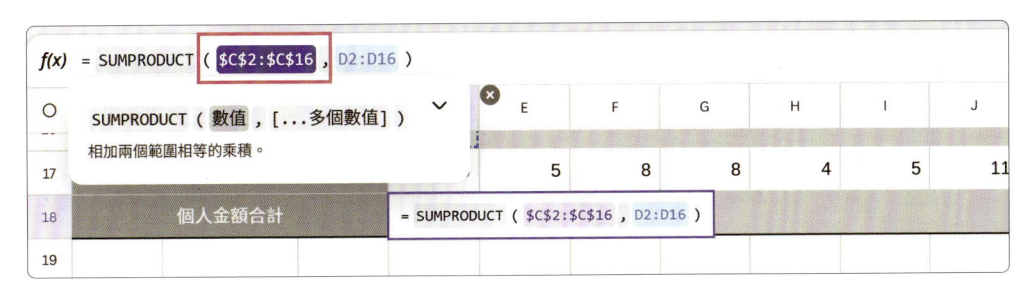

STEP 04 最後將滑鼠指標移至剛剛完成計算的儲存格右下角，呈白色 + 狀，往右拖曳至最後一位人員的 "個人金額合計" 儲存格，再放開滑鼠左鍵，即會自動複製公式完成計算。

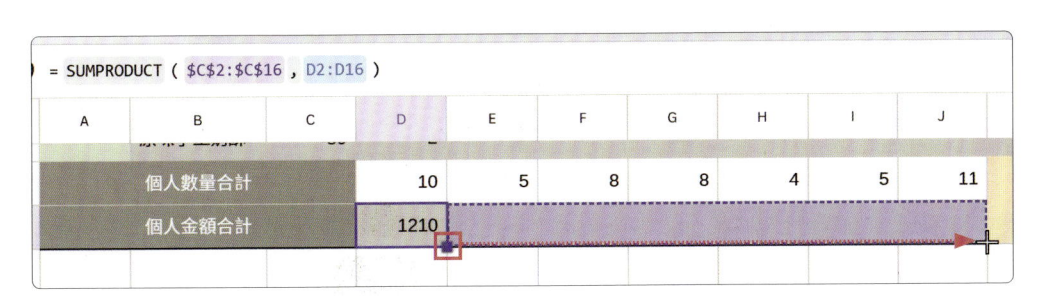

8-17

Tip 10 設計底色與框線優化試算表

善用底色與框線，可大幅提升 Canva 試算表的視覺層次與閱讀清晰度，讓資料呈現更有條理。

STEP 01 開啟試算表專案，選取要套用底色的儲存格範圍，工具列選按 **背景顏色** 開啟側邊欄，指定合適的色彩套用。

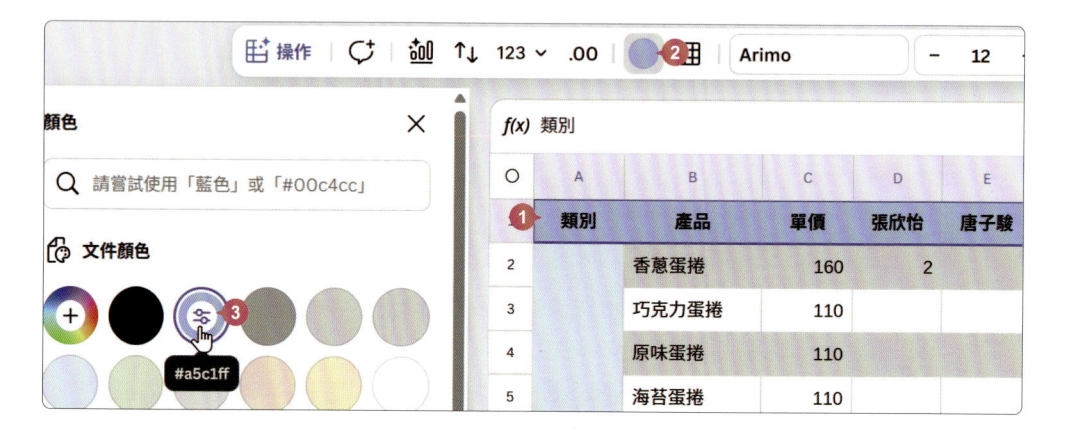

STEP 02 選取要套用框線的儲存格範圍，工具列選按 **框線** 開啟側邊欄，指定要套用的框線類型 (田、回、囲...等)，再設定樣式與粗線，以及合適的色彩套用。

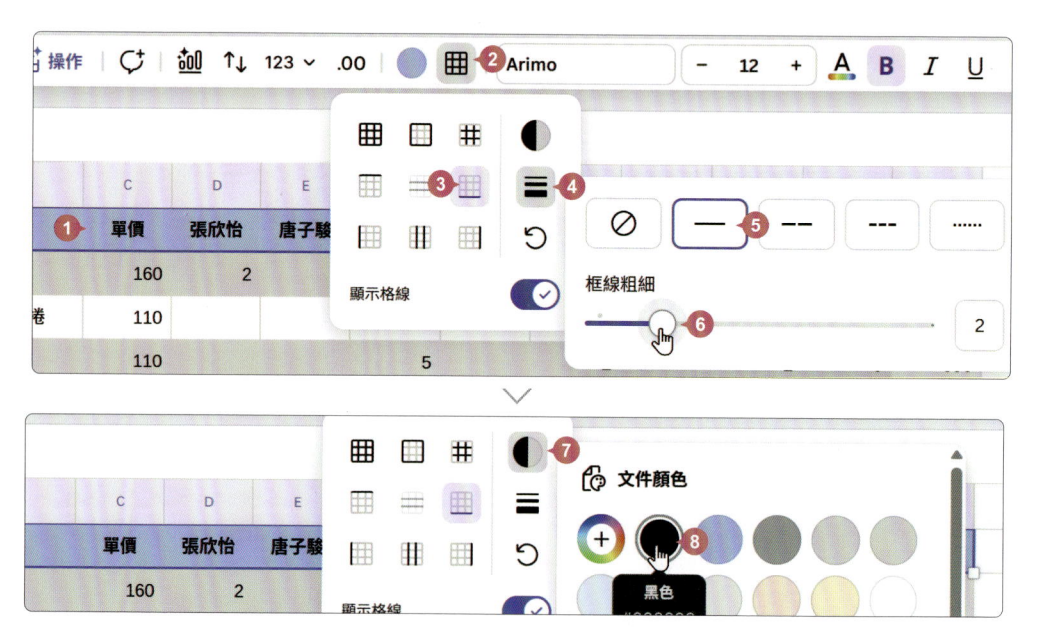

8-18

Tip 11 用 "魔法圖表" 快速視覺化

魔法圖表 功能可自動根據試算表中的資料數據生成圖表,無需手動設定,AI 即可幫你完成。

依試算表建立圖表

開啟試算表專案,選取欲轉換為圖表的儲存格範圍,工具列選按 **操作 \ 魔法圖表** 開啟側邊欄,AI 將自動依據所選資料生成最合適的圖表類型。

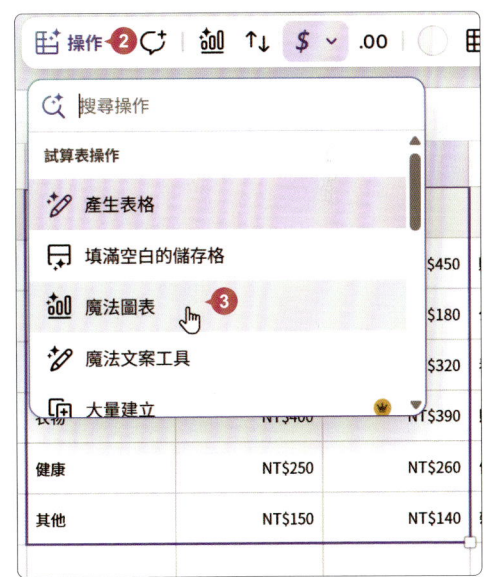

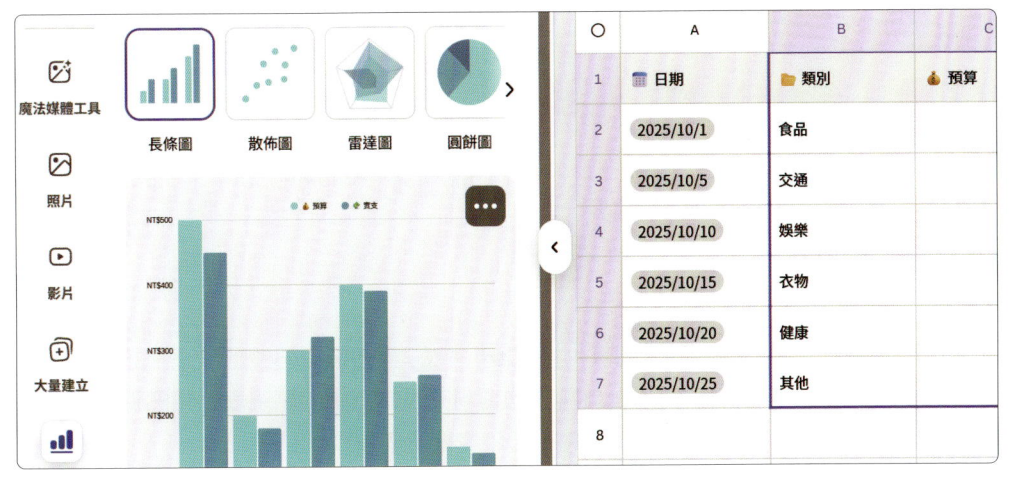

將圖表添加至目前的工作表

於側邊欄圖表上方按一下滑鼠左鍵,會將圖表添加目前工作表中。滑鼠移至圖表上方可拖曳調整位置,透過四個角落與邊緣的控點可縮放圖表大小。

將圖表添加至新的頁面

於側邊欄圖表右上角選按 **⋯ \ 新增圖表至新簡報頁面**,會新增一簡報頁面並添加該圖表。滑鼠移至圖表上方可拖曳調整位置,透過四個角落與邊緣的控點可縮放圖表大小。

將圖表添加至其他專案

選取已添加於工作表或新頁面的圖表,按 `Ctrl` + `C` 鍵複製,再開啟欲添加該圖表的專案按 `Ctrl` + `V` 鍵貼上即可。(由於該圖表的資料來源為目前的試算表,若刪除此試算表專案會出現 "無法存取資料來源" 的訊息,但不影響圖表呈現。)

8-20

Tip 12 設計圖表樣式與元素

善用圖表樣式與元素設計功能，不僅能提升視覺美感，更能強化資料傳達效果，提升圖表專業性。

變更圖表類型

開啟試算表專案，切換至第 2 頁。選取圖表，工具列選按 **編輯** 開啟側邊欄，選按上方清單鈕，可選擇合適的**圖表類型**套用，此範例選按 **橫條圖**。

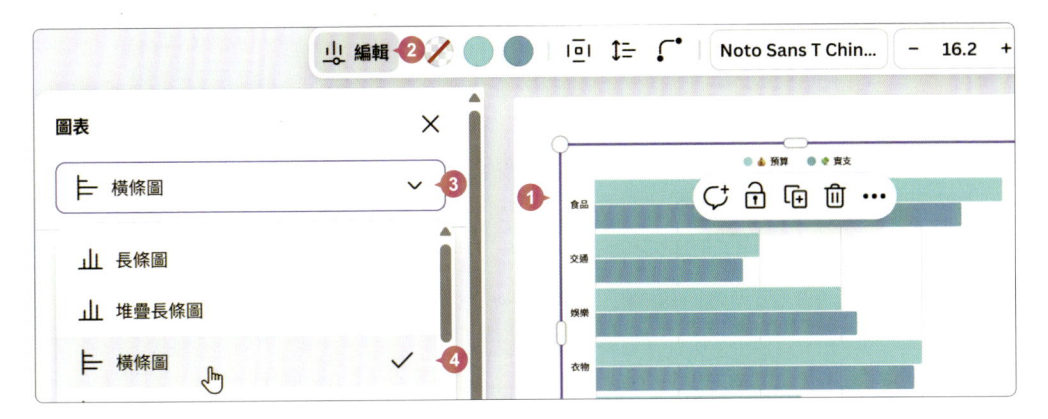

調整圖表樣式與顏色

STEP 01 選取圖表，側邊欄選按 **自訂** 標籤可開啟與隱藏此圖表相關樣式：**圖例**、**軸標籤**、**資料標籤**，另可標註 X 軸、Y 軸標題；不同圖表樣式的設定會稍有差異，此範例以橫條圖示範。

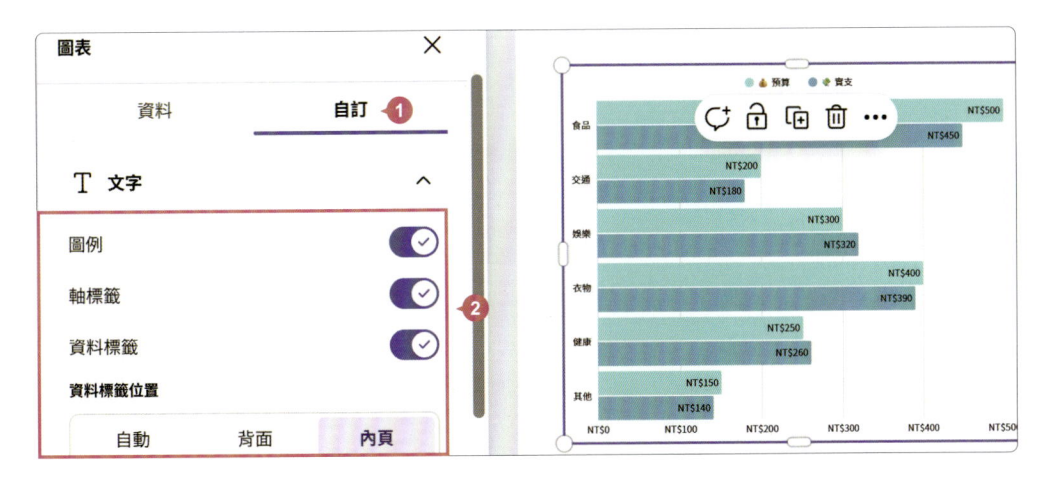

8-21

STEP 02 資料項目都有其代表色，選取圖表，工具列選按 ⬤ 開啟側邊欄，選按合適顏色套用，即可替換資料項目代表色。

STEP 03 部分圖表類型還可以微調樣式，以橫條圖為例，選按 調整資料列間距，選按 調整圓角效果。

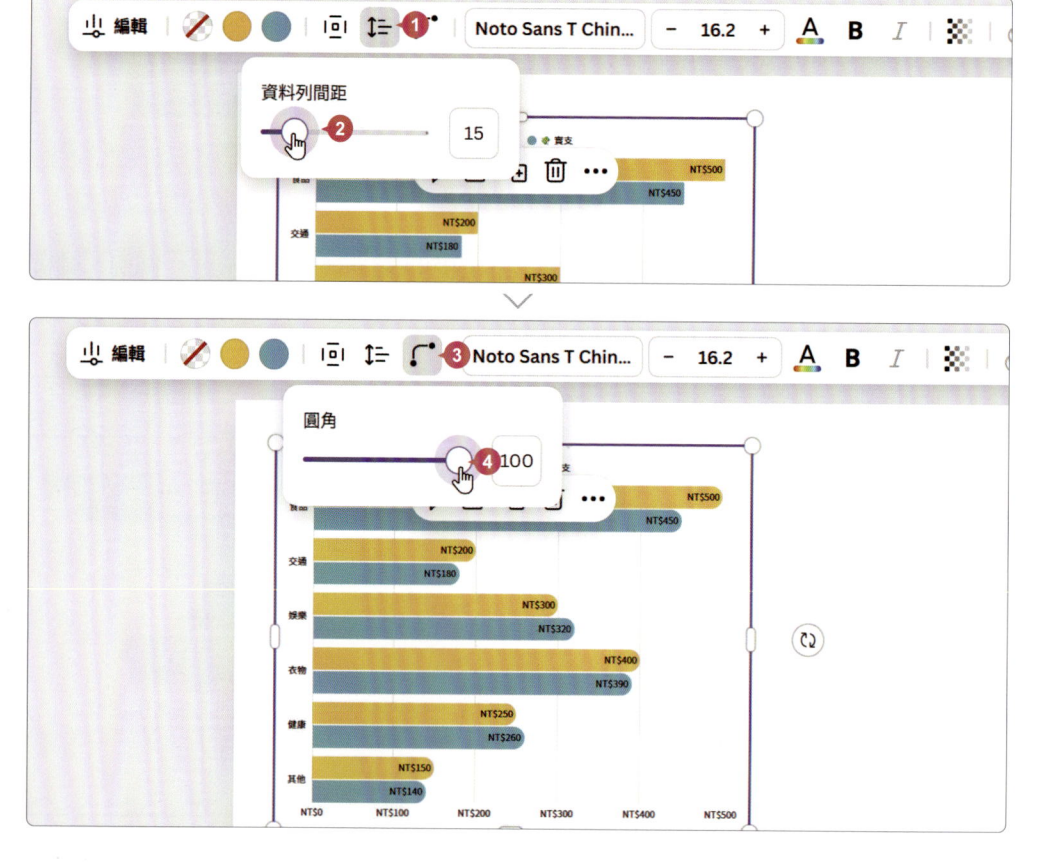

8-22

STEP 04 透過工具列的字型、文字顏色、粗體，可統一調整圖表文字顏色與格式。

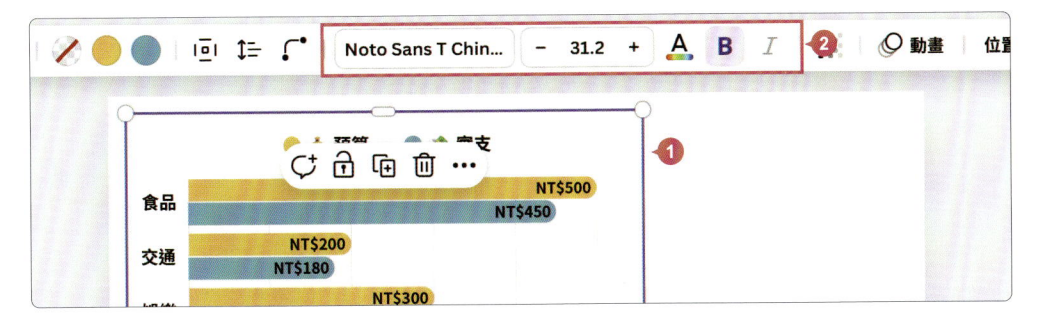

設計背景與標題

最後，至側邊欄 **應用程式** 選按 **背景**，從各主題背景樣式中選按合適項目，為圖表增添視覺背景。再至側邊欄 **文字**，為該頁圖表加入標題，使版面更完整。

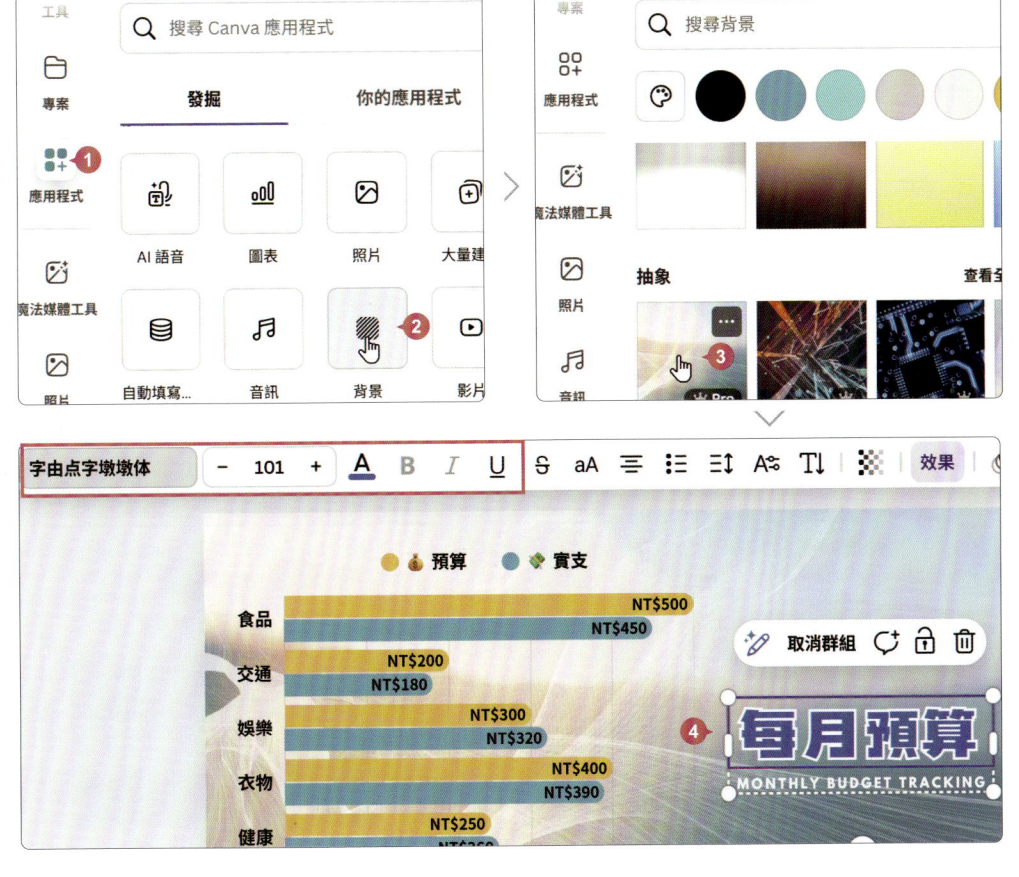

8-23

Tip 13 用篩選器呈現互動式圖表資料分析

為圖表建立篩選器，可以依使用者需求快速切換資料視角，透過互動式篩選，讓圖表不再只是展示，而是成為靈活分析的工具。

STEP 01 開啟試算表專案，選取圖表，工具列選按 **編輯** 開啟側邊欄。選按 **自訂** 標籤 \ **設定**，再於 **濾鏡** 右側選按 **新增** 鈕。

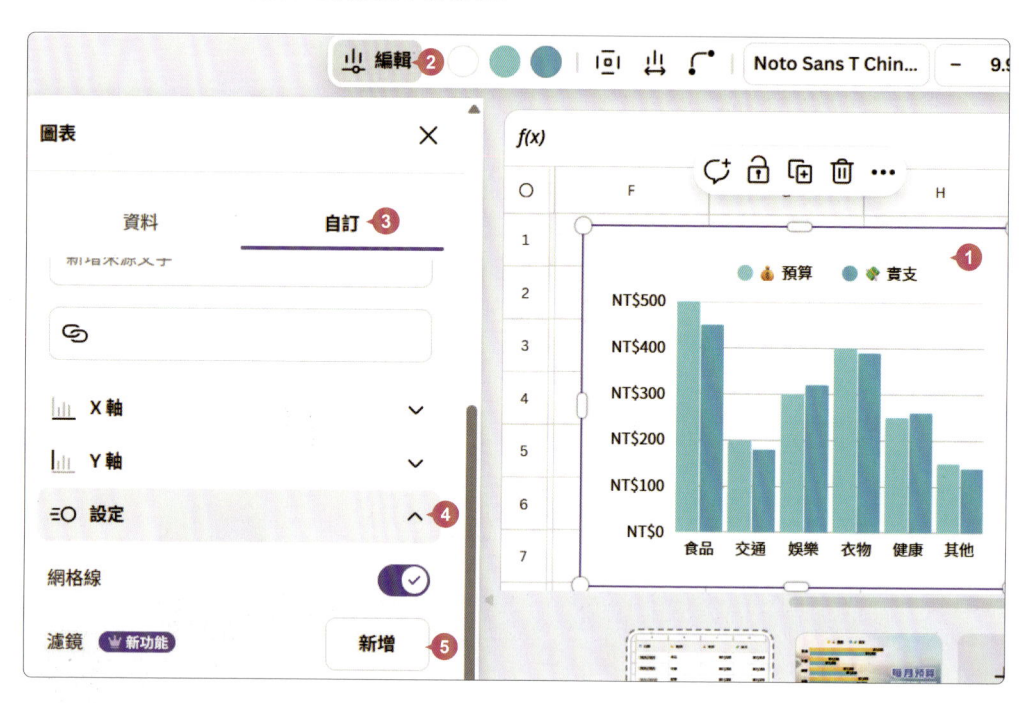

STEP 02 接著於 **選擇資料** 指定篩選器項目，**樣式** 指定類型，還可再指定 **互動狀態顏色** 與是否開啟 **可複選**，這樣一來即完成圖表的篩選器建立。

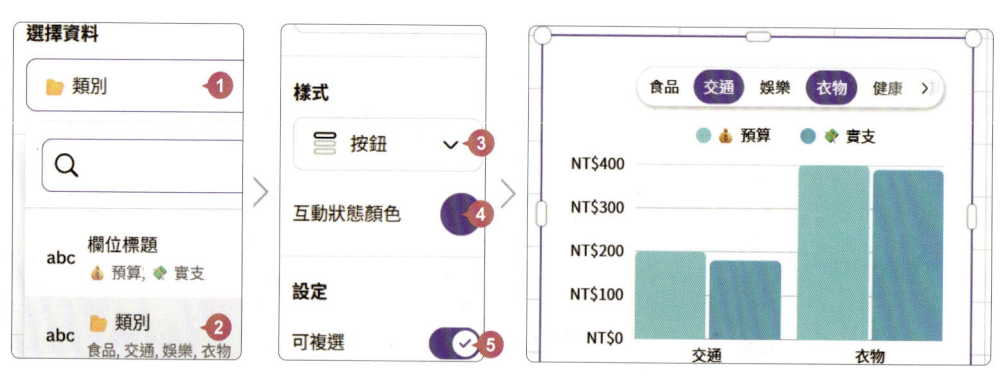

8-24

Tip 14 套用圖表與試算表範本快速完成專案

想快速完成特定主題的數據整理、運算與圖表呈現！Canva 提供多款圖表與試算表範本，只需套用並填入資料，即可自動完成格式設計與公式設定。

STEP 01 首頁選按 **範本**，對話框輸入：「chart」，按 Enter 鍵開始搜尋，即會顯示以圖表為主題的設計範本；也可輸入以下關鍵字搜尋：Bar Chart (長條圖)、Pie Chart (圓餅圖)、Line Chart (線圖與面積圖)、Table Chart (表格式圖表)、Dashboard (數據儀表板)。

選按合適的範本，再選按 **自訂此範本** 鈕，即可套用範本並開啟專案編輯模式。依前述圖表編輯方式進行調整，並在 **資料** 標籤輸入自己的資料數據，即可完成專屬圖表設計。

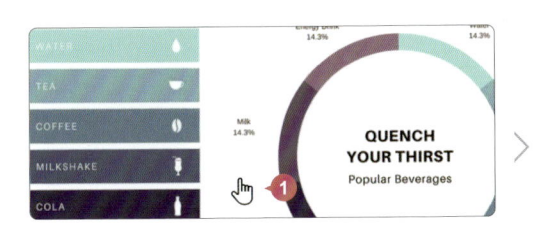

STEP 02 首頁選按 **範本**，設計類型選按 **試算表**，對話框輸入主題關鍵字「project」，按 Enter 鍵開始搜尋，即會顯示該主題的試算表範本；同樣的，選按合適的範本，再選按 **自訂此範本** 鈕，即可套用範本並開啟專案編輯模式。

Tip 15 試算表中建立下拉式選單

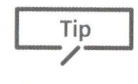

試算表中建立下拉式選單，不僅能統一輸入內容、避免錯誤，還能提升資料整理效率，適合用於狀態分類、進度管理...等應用情境。

STEP 01 開啟試算表專案，在此要將 "類別" 內既有的資料設計為下拉式選單，以方便後續資料建立。選按 B 欄欄名，選取整欄，工具列選按 **操作 \ 下拉式清單 \ 建立下拉式清單**。

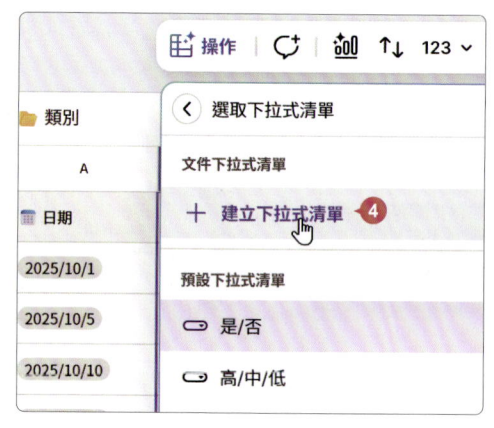

STEP 02 轉換為下拉式清單後，原 B 欄，"類別" 下的資料都轉換為下拉式清單。這樣一來可透過清單調整類別項目，新的資料也可透過清單選擇合適的類別項目。(如需增加新的項目，可選按下拉式清單方的 **+ 新增新選項**。)

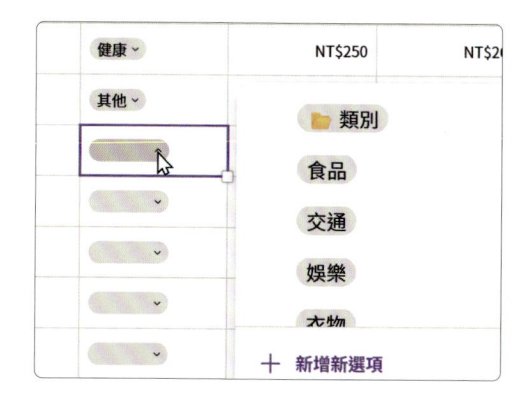

8-26

PART
09

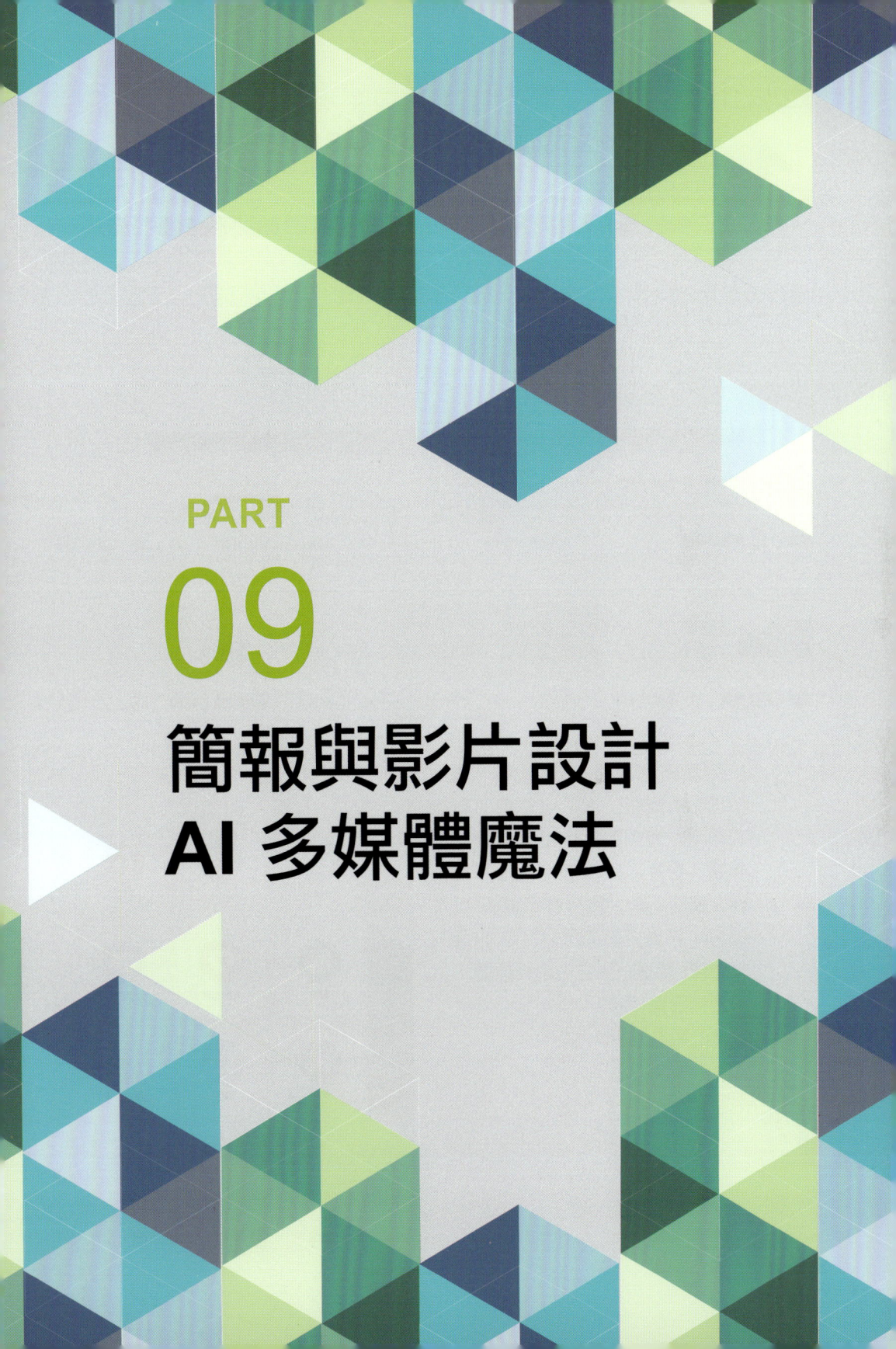

簡報與影片設計
AI 多媒體魔法

Tip 1　包含多種設計類型的 Canva 專案

將不同的頁面類型如：簡報、網頁、影片...等，整合在一份專案中，簡報說明的同時，也能瀏覽文件資料或於白板互動，讓訊息整合與團隊溝通更高效。

建立多元設計

STEP 01 開啟專案，若未開啟頁面縮圖，於畫面右下角選按 **頁面** 顯示頁面縮圖。

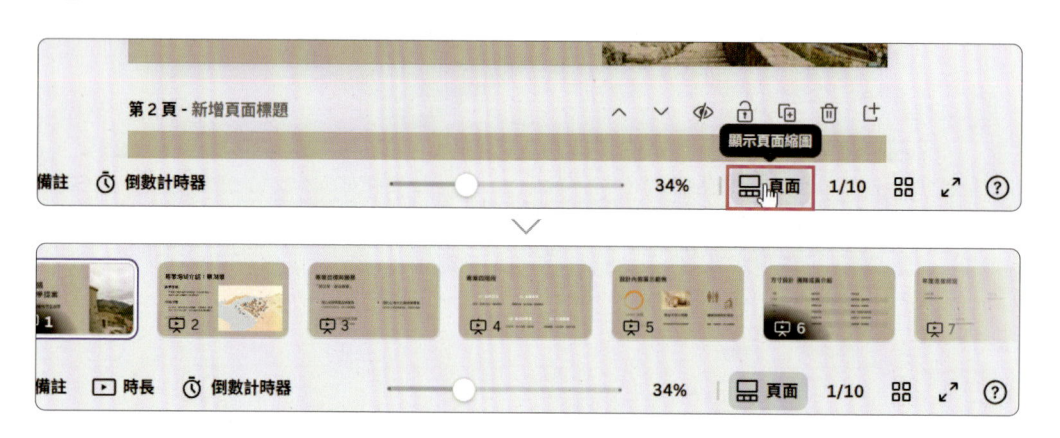

STEP 02 於頁面縮圖最後一頁右側，選按 ∧ 清單鈕，顯示可新增的頁面類型，其中包括：**簡報**、**社群媒體**、**影片**、**試算表**、**白板**、**文件**、**網站**...等；選按 **顯示更多** 可以自訂新增頁面的尺寸；在此選按 **白板** 新增一頁空白白板頁面。可至側邊欄 **設計**，為此頁面套用合適的範本與增添內容。

9-2

STEP 03 新增的頁面可拖曳至原有頁面之間，靈活穿插與重新排列。

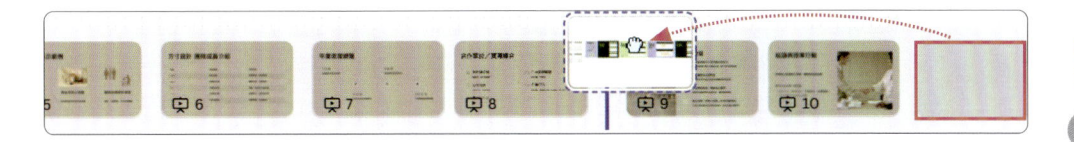

STEP 04 再依相同步驟，新增其他類型的頁面，在此新增 **文件** 類型頁面並進一步設計所需內容。

多重設計的限制

Canva 只允許匯出與所選檔案類型相容的頁面。如果設計中包含不同的頁面類型，則需分別選擇對應的檔案格式進行下載。以下說明包含多種設計類型的專案限制事項：

項目	頁面相容性
轉場套用	相同類型的頁面之間，才可套用轉場效果，例如：在兩個簡報頁面之間；簡報頁面和白板頁面之間無法套用轉場效果。 特定頁面類型不支援轉場效果，如：白板、試算表、文件和網站。
頁面下載	當專案中整合了多種類型的頁面時，部分下載格式將無法完整匯出所有頁面。例如此範例包含 "文件" 與 "白板" 頁面的簡報專案，僅在選擇 PDF 檔案類型時，才能下載全部頁面；若選擇 JPG、PPTX ...等格式，將排除無法支援的頁面，並於 **請選擇頁面** 自動核選可下載的頁面。
簡報展示	簡報、網站頁面支援以全螢幕展示；文件、試算表頁面尺寸超過全螢幕顯示高度，則可向下捲動瀏覽詳細內容；特定互動功能無法於展示模式下運作，如：編輯白板。
以公開檢視連結瀏覽	簡報、文件、試算表與網站頁面皆能以公開檢視連結瀏覽，若該頁面尺寸超過全螢幕顯示高度，則可向下捲動瀏覽詳細內容；特定互動功能無法於展示模式下運作，如：編輯白板。

Tip 2　簡報的圖文自動排版

版面配置 功能可以為簡報中的文字與圖片，自動產生建議的版面配置，省去設計與排版時間，快速佈置頁面內容。

開啟簡報專案，至側邊欄 **設計** 選按 **版面配置** 標籤，下方清單會針對編輯畫面的內容顯示建議的版面配置，找到合適的版面，選按即完成版面更換。

―小提示―

版面配置隨時更新

版面配置清單會根據頁面文字或圖片的增刪、調整，隨時更換新的版面配置；若為完全空白專案，則會提供該類別專案合適的版面配置。

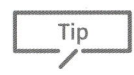

Tip 3　想法結合圖像一鍵生成視覺設計

只需輸入描述，Canva AI 將自動生成多款範本供你選用，並可依需求更換配色、附加照片調整創意，快速讓想法轉變為具體設計。

此功能目前僅支援 Canva 英文介面，於 Canva 首頁左下角選按帳號頭像 \ **設定** 進入帳號設定畫面，選按 **你的個人檔案**，指定 **語言：English (US)**，再如下說明操作：

STEP 01 於 Canva 首頁選按 **Canva AI** 鈕，對話框輸入描述，選按 **Design for me** 鈕，設定設計類型為 **Social media** (社群媒體)，**Format** (格式)：**Instagram Post**。

Prompt
Coffee shop, new product launch posts

STEP 02 於對話框選按 ＋ 開啟 **Add media** 視窗。

STEP 03 於 **Add media** 視窗右上角選按 **Upload files** 鈕開啟對方塊，選取本機檔案，選按 **開啟** 鈕上傳；選取已上傳的影像後，再選按 **Use image** 鈕將影像附加至對話框。最後選按 ➡ 送出生成影像。

STEP 04　Canva AI 會回覆並生成一組 (4 個)範本,下方會顯示變更設計方向的建議描述,選按合適的項目可再次生成一組範本;也可以於對話框輸入欲修改的描述送出生成。

STEP 05　選按欲編輯的範本,右側會開啟快速編輯區。

9-6

STEP 06 選按文字方塊,會出現文字輸入框,替換為所需要的內容 (可輸入中文、按 Enter 鍵可分段。),再選按 ✓ 鈕即可 (文字字型、樣式、效果…等編輯,可進入編輯畫面再編修)。

STEP 07 選按 **Color**,於 **Made for this design** (從此設計) 或 **Frome recent designs** (從最近的設計) 標籤選按合適的配色套用,重複選按該配色,會根據配色樣式更換組合。

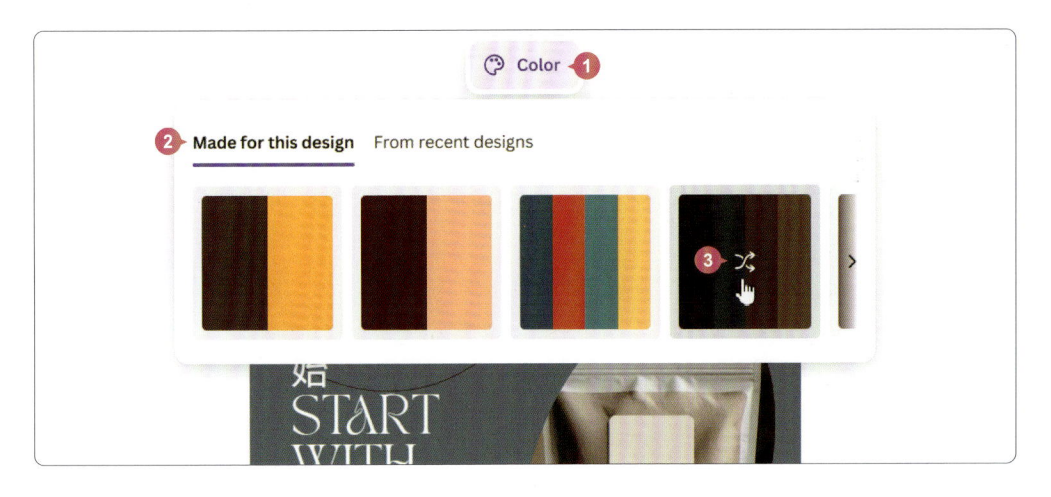

STEP 08 右上角選按 **Use Canva Editor** 鈕,即可於專案編輯模式開啟,進行更詳細的編輯與分享。

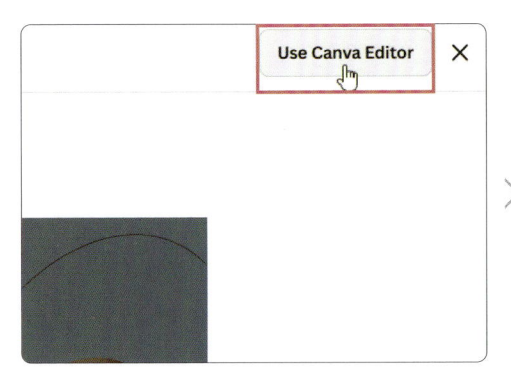

完成以上操作練習,於 Canva 首頁左下角選按帳號頭像 \ **Settings** 進入帳號設定畫面,選按 **Your profile**,指定 **Language**:**繁體中文(台灣)**,即可切換回中文語系介面。

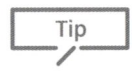

Tip 4 想法結合圖像一鍵生成專業簡報

只需輸入簡單描述，Canva AI 即可將你的想法結合圖像，一鍵生成多款風格一致、吸睛又有說服力的專業簡報。

此功能目前僅支援 Canva 英文介面，於 Canva 首頁左下角選按帳號頭像 \ **設定** 進入帳號設定畫面，選按 **你的個人檔案**，指定 **語言：English (US)**，再如下說明操作：

STEP 01 於 Canva 首頁選按 **Canva AI** 鈕，對話框輸入描述，選按 **Design for me** 鈕，設定設計類型為 **Presentation** (簡報)。

Prompt
Coffee shop, new product launch posts

STEP 02 於對話框選按 ➕ 開啟 **Add media** 視窗。

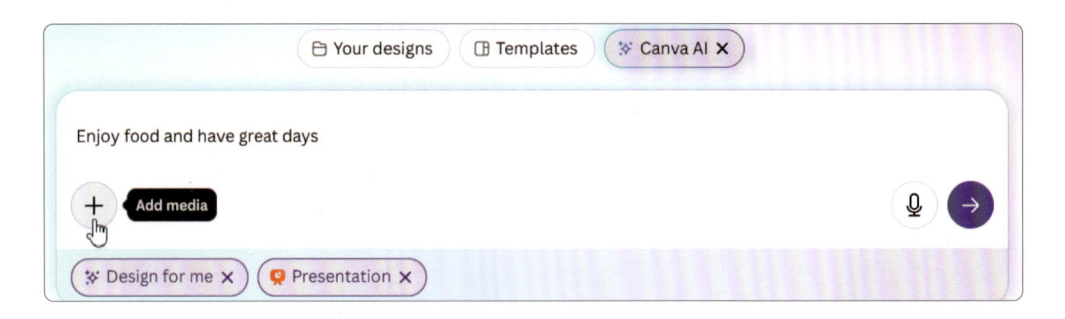

STEP 03 於 **Add media** 視窗右上角選按 **Upload files** 鈕開啟對方塊，選取本機檔案，選按 **開啟** 鈕上傳；選取已上傳的影像後，再選按 **Use image** 鈕將影像附加至對話框。最後選按 ➡ 送出生成影像。

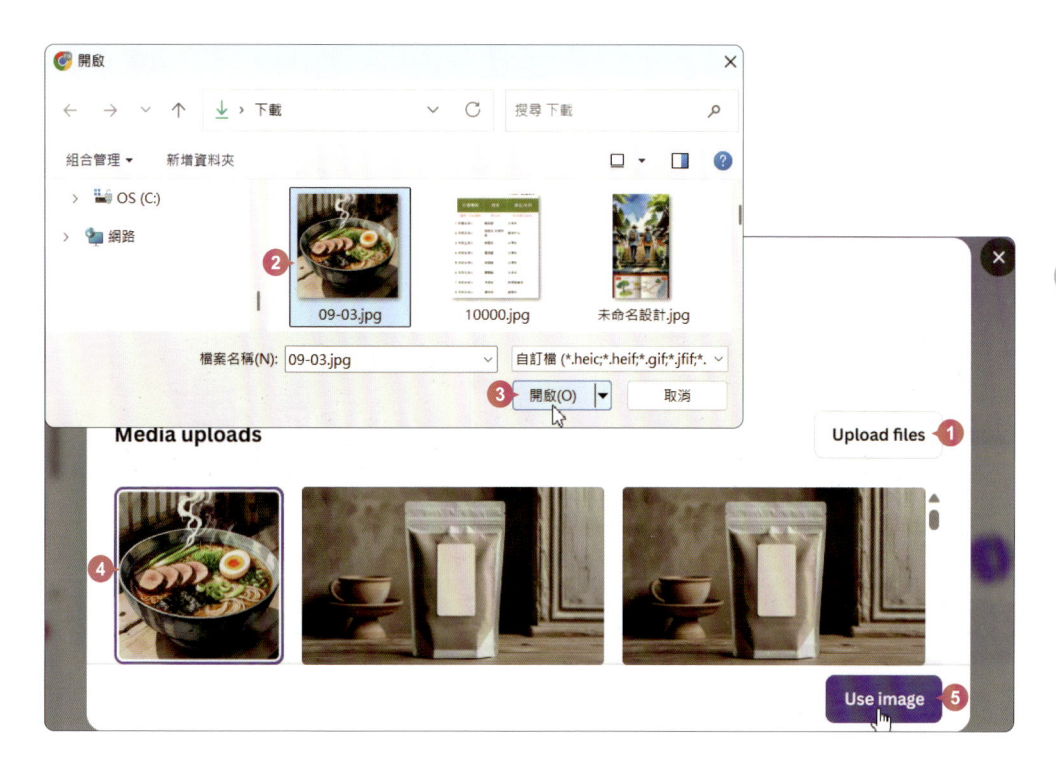

STEP 04 Canva AI 會回覆並生成一組 (4 個) 範本，下方會顯示變更設計方向的建議描述，選按合適的項目可再次生成一組範本；也可以於對話框輸入欲修改的描述送出生成。(生成的簡報範本尺寸皆為 1920 x 1080 px)

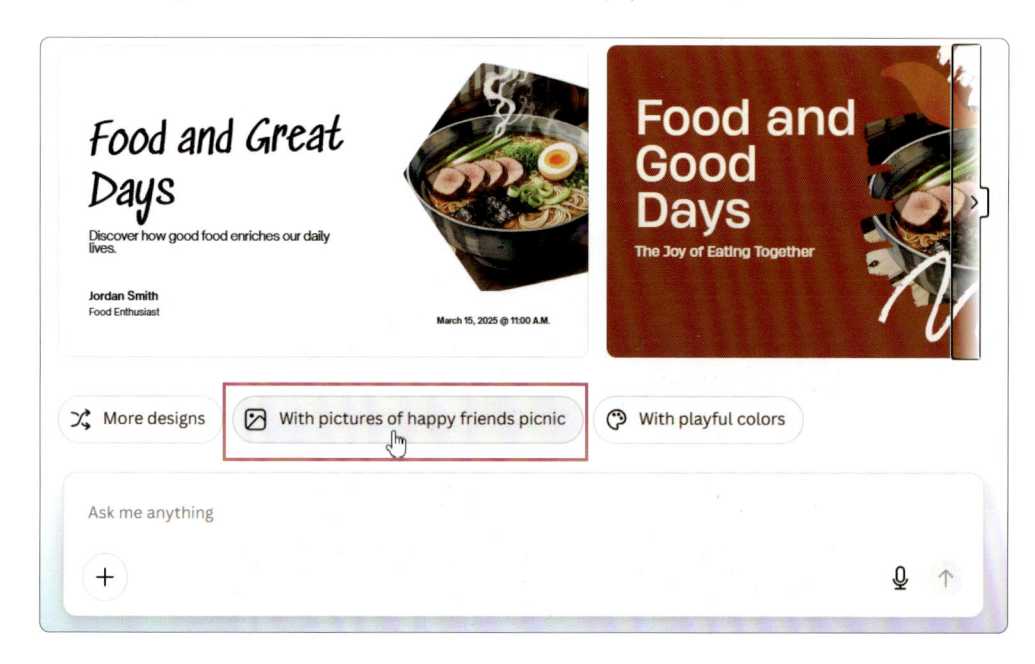

STEP 05 滑鼠指標移至範本上，可快速預覽內頁，選按欲編輯的範本，右側會開啟快速編輯區。

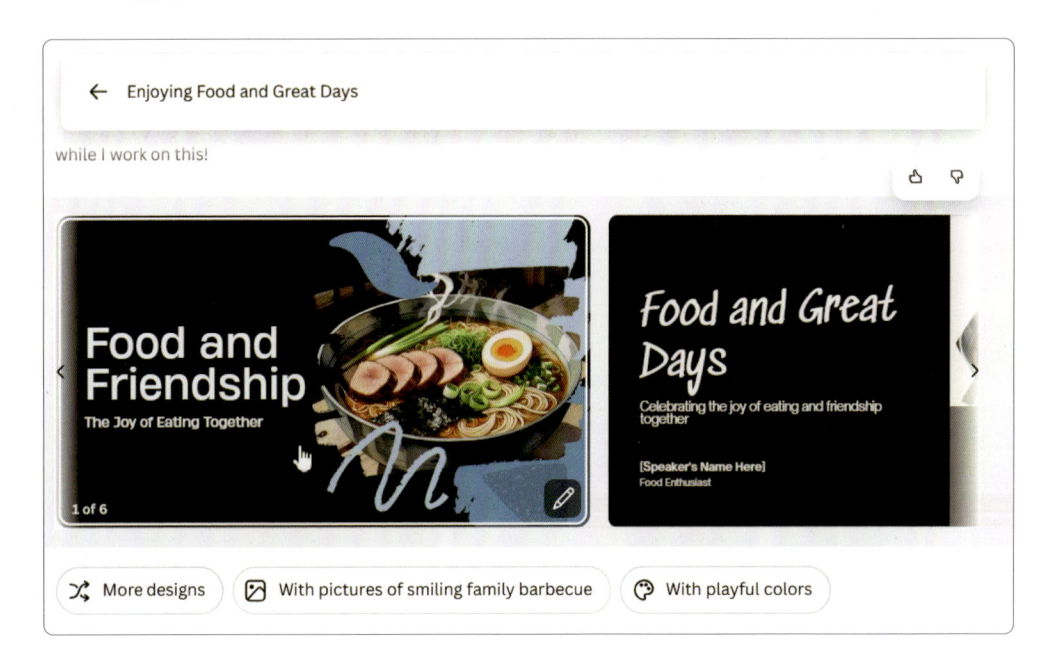

STEP 06 選按文字方塊，會出現文字輸入框，替換為所需要的內容 (可輸入中文、按 Enter 鍵可分段。)，再選按 ✓ 鈕即可 (文字字型、樣式、效果...等編輯，可進入編輯畫面再編修)。

STEP 07 選按 Color，於 Made for this design (從此設計) 或 Frome recent designs (從最近的設計) 標籤選按合適的配色套用，重複選按該配色，會根據配色樣式更換組合。

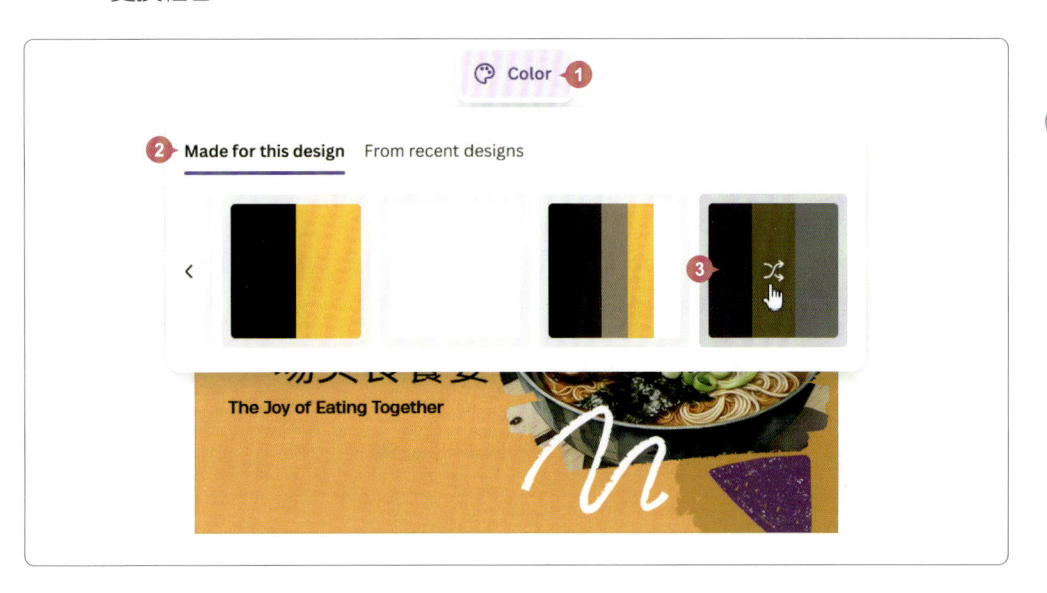

STEP 08 右上角選按 Use Canva Editor 鈕，即可於專案編輯模式開啟，進行更詳細的編輯與分享。

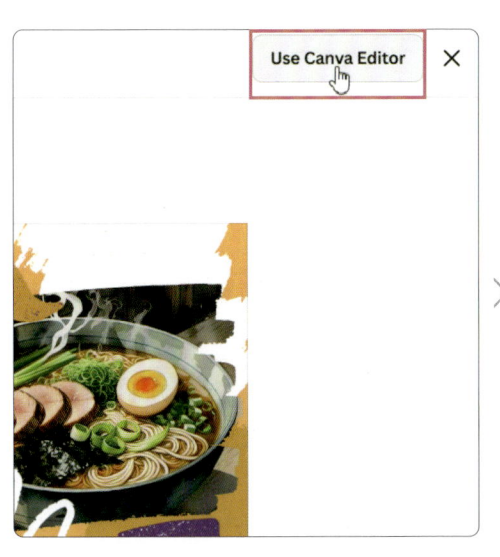

完成以上操作練習，於 Canva 首頁左下角選按帳號頭像 \ Settings 進入帳號設定畫面，選按 Your profile，指定 Language：**繁體中文(台灣)**，即可切換回中文語系介面。

Tip 5 結合影音素材一鍵完成剪輯

用事先準備好的照片與影片，再搭配描述生成影片專案，由 AI 工具 Magic Design for Video 快速完成影片剪輯與設計。

此功能目前僅支援 Canva 英文介面，於 Canva 首頁左下角選按帳號頭像 \ **設定** 進入帳號設定畫面，選按 **你的個人檔案**，指定 **語言：English (US)**，再如下說明操作：

STEP 01 於 Canva 首頁選按 **Video** 類型項目，選擇合適的影片推薦主題，在此選按行動裝置直式影片 **Mobile Video** (1080 x 1920 px)。

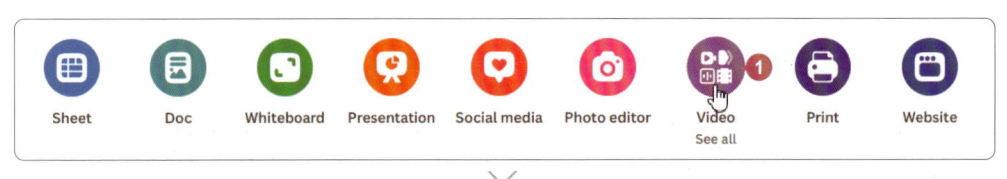

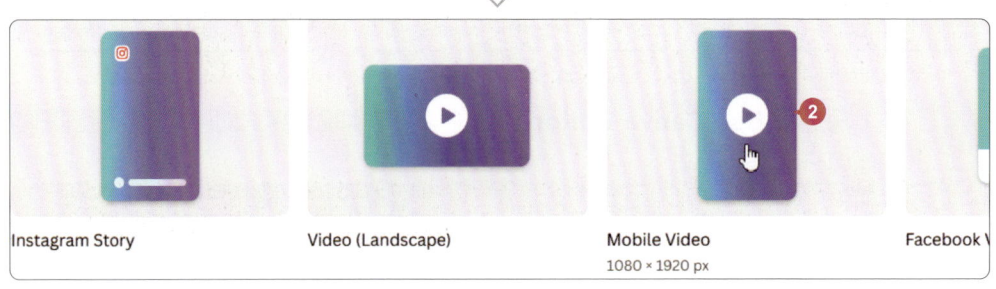

STEP 02 進入專案編輯畫面，至側邊欄 **Design** 選按 **Generate videos instantly**。(首次使用需先於 **Before you dig in...** 方塊右上角選按 ⊠，才會出現 **Generate videos instantly**。)

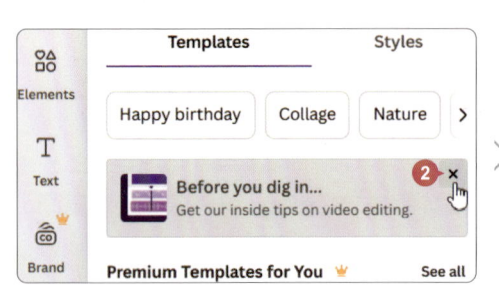

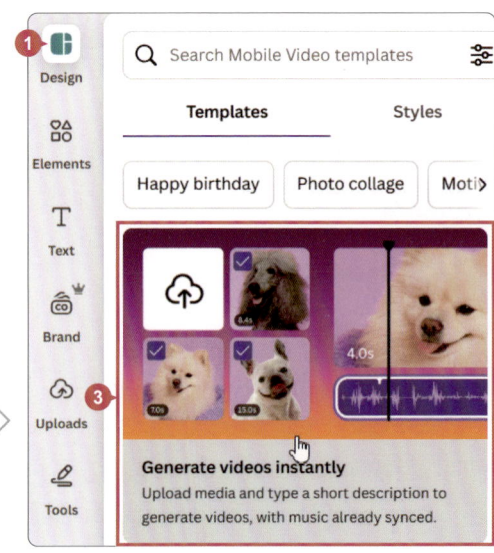

9-12

STEP 03 首次使用先選按 **Try magic Design** 鈕,接著選按 🔗 可上傳本機照片、影片素材或於現有的素材中選用 (至少三個),接著於下方輸入描述,選按 **Generate** 鈕送出生成設計。

> **Prompt** 💬
> Trendy shoes, jointly released

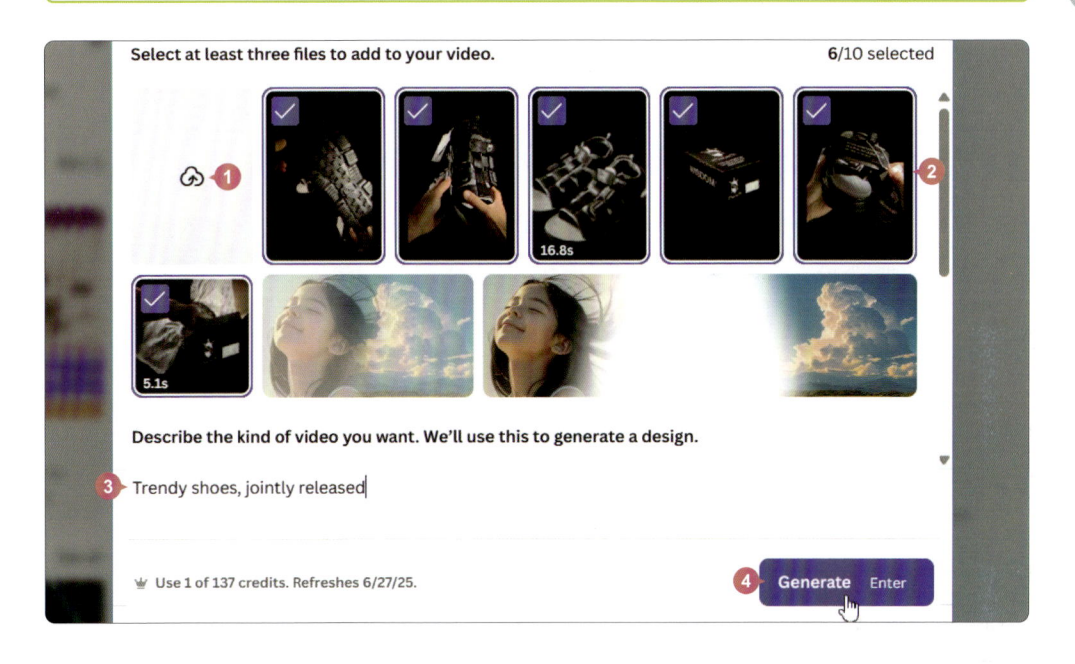

STEP 04 生成的影片設計包含剛剛指定的照片、影片素材,若有建立品牌標誌,會在片尾自動加入;另外會依據描述生成文案並套用文字效果與插入元素,同時完成剪輯、轉場與背景音樂...等設計,後續可依個人需求再加以調整。

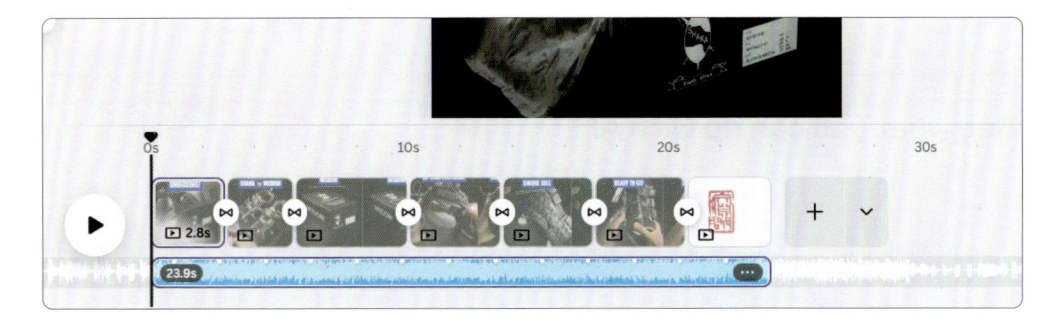

完成以上操作練習,於 Canva 首頁左下角選按帳號頭像 \ **Settings** 進入帳號設定畫面,選按 **Your profile**,指定 **Language**:**繁體中文(台灣)**,即可切換回中文語系介面。

9-13

Tip 6 Canva AI 生成影片 Create a video clip

Canva AI 影片生成功能不僅提供多樣化範本，還能自訂風格、尺寸、構圖與光線，讓生成的影片更貼近預期效果，無論是新手或專家都能輕鬆上手。

此功能僅提供付費版本使用，每個月 5 次影片生成次數，並會在每次生成的影片下方顯示當月已生成的影片數量。

目前僅支援 Canva 英文介面，於 Canva 首頁左下角選按帳號頭像 \ **設定** 進入帳號設定畫面，選按 **你的個人檔案**，指定 **語言：English (US)**，再如下說明操作：

STEP 01 於 Canva 首頁選按 **Canva AI** 鈕 \ **Create a video clip** 鈕，進入建立影片畫面，向下捲動可以看到 **Recent Chats** 生成對話紀錄；於 **See what you can do with AI** 查看影片範本 (選按任一範本即會送出該描述生成影片)。

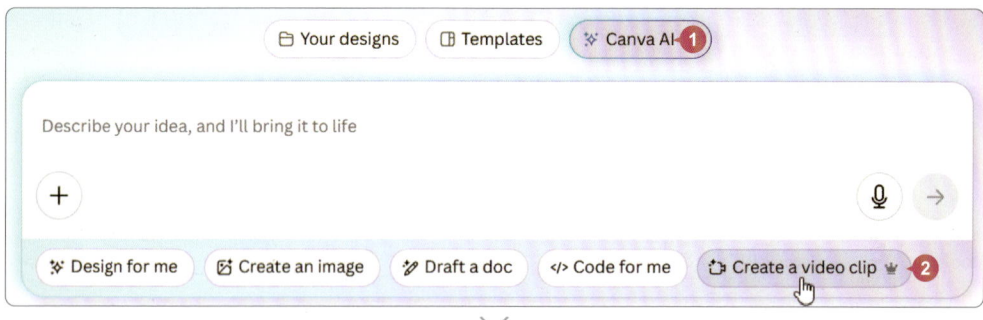

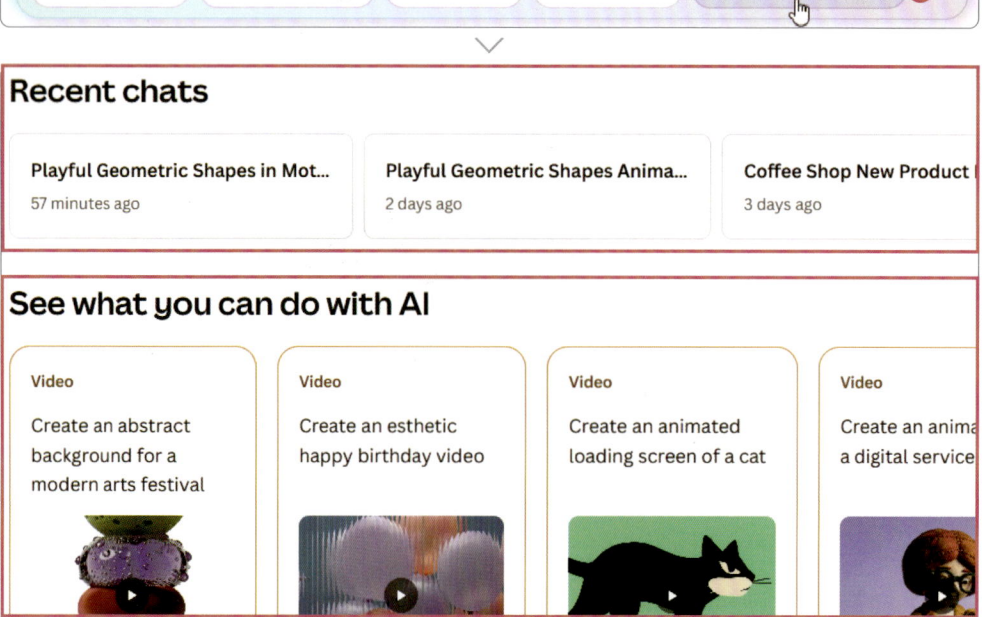

9-14

STEP 02 對話框輸入描述後，選按合適的樣式、影像比例、時間長度、構圖與光線，選按 ➡ 鈕送出生成影片。

> **Prompt** 💬
>
> A blonde teenage girl standing confidently in front of a classic red British telephone booth, dressed in a dark overcoat, with her hair flowing in the wind. Her expression is calm and poised, like a high-fashion magazine cover model. She holds a newspaper in one hand, which suddenly flies upward. The camera smoothly follows the newspaper as it rises into the sky, spinning and fluttering through the air. Soft cinematic lighting, slow motion, elegant atmosphere.

① A blonde teenage girl standing confidently in front of a classic red British telephone booth, dressed in a dark overcoat, with her hair flowing in the wind. Her expression is calm and poised, like a high-fashion magazine cover model. She holds a newspaper in one hand, which suddenly flies upward. The camera smoothly follows the newspaper as it rises into the sky, spinning and fluttering through the air. Soft cinematic lighting, slow motion, elegant atmosphere.

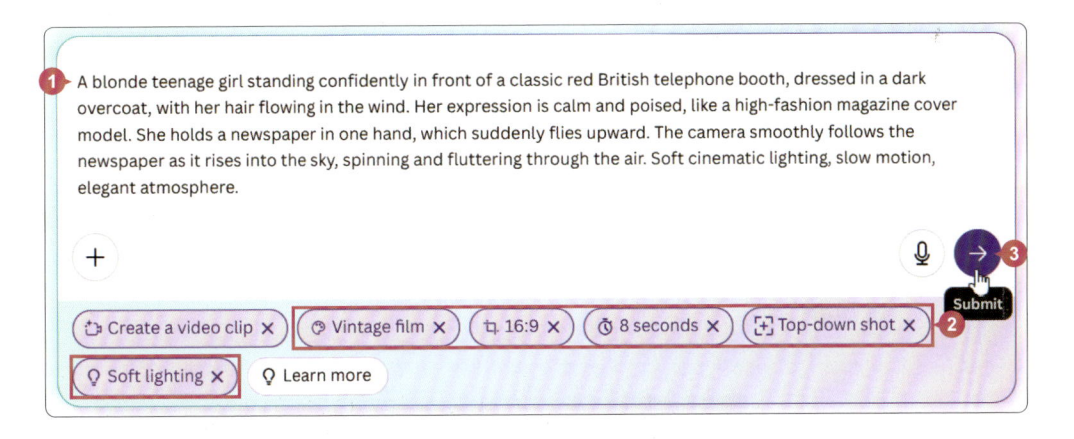

③ Submit

② Create a video clip ✕　Vintage film ✕　16:9 ✕　8 seconds ✕　Top-down shot ✕
　Soft lighting ✕　💡 Learn more

STEP 03 Canva AI 開始生成影像，完成後即可看到 1 部影片，將滑鼠指標移至影片上方，可預覽影片效果。

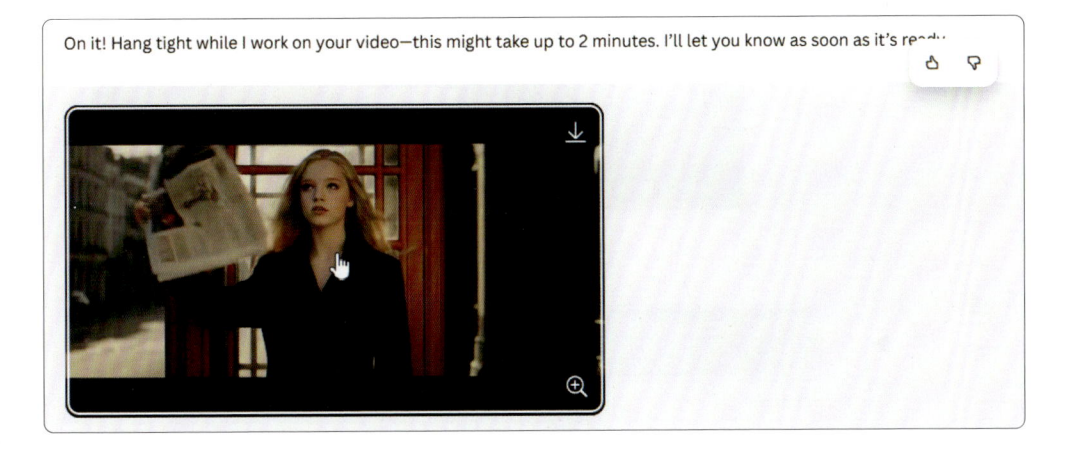

On it! Hang tight while I work on your video—this might take up to 2 minutes. I'll let you know as soon as it's ready.

9-15

STEP 04 選按影片,右側會開啟放大檢視,畫面右上角選按 ⬇ 鈕,可以將生成的影片以 .mp4 檔案格式儲存至本機。

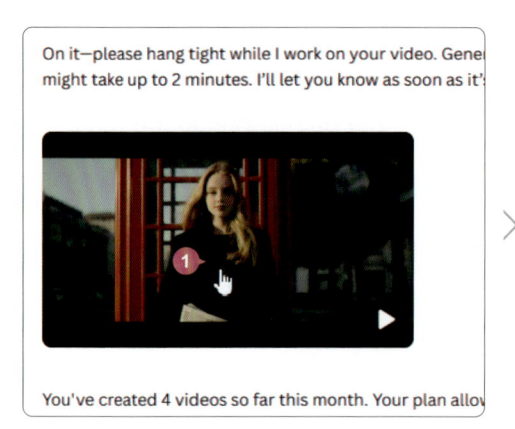

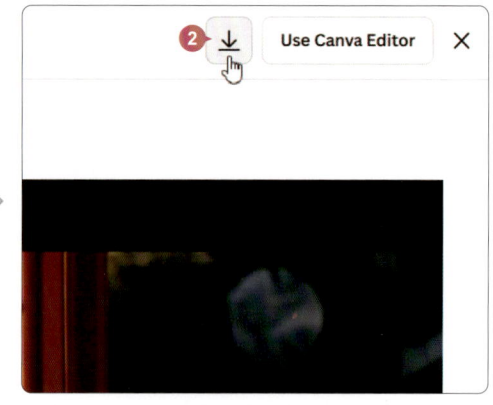

STEP 05 於放大檢視畫面右上角選按 **Use Canva Editor** 鈕,開啟該影片的專案編輯畫面,即可進行後續影片編輯操作。

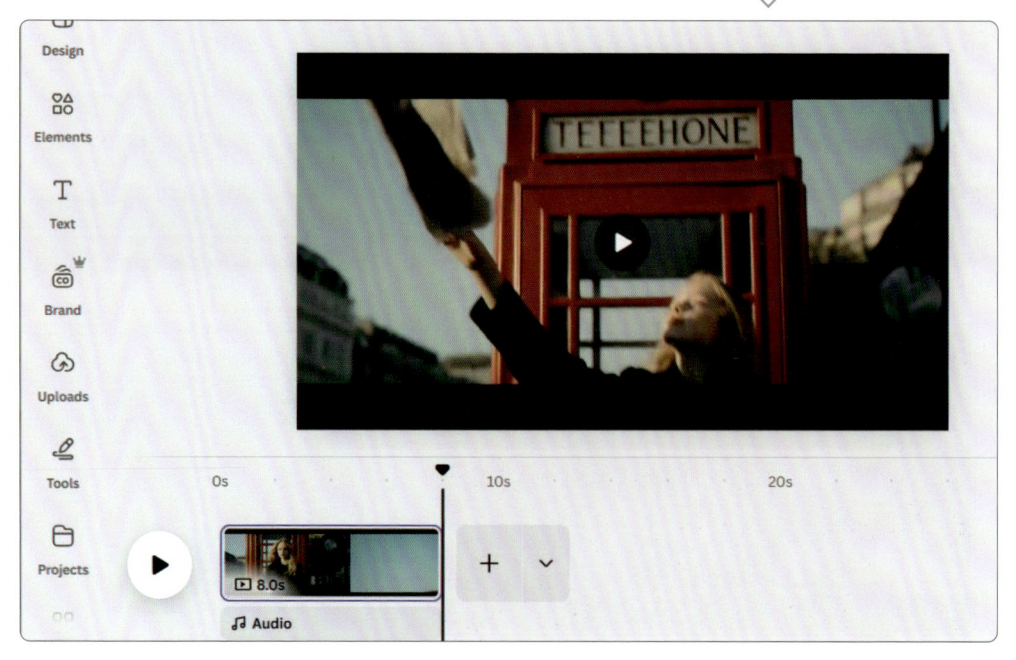

完成以上操作練習,於 Canva 首頁左下角選按帳號頭像 \ **Settings** 進入帳號設定畫面,選按 **Your profile**,指定 **Language**:**繁體中文(台灣)**,即可切換回中文語系介面。

9-16

PART
10

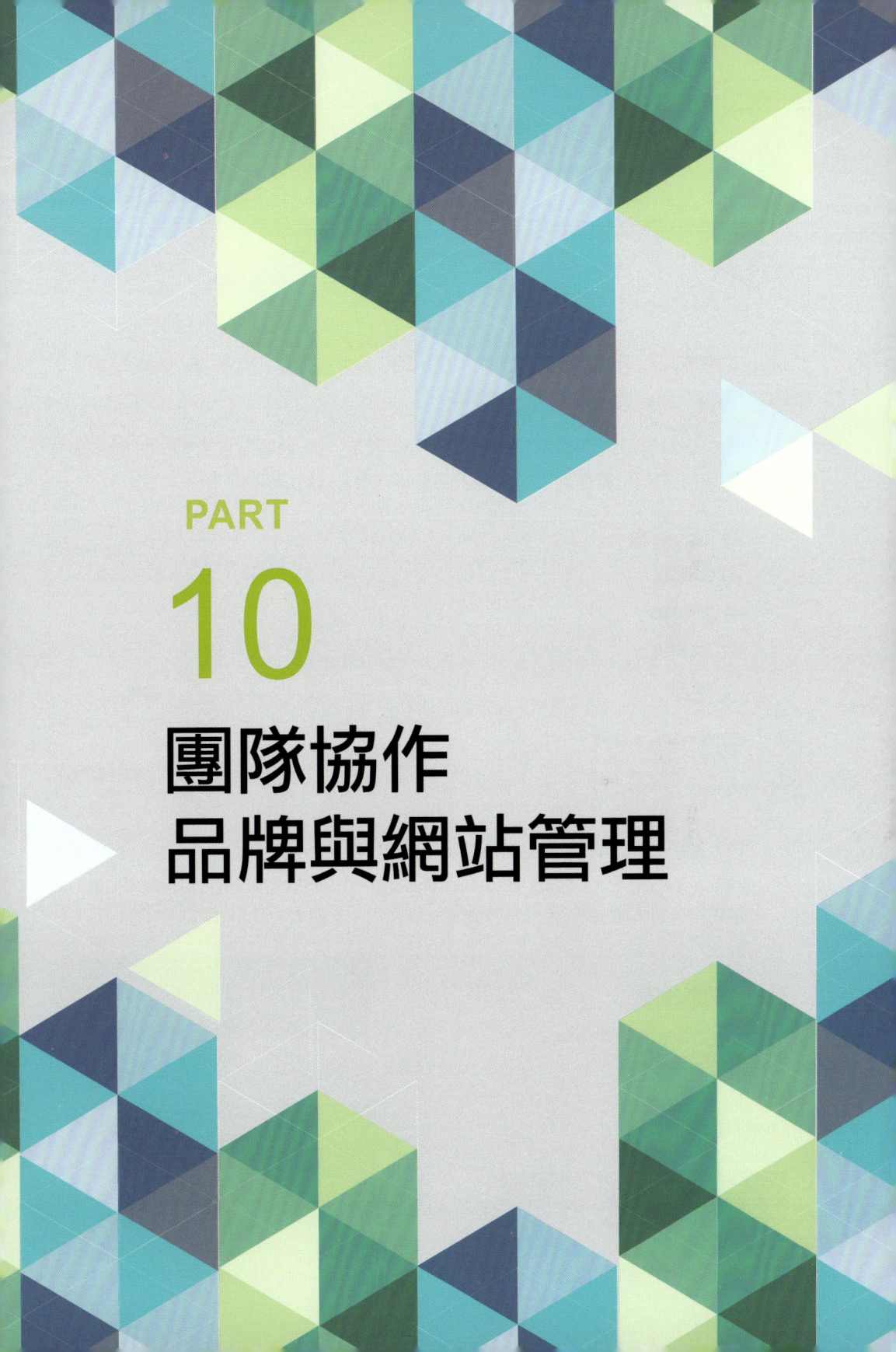

團隊協作
品牌與網站管理

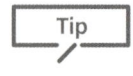

Tip 1 建立和管理團隊

設計作品時,團隊合作和溝通是很重要的一環,在 Canva 建立團隊,團隊成員之間可以即時協作、同步、討論和分享設計資源。

建立團隊

Canva 的團隊功能可以邀請成員加入,讓協同作業和設計管理更方便,在此之前,先透過以下操作,建立屬於你的第一個團隊。

STEP 01 於 Canva 首頁左下角選按帳號頭像 \ 設定 進入帳號設定畫面,在 **付款與方案** 項目選按 **付款週期**,右側捲動到最下方選按 **建立新團隊** 鈕。

STEP 02 輸入 **團隊名稱**,選按 **建立新團隊** 鈕 (若使用企業帳號建立則會多一項同網域加入團隊方式的設定,可參考 P10-10 詳細說明。),於歡迎畫面選按 **開始吧** 鈕,直接切換至新的團隊畫面。(若要邀請成員加入,可參考 P10-6 操作說明。)

建立多個團隊與切換

因應不同工作項目或合作成員，可以建立多個團隊來區隔彼此屬性。

STEP 01 依相同操作方式，於帳號設定畫面 **付款與方案 \ 付款週期** 中建立另一個團隊，完成命名與建立。

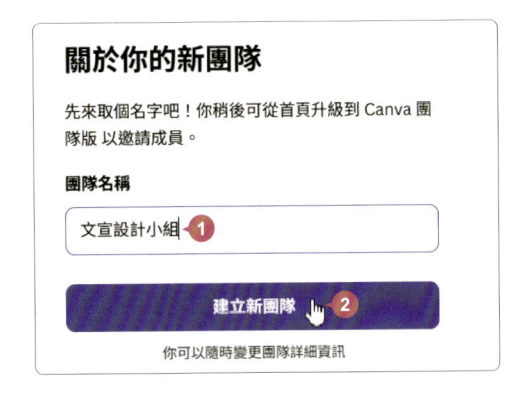

STEP 02 建立或加入多個團隊後，可於首頁左下角選按團隊頭像 \ **團隊名稱**，清單中選按想切換的團隊即可進入。

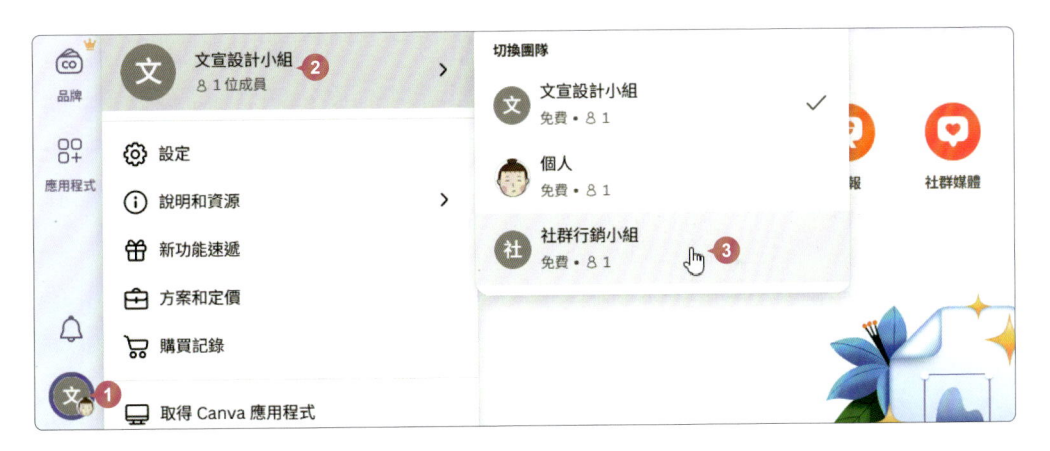

團隊重新命名

可以隨時根據不同的協作項目，為團隊重新命名。

STEP 01 於 Canva 首頁先切換至欲重新命名的團隊，畫面左下角選按帳號頭像 \ ⚙ **設定**，進入帳號設定畫面。

10-3

STEP 02 在 **人員管理** 項目選按 **團隊簡介**，**名稱** 右側選按 **編輯** 鈕，輸入新的團隊名稱後，再選按 **儲存** 鈕，重整頁面即顯示更改後的團隊名稱。

刪除團隊

只要是自己建立的團隊，都可以刪除，但是需特別注意！一旦刪除會連團隊中的所有資源一起刪除。

STEP 01 畫面左下角選按帳號頭像 \ ⚙ **設定**，進入帳號設定畫面，在 **個人帳號** 項目選按 **你的團隊**，右側會列出所有曾受邀加入與自己建立的團隊，確認要刪除的團隊，於團隊名稱右側 ⋯ \ **刪除團隊**。

10-4

STEP 02 刪除團隊時，會一併刪除所有設計、上傳素材...等，確認無誤後，輸入要刪除的團隊名稱，選按 **刪除團隊** 鈕，之後會看到排定刪除團隊的標記。(刪除團隊後若被強制登出 Canva，只要再重新登入即可。)

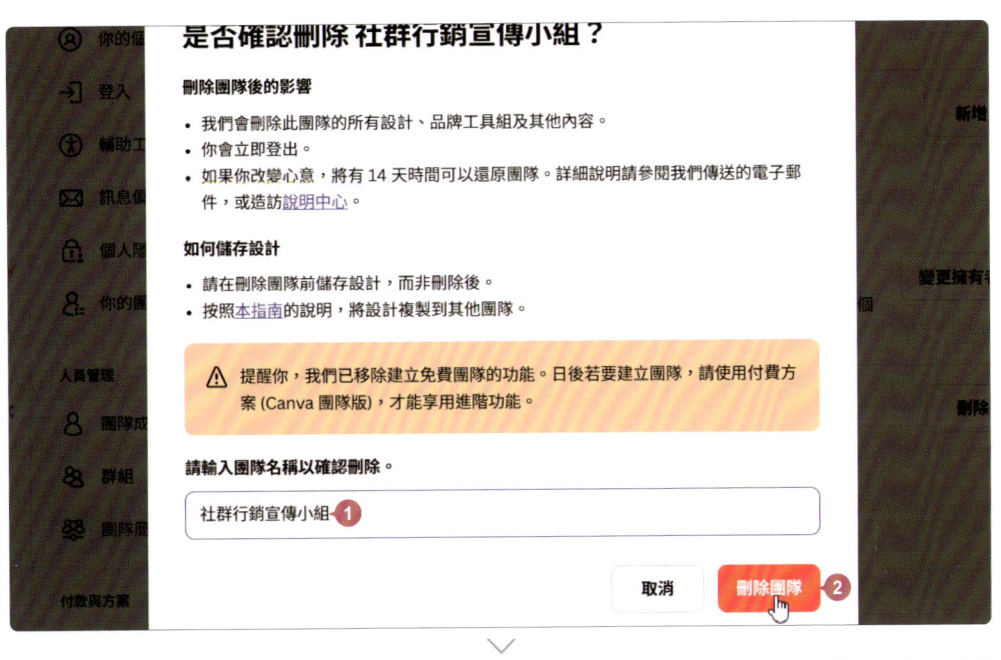

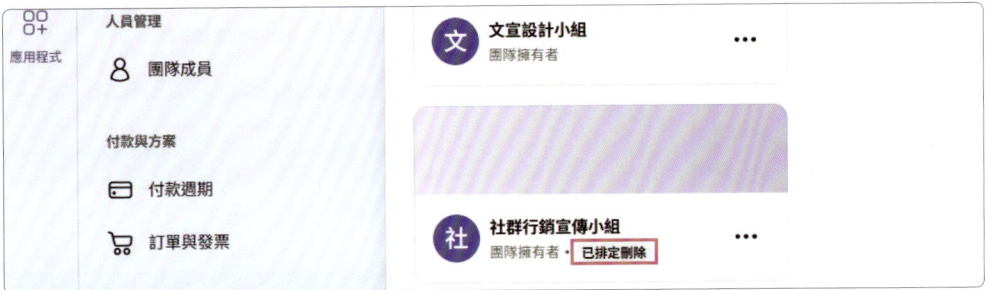

🟢 小提示 — 取消或復原團隊刪除

刪除團隊的操作有 14 天緩衝期！想要取消或復原團隊時，均可在 14 天內選按 **取消刪除** 鈕，如果超過 14 天，團隊與設計、檔案將全數刪除。

10-5

Tip 2 邀請成員加入團隊

團隊的擁有者及管理員，可以邀請 Canva 使用者加入團隊，提高團隊協作效率。

在 Canva 建立好團隊後，後續操作均需付費升級為 **Canva 團隊版** 才能使用。一個團隊最多含 100 名成員；但超過 3 名成員，Canva 團隊需為超出的每位成員支付訂閱費用。

STEP 01 切換至團隊，Canva 首頁左下角選按帳號頭像 \ **設定** 進入帳號設定畫面，在 **人員管理** 項目選按 **團隊成員**，右側會列出團隊所有成員名單，選按 **邀請其他人**。(團隊擁有者與管理員才可直接邀請並加入；若為成員邀請其他人加入則需等待審核)

STEP 02 選按 **取得邀請連結** 鈕，藉由平常連繫的平台或以 Email 將連結傳送給成員，讓他們選按並登入 Canva 帳號加入團隊；或於下方直接輸入成員 Email，指派角色後，選按 **確認並邀請** 鈕。

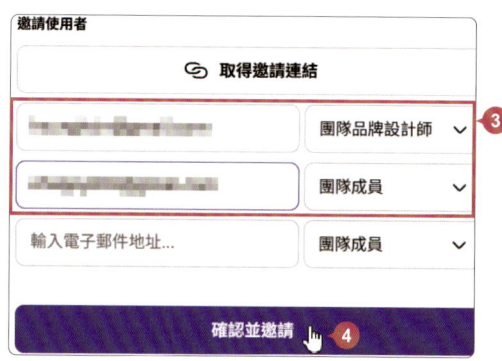

小提示
接收到團隊寄送的邀請

被邀請的成員，開啟 Canva 首頁時會收到通知；或會收到電子郵件通知，選按 **接受邀請** 鈕，就可以開啟並加入該團隊。

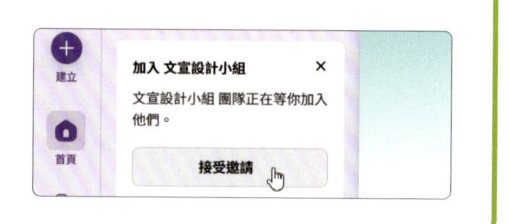

10-6

Tip 3 將成員從團隊移除

團隊的擁有者及管理員,可以移除成員,離開的成員將無法再存取團隊中所有建立或分享的專案、範本...等項目,而該成員所分享或建立的也會一併刪除。

STEP 01 切換至團隊,Canva 首頁左下角選按帳號頭像 \ ⚙ **設定** 進入帳號設定畫面,選按 **團隊成員**,右側會列出團隊所有成員名單。

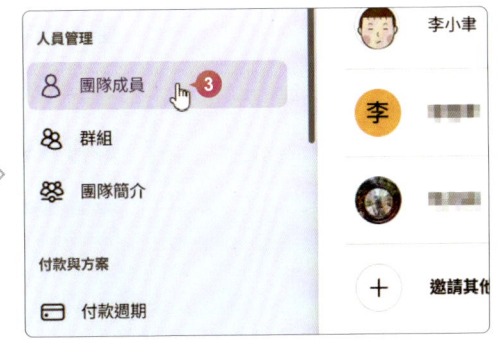

STEP 02 於欲移除的團隊角色右側選按 ⌄,清單中選按 **從團隊移除**。

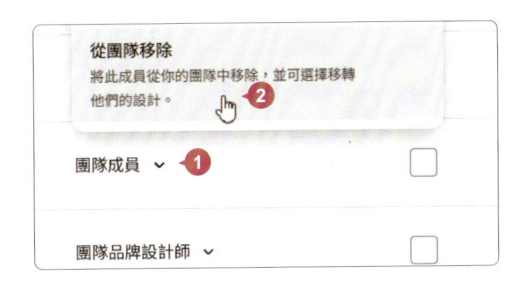

STEP 03 若不保留移除成員的所有設計專案,核選 **只從團隊中移除**,選按 **繼續** 鈕、**移除** 鈕。(若要保留該成員所有已建立或分享的項目,需核選 **轉移設計並從團隊中移除**。)

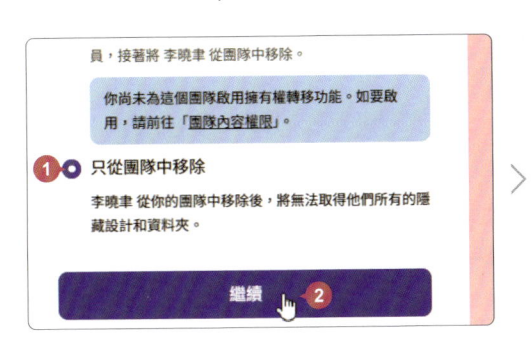

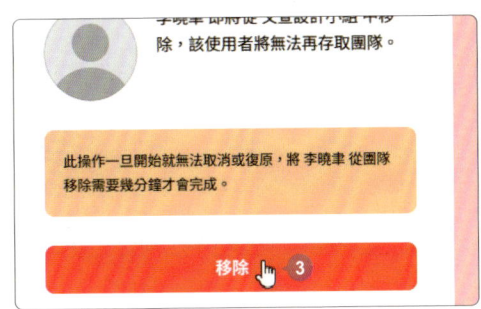

10-7

> **小提示**
>
> **移除成員的同時希望保留並轉移其設計專案**
>
> 移除成員前，若想將該成員所建立或分享的設計專案轉移至團隊其他成員，管理員可選按 ⚙ **設定 \ 權限**，再選按 **團隊內容** 標籤，核選 **擁有權轉移** 右側 ⬜ 呈 ✅ 狀，開啟該功能。(5 天後才能正式使用此功能) 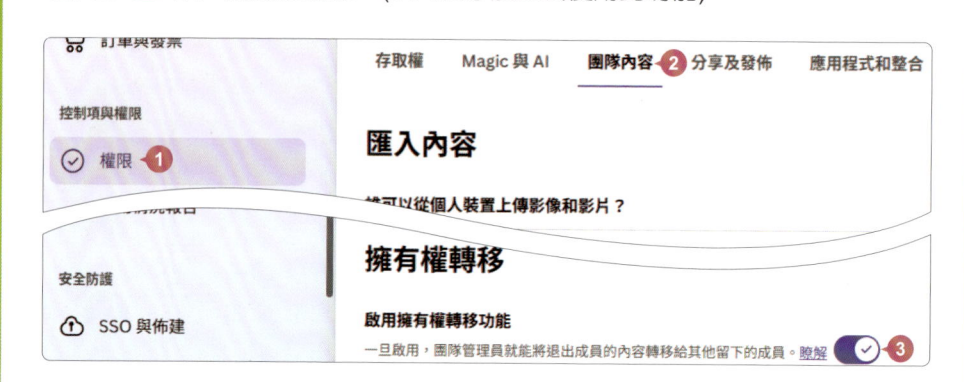
>
> 開啟此功能後，團隊成員會收到通知。待 5 天後可正式使用時，在移除團隊成員的方式中核選 **轉移設計並從團隊中移除**，再依步驟完成移除成員及指定接收資料成員的操作。

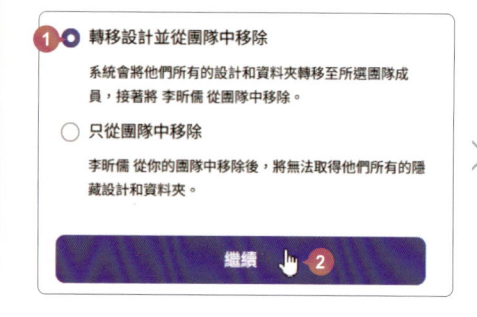

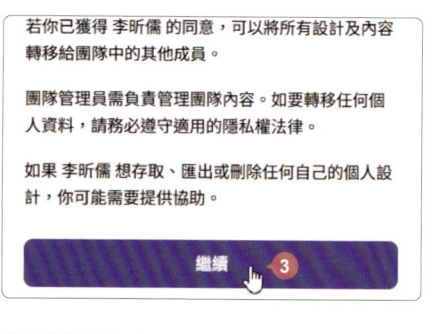

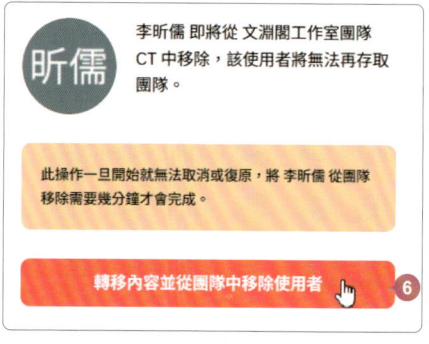

Tip 4 設定邀請成員或是離開團隊的權限

管理團隊時，掌控團隊人數是一件非常重要的事，成員隨意加入或離開團隊，都會影響整個團隊正常的運作，設定權限可以有效管理團隊成員。

團隊任何人都可以邀請其他使用者，當有人提出提出邀請使用者的要求時，團隊擁有者或管理員會在 ⚙ **設定 \ 團隊成員** 頁面中看到此要求，然後再決定是否接受或拒絕。

另外，為避免成員隨意離開團隊，導致他所建立或分享的項目一併消失，擁有者或管理員可於 **取存權** 標籤設定 **誰可以離開這個團隊：僅限管理員使用**，這樣成員要離開團隊須經過擁有者或管理員操作才可以離開。

想要離開的成員，可以於 Canva 首頁左下角選按帳號頭像 \ ⚙ **設定** 進入帳號設定畫面，選按 **團隊簡介**，右側選按 **離開團隊 \ 離開團隊** 鈕，即可離開。(若團隊擁有者或管理員有設定 **誰可以離開這個團隊** 的權限時，則此功能將不會顯示該頁面中。)

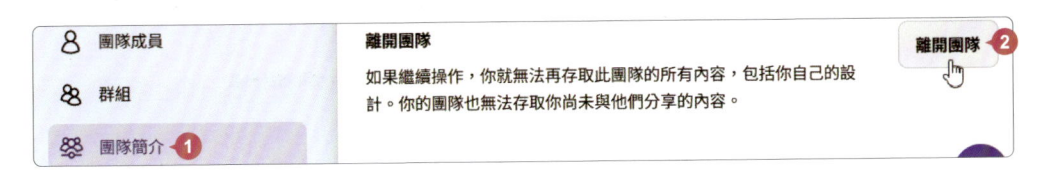

10-9

Tip 5 允許同網域的成員加入團隊

如果使用企業 Email 註冊並登入 Canva，只要將 Email 網域加入團隊存取權限，即可讓同一個網域的同事也輕鬆加入團隊。

切換至團隊，Canva 首頁左下角選按帳號頭像 \ 設定 進入帳號設定畫面，在 **控制項與權限** 項目選按 **權限**，**存取權** 標籤 **誰可以加入這個團隊？** 清單中提供：

- **只有受邀的使用者可以加入**：只限於受邀者可以加入團隊。
- **擁有 @***電子郵件的使用者可以加入**：不需要核准即可加入團隊。
- **擁有 @***電子郵件的使用者可以要求加入**：這是預設項目，只要屬於同個網域的任何人，要求加入團隊時，都必須經過 **管理員** 核准才能加入。

若 **誰可以加入這個團隊？** 中設定為：**擁有 @***電子郵件的使用者可以要求加入**，日後當同網域的同事欲加入團隊時，Canva 首頁左下角選按帳號頭像 \ 方案與定價，畫面右上角再選按帳號頭像 \ **加入團隊**，會看到同網域中已建立的團隊，選按 **申請** 鈕即可要求加入。

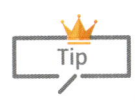

Tip 6　團隊角色與權限設定

不同的團隊角色具有不同的權限和約束，因此明確指定每位成員的角色，可以使工作更加流暢，確保資源適當的使用。

切換至團隊，Canva 首頁左下角選按帳號頭像 \ 設定 進入帳號設定畫面，在 **人員管理** 項目選按 **團隊成員**，右側會列出團隊所有成員，可以在欲更改的成員 **團隊角色** 選按 ⌄，變更成員角色。

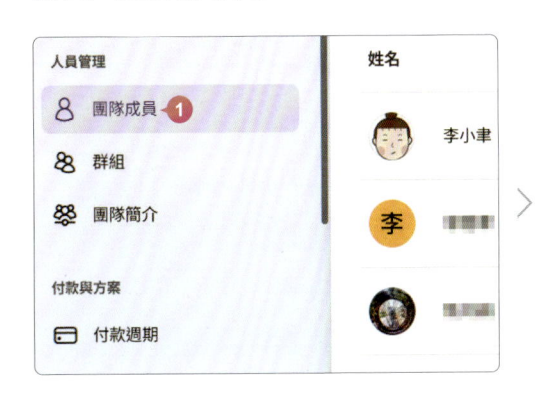

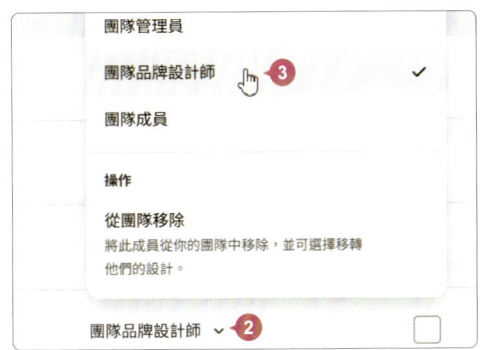

如果要調整多位成員角色，可一一核選成員項目最右側方塊，再於下方選按圖示，清單中選按合適的角色項目，一次變更。

各角色的權限差異可參考下列表格：

角色	權限
團隊擁有者	團隊的建立者，可以刪除團隊，擁有與完整的團隊管理存取權限和功能。(包含下列所有項目)
團隊管理員	與擁有者相同權限，但無法刪除團隊，可以設定及編輯團隊品牌工具組、品牌控制和建立品牌範本，或透過規劃工具安排社交媒體貼文時間點與內容。
團隊品牌設計師	可以設定及編輯團隊品牌工具組、建立品牌範本，或透過規劃工具安排社交媒體貼文時間點與內容。
團隊成員	可以存取與團隊成員共用的資料夾和設計，以及使用團隊品牌工具組和使用品牌範本建立專案。

10-11

Tip 7 變更與接收團隊擁有權

當團隊擁有者需要離開團隊時,可以移交團隊擁有權,交接給團隊中的成員,以確保團隊持續運作。

STEP 01 切換至團隊,Canva 首頁左下角選按帳號頭像 \ 設定 進入帳號設定畫面,在 **人員管理** 項目選按 **團隊簡介**,於 變更團隊擁有者 右側選按 **變更擁有者** 鈕。

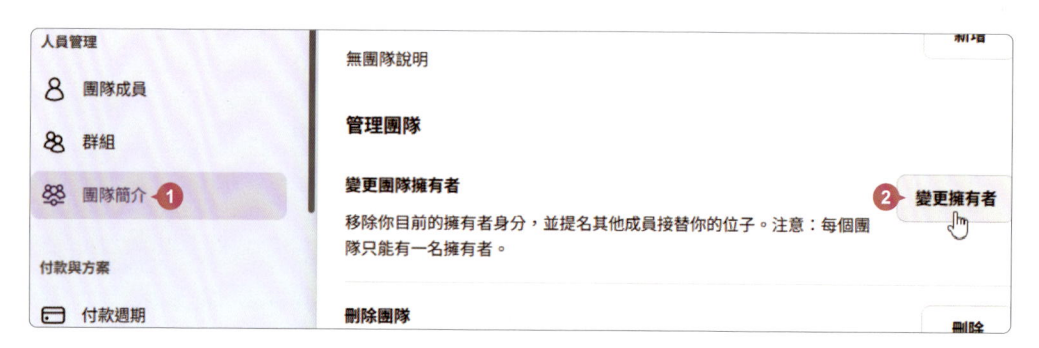

STEP 02 清單中選按欲接替的成員帳號,選按 繼續 鈕。

STEP 03 確認無誤後,選按 提名這位成員 鈕將詢問送出。

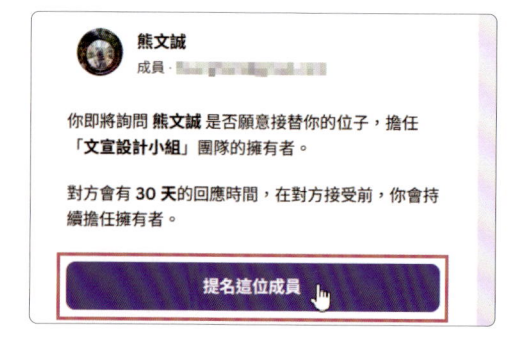

10-12

STEP 04 當詢問送出後，被提名的成員會收到通知，畫面左下角選按 🔔，再選按 **通知** 面板中的訊息。

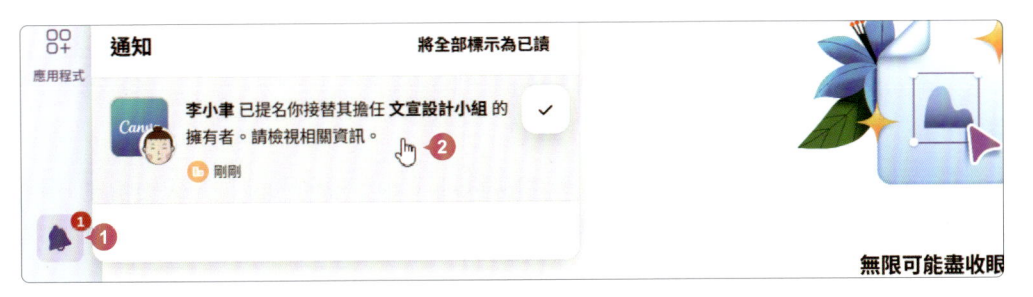

STEP 05 閱讀相關資訊，確認無誤後，選按 **願意** 鈕即完成團隊擁有者角色轉移與接收的操作。

> **小提示**
>
> **變更團隊擁有者角色需注意的事**
>
> 變更團隊擁有者角色前，記得先確認目前團隊的付款方式，如果付款方式是目前擁有者個人的信用卡，建議將付款方式更新為公司核發或團隊共用的信用卡，以免變更擁有權後，無法再更新付款方式。
>
> 當團隊擁有者送出 **變更擁有者** 要求時，被提名的成員有 30 天的時間可以接受提名，在對方接受提名前，目前擁有者可以選按 **撤回提名** 隨時撤回提名。
>
> **管理團隊**
>
> 變更團隊擁有者 待處理
> 你在 2025年6月27日提名 熊文誠 (▇▇▇▇@gmail.com) 擔任你團隊的新擁有者，但對方尚未接受提名。**撤回提名**

職場力

10

團隊協作、品牌與網站管理

10-13

Tip 8 在團隊中建立群組

當團隊擁有眾多成員時,可以透過群組的方式來管理工作性質不同的成員,以有效的將專案設計指定分享予同一群組成員。

STEP 01 切換至團隊,Canva 首頁左上角選按 ⚙ 進入帳號設定畫面,在 **人員管理** 項目選按 **群組**,初次使用於畫面中選按 **建立群組** 鈕。(之後再建立其他群組,則在畫面右上角選按 **+ 建立群組** 鈕。)

STEP 02 輸入 **群組名稱** 與 **群組說明**,接著於 **邀請團隊成員** 欄位中輸入成員的名稱 (或電子郵件),清單中選按欲加入群組的團隊成員。

STEP 03 依相同方法加入其他團隊成員,最後再將欄位中的名稱刪除,即可在下方看到已加入的成員,再選按 **檢視群組** 鈕即完成。

如此一來,待後續團隊成員需要分享專案設計時,不需要麻煩的一一指定,直接指定群組,即可快速針對群組內成員分享。(可參考 P10-17 操作示範)

Tip 9 與整個團隊分享專案

建立團隊後如果要與成員共同編輯或評論專案，需先將專案分享給團隊才可以進行之後的操作。

STEP 01 切換至團隊，開啟專案，畫面右上角選按 ⊕，先選按 ← 回到上一頁，再於 **存取等級** 選按 **只有你可存取**，再選按欲分享的團隊。

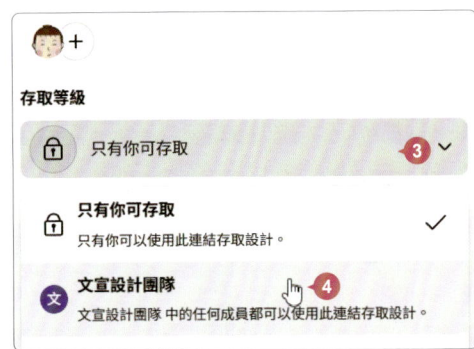

STEP 02 分享方式可選擇：**可供編輯、可以評論、可供檢視**，選擇合適的分享方式套用，於 **團隊搜尋權限** 設定 **可顯示在搜尋結果**，即可在其他成員的頁面自動顯示該專案。(後續若想取消分享或調整分享方式，可再次進入選按 **只有你可存取** 或其他分享方式套用。)

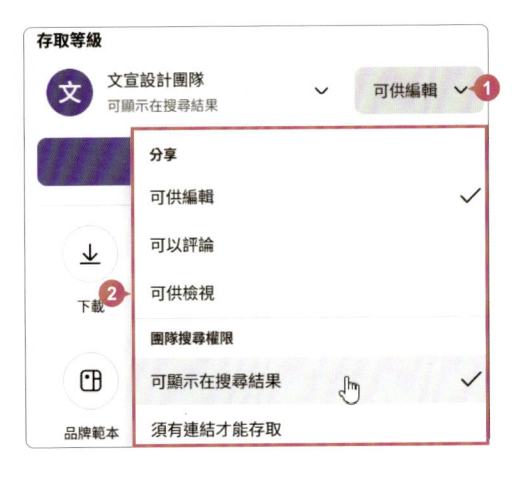

小提示

快速分享專案

除了上述方式，也可於 Canva 首頁選按 **專案**，將滑鼠指標移至專案縮圖上，選按 ⋯ \ 🧑‍🤝‍🧑 **分享**)，再選擇欲分享的方式即可。

Tip 10 與指定的團隊成員或群組分享專案

Canva 專案，除了可以與整個團隊分享，也可以與指定團隊成員或群組分享，並設定被分享者的權限。

以指定團隊成員方式分享專案

STEP 01 切換至團隊，開啟專案，畫面右上角選按 ➕，於欄位中輸入成員的名稱 (或電子郵件)，清單中選按欲分享的團隊成員。

STEP 02 可依相同方式指定多位成員，接著於右側選按權限清單鈕，選擇合適的分享方式套用，最後於訊息欄位中輸入相關的訊息文字，再選按 **分享** 鈕。(指定分享的成員會收到通知，並看到訊息文字)

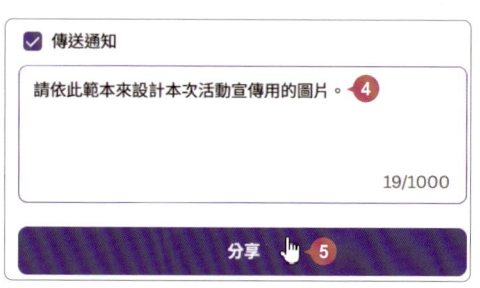

STEP 03 完成後，**分享設計** 下方名單中即會顯示此專案共同協作者。

團隊成員會收到分享通知，若要查看此已分享的專案，於 Canva 首頁選按 **專案**，上方檢視條件左欄選取 **與你分享**，即可看到分享的內容。

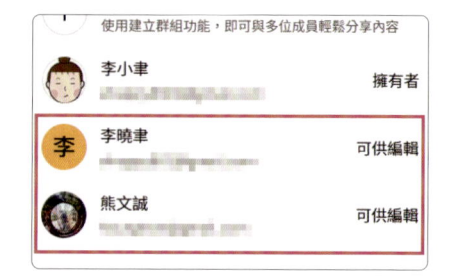

10-16

以指定群組方式分享專案

透過群組分享，將共同協作的專案分享給群組內的所有成員，使跨部門或小組合作更高效。(建立群組方法可參考 P10-14 操作說明)

STEP 01 切換至團隊，開啟專案，畫面右上角選按 ➕，於 **僅限有權限的使用者存取** 欄位中輸入群組名稱，清單中選按欲加入的群組。

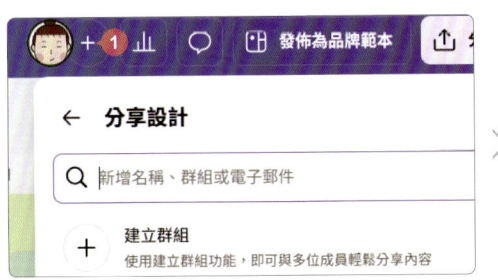

STEP 02 可依相同方式指定多個群組，接著於右側選按權限清單鈕，分享方式可選擇：**可供編輯、可以評論、可供檢視**，選擇合適的分享方式套用，最後於訊息欄位中輸入相關的訊息文字，再選按 **傳送** 鈕。

團隊成員若要查看此已分享的專案，於首頁選按 **專案**，上方檢視條件左欄選取 **與你分享**，即可看到分享的內容。

小提示
關閉專案的分享

如果專案不需要再與其他成員或群組分享時，開啟專案，畫面右上角選按 ➕，於要關閉分享的成員或群組項目右側選按 ☑ **可供編輯** 清單鈕 \ **移除** 即可關閉分享。

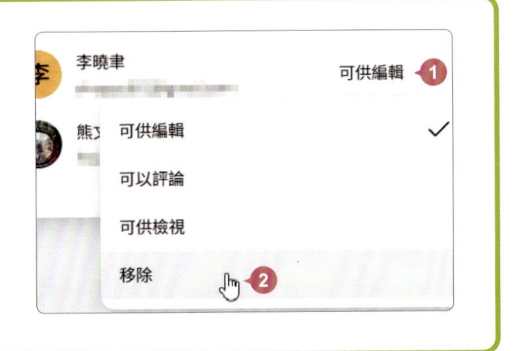

Tip 11 與團隊分享資料夾內的所有設計、圖像

如果在團隊中想分享或共用更多的專案、影像、影片...等素材，可透過分享資料夾的方式，後續加入該資料夾的內容均會同步分享予團隊成員。

STEP 01 切換至團隊，於 Canva 首頁選單選按 **專案**，右側選按 **資料夾** 標籤。

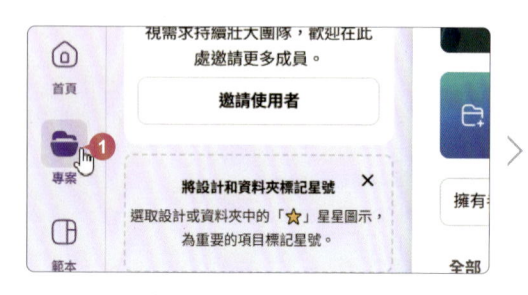

STEP 02 畫面右上角選按 **新增** 鈕 \ **資料夾**。

STEP 03 輸入 **資料夾名稱**，接著於 **和你的團隊分享** 欄位中指定團隊名稱或群組名稱或成員電子郵件，再於分享對象右側選按 **未分享** 清單鈕，分享方式可選擇：**可供編輯**、**可供檢視**，選擇合適的分享方式套用，接著選按 **繼續** 鈕。(若想取消分享資料夾，將分享權限設定 **未分享** 即可。)

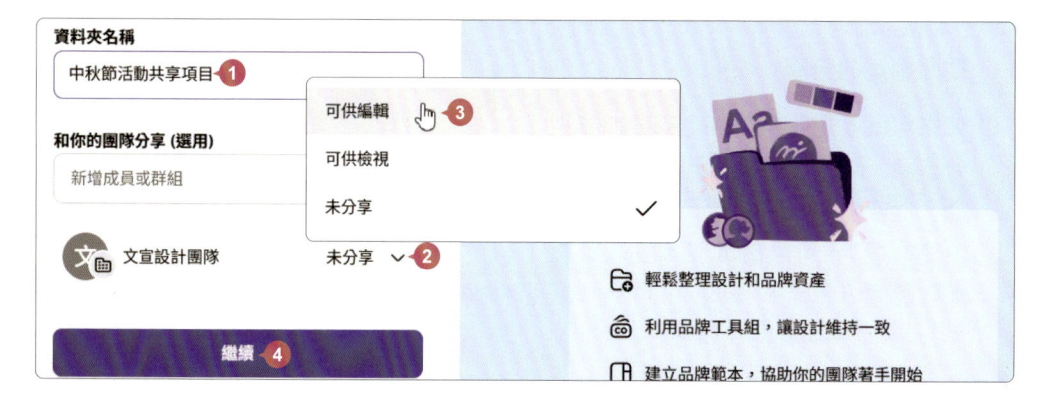

10-18

STEP 04 完成資料夾建立與分享權限設定後，選按資料夾進入，選按 **新增設計** 鈕可將目前已建立的專案移至此資料夾中，與團隊分享；選按 **建立設計** 鈕可直接在資料夾中建立新專案。

團隊成員若要查看此已分享的資料夾，於首頁選按 **專案**，上方檢視條件左欄選取 **與你分享**，即可看到分享的資料夾。

小提示

分享原有的自訂資料夾

如果要分享已建立的資料夾，於首頁選單選按 **專案 \ 資料夾** 標籤，資料夾名稱右側選按 ⋯ \ 🔗 **分享**，新增要分享的成員或群組後，使用者名稱右側設定合適的分享對象與權限即可。

10-19

Tip 12 建立品牌工具組

品牌工具組包含了品牌標誌、品牌顏色、品牌字型...等項目，利用這些內容可以讓整個團隊的設計維持一致的品牌形象。

Canva Pro、Canva 團隊版和 Canva 教育版的使用者可以建立品牌工具組，品牌工具組可建立並管理多達 100 個不同的品牌；團隊版中，只有 "擁有者"、"管理員"、"品牌設計師" 角色可以設定和編輯團隊的品牌工具組。

品牌標誌與顏色

STEP 01 於 Canva 首頁選單選按 **品牌 \ 品牌工具組**，初次使用選按右側 **品牌工具組**。(之後如欲新增，可於右上角選按 **新增項目** 鈕。)

STEP 02 於 **標誌** 項目下方選按 開啟對話方塊，選取欲上傳的品牌標誌檔案，在 **顏色** 項目中就會自動辨識並產生標誌的基礎配色，右上角選按 **保留** 即可。

10-20

品牌自訂主題顏色

品牌顏色除了標誌上主要使用的顏色外，通常還會搭配一組輔助色。這些輔助色不會搶走主色的視覺焦點，而是用來豐富整體的視覺層次，並區分不同的應用情境，讓設計更靈活、多變，同時保持整體一致性。

STEP 01 於 **顏色** 右側選按 **+ 新增項目 \ 新增調色盤 \ + 新增自訂調色盤**。

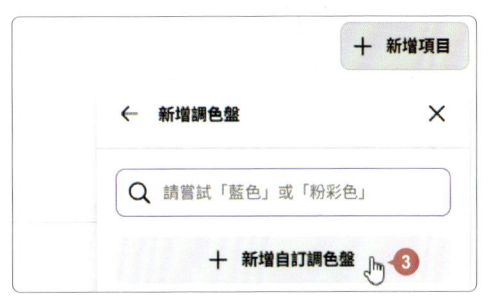

STEP 02 選按 **顏色調色盤** 項目可變更名稱，接著選按 🎨 **新增顏色**，於 **單色** 標籤先拖曳下方滑桿至欲使用的顏色區域，再拖曳上方的明度、彩度控點取得正確的色彩。(也可以直接於下方欄位輸入色碼)。

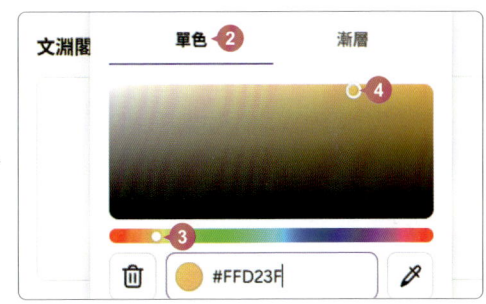

STEP 03 顏色下方選按 ✏️，輸入顏色名稱，再按 Enter 鍵完成命名，依相同方法，將常會運用到的顏色新增至 **顏色調色盤**，再分別完成命名。

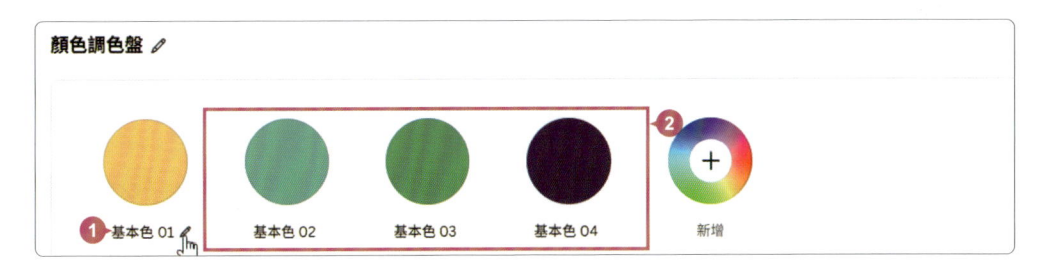

10-21

STEP 04 最後，於 **顏色** 項目右側選按 **新增項目 \ 新增準則**，輸入品牌顏色的使用規範說明，再選按 **儲存** 鈕，可以讓團隊成員在設計專案時遵循該準則。

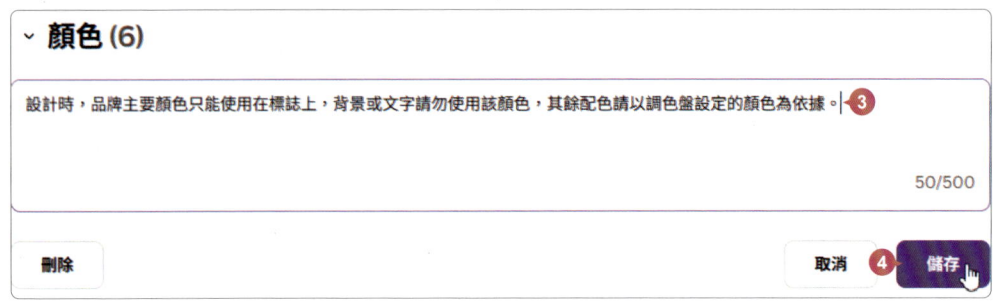

品牌字型

STEP 01 於 **字型** 項目下方，選按字型樣式名稱，在此先選按 "主題"，設定欲使用的字型，再設定預設的標題類型、尺寸或其他格式，確認樣式名稱 (在此維持 **主題** 名稱)，選按 ☑ 儲存設定。

10-22

STEP 02 依相同方法，分別完成會使用到的其他字型樣式設定 (除上述樣式外，尚有副主題、標題、副標題、區段標頭...等八種文字樣式。)。

```
副標題

區段標頭

引文

說明文字
```

小提示

上傳字型

Canva 支援 OTF、TTF、WOFF 副檔名的字型檔，如果所擁有的字型有購買嵌入授權，即可將該字型上傳至 Canva，這樣在設定品牌字型時，清單中即可選擇該字型運用；另外每個品牌工具組最多可以上傳 500 個字型。

```
                                           ＋ 新增項目 ①

主題                           新增項目            ✕

                              aA  新增文字樣式      ＞

副標題                         ☁  上傳字型  ②
```

品牌口吻

在品牌工具組設定品牌口吻，可以協助團隊成員於使用 AI 寫作小幫手 **魔法文案工具** 時，以品牌口吻為準則，輕鬆建立符合品牌形象的文案。

STEP 01 於 **品牌口吻** 項目下方選按 **新增品牌口吻** 鈕。

```
∨ 品牌口吻

    ＋
  新增品牌口吻
```

10-23

STEP 02 欄位中輸入品牌形象的說明或是起源、理念、願景...等基礎內容，完成後選按 **儲存** 鈕即完成品牌口吻的設定。

```
品牌口吻寫作準則

常常聽到很多讀者跟我們說：我就是看你們的書學會用電腦的。
是的！這就是寫書的出發點和原動力，想讓每個讀者都能看我們的書跟上軟體的腳步，讓軟體不只是軟體，而是提昇個人效率的工具。
文淵閣工作室創立於 1987 年，創會成員鄧文淵、李淑玲在學習電腦的過程中，就像每個剛開始接觸電腦的你一樣碰到了很多問題，因此決定整合自身的編輯、教學經驗及新生代的高手群，陸續推出「快快樂樂全系列」電腦叢書，冀望以輕鬆、深入淺出的筆觸、詳細的圖說，解決電腦學習者的徬徨無助，並搭配相關網站服務讀者。
隨著時代的進步與讀者的...作室網站或使用電子郵件與我們聯絡。

349/500

描述品牌的獨特個性，以及你與受眾溝通的方式。品牌口吻是吸引人們目光、建立聯繫並贏得信任的重要途徑。例如：「我們的口吻充滿自信、隨性且友善」。

刪除                                              取消    儲存
```

🟢 小提示

利用魔法文案工具建立文案

建立好品牌口吻後，未來在設計專案時，至側邊欄 **品牌**，**品牌口吻** 項目中選按 **產生符合品牌口吻的文字** 鈕，**品牌工具組** 對話框輸入文案描述，選按 **產生** 鈕，即可產生符合品牌形象的文案。

10-24

品牌照片、圖像、圖示

在品牌工具組上傳常會使用的照片、圖像或是圖示，方便團隊成員在設計專案時快速取用。(由於操作上一致，以下將以新增品牌照片示範說明。)

STEP 01 於 **照片** 項目下方選按 開啟對話方塊，選取欲上傳的照片檔案，選按 **開啟** 鈕。

STEP 02 上傳完成後，再為品牌照片重新命名即完成。

小提示

我已訂閱 Canva Pro，可以與朋友一起共用品牌工具組嗎？

想要與朋友一起共用品牌工具組，必須透過團隊的方式，如果你是訂閱 **Pro 版**，當欲建立團隊加入好友時，Canva 會提示你必須升級為 **團隊版** 才可以加入其他成員並共用品牌工具組；如果未升級為團隊版，就算是透過分享方式將已套用品牌工具組的專案分享給朋友，對方也無法使用你所建立的品牌工具組。

10-25

Tip 13 建立品牌範本與套用

社群貼文或是品牌形象文宣，大多會使用風格一致的設計或是固定元素，使用品牌範本來建立專案，可以有效提升團隊的工作效率。

建立品牌範本並設定核准權限

STEP 01 於 Canva 首頁選單選按 **品牌 \ 品牌範本**，初次使用於畫面中選按 **建立品牌範本** 鈕 (後續使用可選按右上角的 **新增項目** 鈕)。(團隊中只有角色為 **團隊擁有者**、**團隊管理員**、**團隊品牌設計師** 才可以建立品牌範本。)

STEP 02 清單中選按欲建立範本的格式，完成範本設計與命名後，畫面右上角選按 **發佈為品牌範本** 鈕。

10-26

STEP 03 設定分享對象，預設為團隊成員，也可以只分享給特定成員，再設定資料夾位置 (建立資料夾方式可參考 P10-18)，核選相關設定，最後選按 **發佈並關閉** 鈕即完成。

(可將以此範本製作的設計送交核准 項目，需啟用 P10-28 的 **設計核准** 功能後，才能核選。)

小提示

將既有的專案轉換為品牌範本

開啟專案後，畫面右上角選按 **分享** 鈕，再選按 **品牌範本** (或於 **查看全部** 中選按)，依相同操作方法設定，再選按 **發佈** 鈕即可。

套用品牌範本

開啟專案後，至側邊欄 **品牌**，**品牌範本** 項目中選按範本縮圖即可套用。(如果是多頁式範本，選按 **套用全部 * 個頁面** 鈕。)

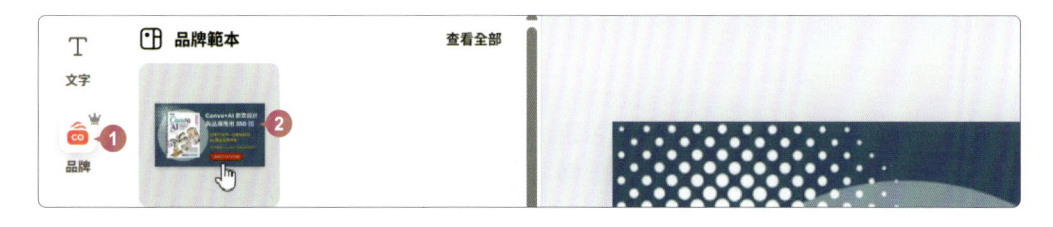

或於首頁選單選按 **品牌 \ 品牌範本**，右側清單選按欲使用的範本縮圖，再選按 **使用這個品牌範本** 鈕，即可依該品牌範本建立新專案。

10-27

Tip 14 品牌範本建立的設計需核准才可分享、下載

管理員可以啟用設計核准功能，每一位團隊成員使用品牌範本建立設計後，都需透過管理員確認，才可以分享或下載設計，以維持品牌一致的形象。

啟用核准功能

STEP 01 切換至團隊，於 Canva 首頁選單選按 **品牌 \ 品牌控制**。

STEP 02 於 **工具和協助 \ 設計核准** 右側按一下左鍵呈 開啟該功能，再選按 開啟對話方塊。

STEP 03 於 **成員** 標籤選按 **誰可獲指派審查設計？** 右側清單鈕，再選按 **僅限管理員和品牌設計師**。

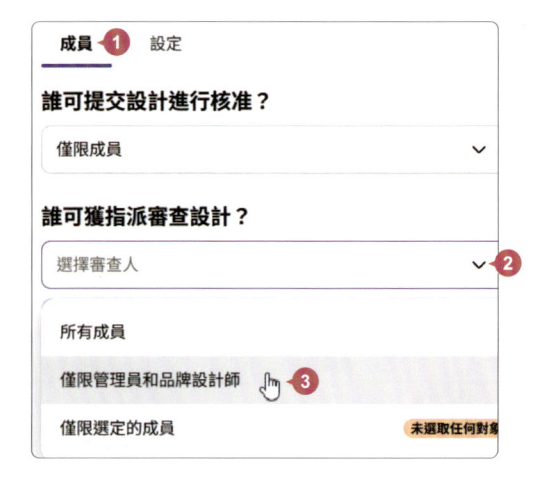

10-28

STEP 04 於 **設定** 標籤核選 **哪些設計得先跑核准程序？** 及 **發佈前必須先獲得核准嗎？**，再選按對話方塊右上角 ❌ 關閉，完成設定。

(核選 **僅限從指定品牌範本建立的設計** 即為 P10-27 所建立品牌範本時核選了 **可將以此範本製作的設計送交核准** 的範本；若在此處核選 **所有設計** 則團隊成員完成的所有設計均需核准才能分享、下載。)

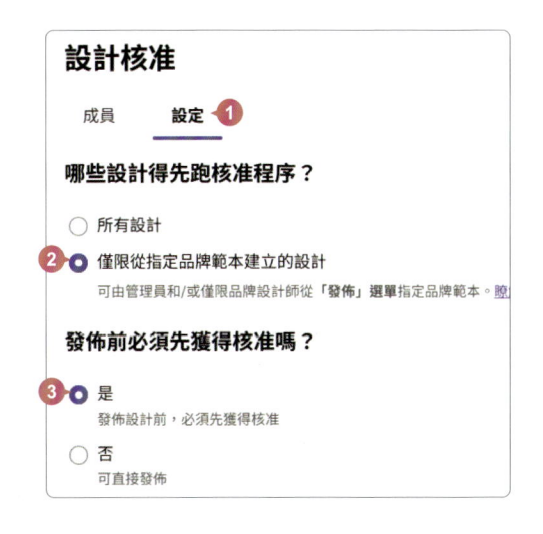

提交專案設計核准

當團隊成員完成品牌範本建立的專案設計後，需要先提交核准確認才能分享專案。

STEP 01 成員開啟以品牌範本建立的專案設計，畫面右上角選按 **提出核准要求** 鈕，於 **選擇審查人** 選擇負責的人員名稱，選按 📅 設定 **設定到期日**，再於 **新增備註** 欄位中輸入專案相關說明，選按 **提出核准要求** 鈕。

STEP 02 審查人會於 Canva 首頁左上角會收到通知 🔔 (同時間也會收到電子郵件的通知)，再選按該通知開啟專案。

10-29

STEP 03 審查人可以直接進行即時編輯或是新增評論 (如同團隊協作作業)，確認完成後，於畫面右上角選按 **正在等待檢視** 鈕，輸入訊息文字，再選按 **核准** 鈕即完成。

(審查人也可以提供意見後，選按 **要求變更** 鈕將訊息回傳，提交成員依意見修改專案內容，然後重新選按 **提出核准要求** 鈕再次提交。)

STEP 04 當專案設計通過審查後，提交成員即可透過訊息或電子郵件直接開啟，完成分享、下載。(通過核准的專案設計會被鎖定，如果要變更內容，須選按 **繼續編輯**，編輯後再依相同方法提交核准要求。)

10-30

Tip 15 建立網站設計專案

Canva 預設有許多不同類別的網站範本，可挑選符合的項目直接開啟使用，快速完成網頁配色與文字設定。

以下示範以範本建立網站設計專案：

STEP 01　Canva 首頁上方，選按 **顯示更多**，在 **建立設計** 選按 **網站**，再選按合適的項目建立此類型的空白設計 (在此示範 **零售網站** 類型)。(選按右側 ▷ 鈕可以展開更多選項)

STEP 02　側邊欄 **設計** 會顯示 "零售網站" 相關的 **範本** 清單，選按合適範本，進入範本會看到相關的版型設計。

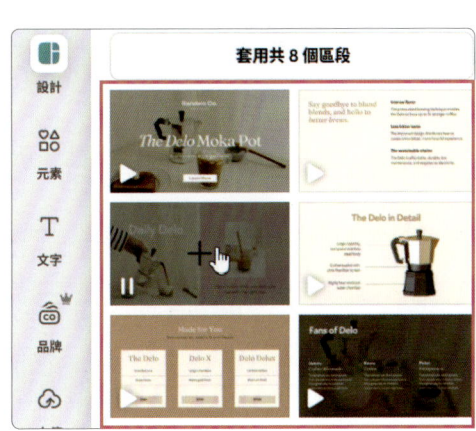

10-31

STEP 03 選按合適的版面配置即可插入至頁面區段。

STEP 04 接著於下方選按 **新增區段**，在第 1 頁下方新增一空白區段，至側邊欄 **設計** 選按另一個合適的版面配置插入至頁面第 2 個區段。

STEP 05 於頁面縮圖選按 **+ 新增頁面**，新增第 2 頁。

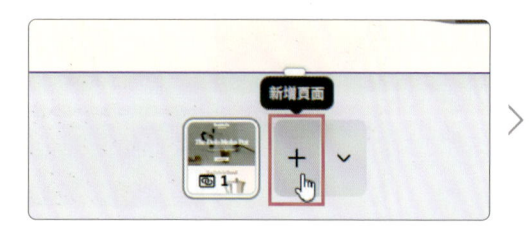

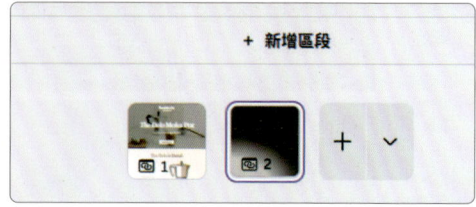

10-32

STEP 06 依相同操作方法,分別在第 2 頁中插入 3 個頁面區段,再新增第 3 頁並插入 3 個頁面區段。

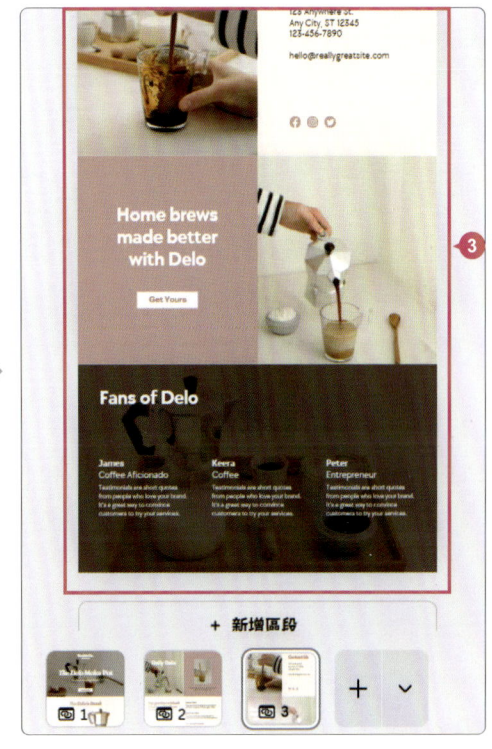

小提示

頁面與區段

每個頁面都代表網站的一個獨立部分,例如首頁、關於我們、聯絡我們...等頁面,可以為每個頁面設定標題,並顯示在導覽選單中。區段則是頁面內的內容區塊,例如:標題區、圖片區或文字區...等。可以在同一頁面中加入多個區段,靈活設計各種不同類型的內容。目前一個網站最多可以新增 45 個頁面,而每個頁面最多可以新增 10 個區段。

頁面縮圖

設計網站專案時,若沒看到下方的頁面縮圖,可於右下角選按 🖥 **頁面** 即可開啟。

Tip 16 網站設計跨平台預覽及調整

發佈網站前得先預覽一下，針對跨平台不同畫面比例，調整網頁配置，優化視覺設計。

為頁面命名設定導覽選單名稱

STEP 01 頁面清單第 1 頁縮圖上按一下滑鼠右鍵，再選按 ✏️ 。

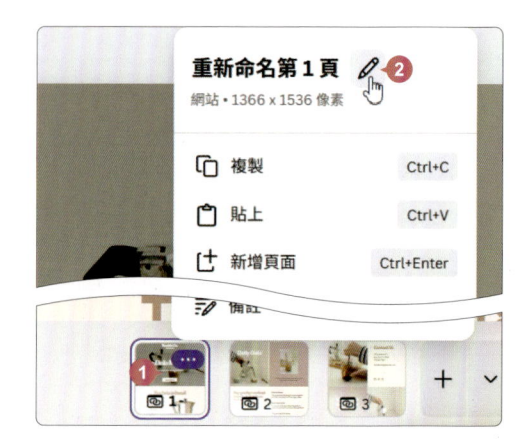

STEP 02 輸入「home」，再按 Enter 鍵，完成該頁頁面標題新增，依相同操作方法，參考下圖修改第 2、3 頁的頁面標題。

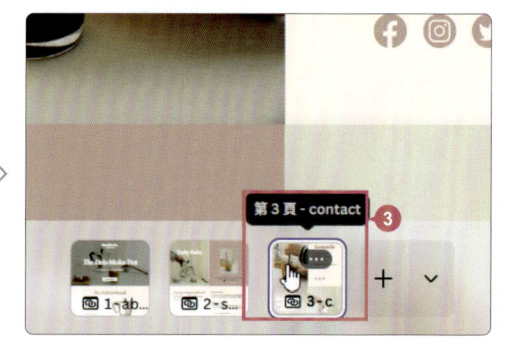

10-34

以電腦或行動裝置模式預覽網站

STEP 01 開啟網站設計專案，畫面右上角選按 **預覽**。(初次預覽會以桌上型電腦模式顯示)

STEP 02 畫面中會出現一個虛擬瀏覽器顯示網頁內容，可依習慣的方式瀏覽與測試；透過下方核選 **包含導覽選單** 的設定，切換顯示或不顯示導覽選單。(導覽列即畫面最上方的各頁選單按鈕，若有指定頁面標題即會出現在此，可參考上一頁說明。)

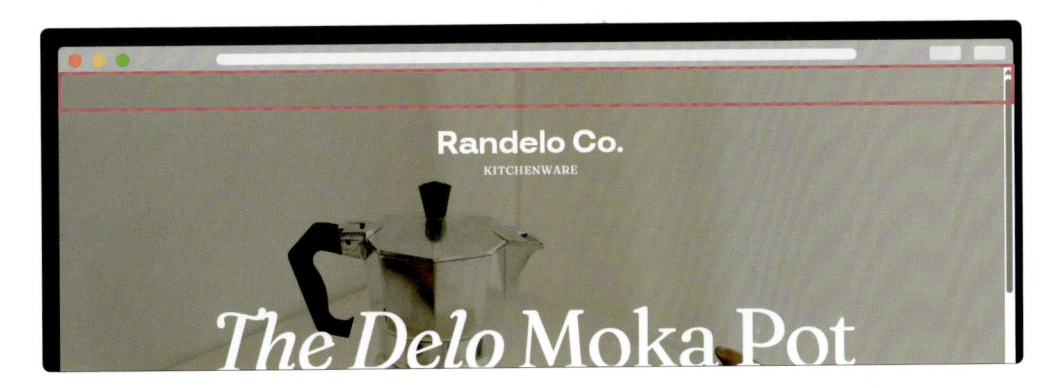

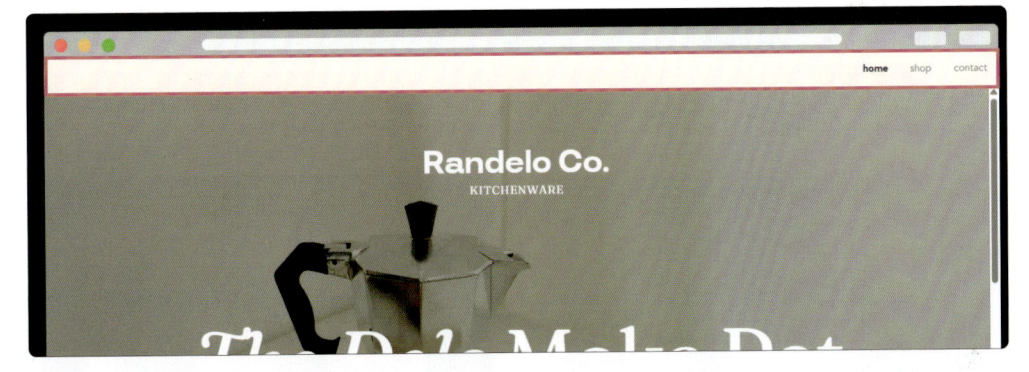

STEP 03 畫面右上角選按 🖥 ，即可切換為行動裝置模式預覽網頁內容；再選按 🖥 則可切換回桌上型電腦預覽模式。

跨平台版面調整

STEP 01 使用行動裝置預覽時，可以看到頁面最上方的文字尺寸有些大，位置也不甚理想，於畫面左上角選按 **關閉** 結束預覽模式。

STEP 02 於第 1 頁選取如圖文字方塊，將字型尺寸縮小並稍微向上拖曳，完成後右上角選按 **預覽** 鈕，再於行動裝置模式預覽網頁，即可看到調整後的結果；最後依相同方法調整各頁的元素或文字方塊，完成跨平台版面調整。

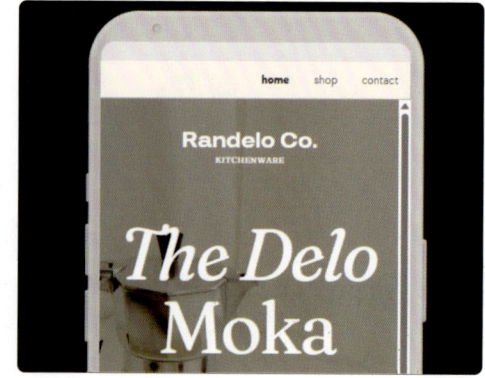

10-36

Tip 17 將網站發佈至免費網域

將網站專案發佈至網域,才能於瀏覽器上瀏覽並與朋友分享;首次使用可試著將網站發佈至免費 Canva 網域。

STEP 01 開啟網站設計專案,畫面右上角選按 **發佈網站** 鈕,首次發佈網站,會要求為網域命名 (若名稱與其他使用者的相同會出現 "此 URL 無法使用" 的訊息;此外,名稱僅能輸入小寫、英文字母、數字與連字號),完成後先選按 **設定** 鈕。

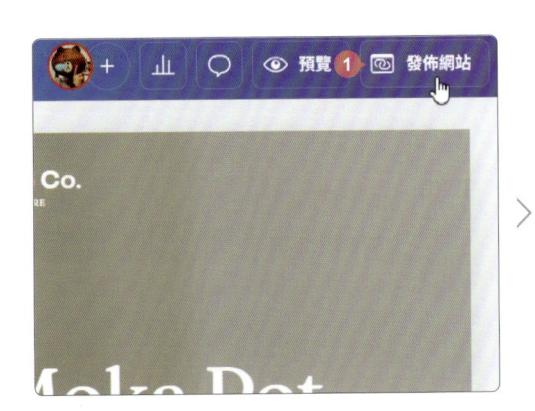

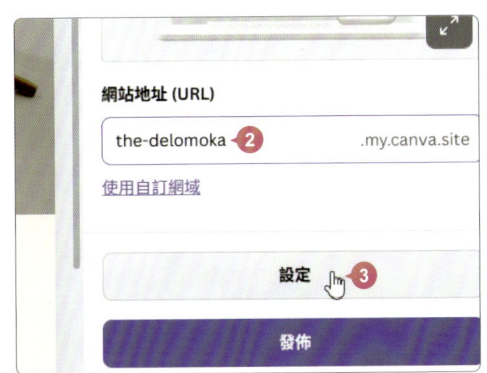

STEP 02 接著可為網站設定圖示與網站標題,再於 **說明** 欄位中輸入網頁說明文字,再依需求核選下方進階設定項目。

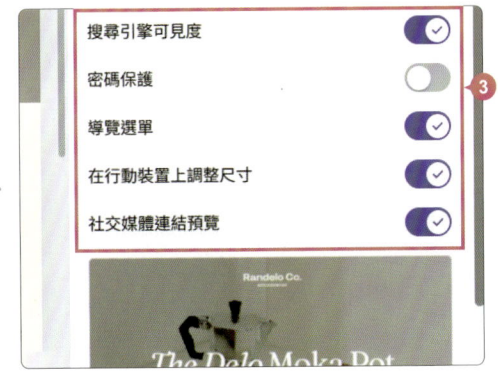

進階設定項目可參考以下說明:

- 🟠 **搜尋引擎可見度**:預設為未啟用狀態,若想被網站搜尋引擎收錄,可於右側 ⚪ 上按一下左鍵,呈 ✅ 狀,即可啟用此功能。

職場力 10 團隊協作、品牌與網站管理

10-37

- **密碼保護**：若為私密網站，可於右側 ⬜ 上按一下左鍵，呈 🔘 狀，即可啟用網站密碼保護，之後訪客若要檢視你的網站，就必須輸入所設定的密碼才可以瀏覽。(若開啟此設定，則 **搜尋引擎可見度** 與 **社交媒體連結預覽** 無法開啟設定。)

- **導覽選單**：預設為未啟用狀態，若要在網站顯示導覽選單，於右側 ⬜ 上按一下左鍵，呈 🔘 狀啟用。

- **在行動裝置上調整尺寸**：預設為啟用狀態，讓網站在手機或平板...等行動裝置上自動調整版面，確保內容不會跑版、字體和圖片都能清楚顯示。

- **社交媒體連結預覽**：預設為未啟用狀態，在社群平台上分享網站連結時會顯示的方式，若想替換封面圖片，只要將滑鼠指標移至封面圖片上，選按 ⬆ ，再上傳欲替換的圖片即可。

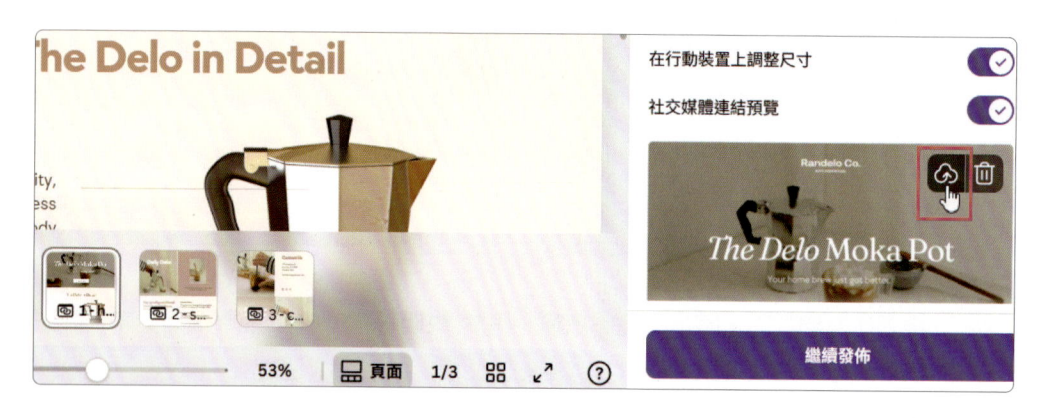

STEP 03 完成以上步驟的設定，選按 **繼續發佈** 鈕，再選按 **發佈** 鈕完成發佈。

10-38

Tip 18 將網站發佈至透過 Canva 購買的新網域

Canva 免費網域會冠上預設的名稱，如果想讓網址看起來更具專業品牌形象，可以透過 Canva 付費購買網域。

STEP 01 開啟網站設計專案，畫面右上角選按 **發佈網站** 鈕。

STEP 02 若是初次發佈並尚未領取免費網域，於 **網站地址** 下方選按 **使用自訂網域**；若已操作過 Tip17，則需選按 ✏️，再選按 **取得新網域**。

STEP 03 選按 **購買新網域**，再選按 **繼續** 鈕，於 **取得新網域** 欄位輸入欲使用的名稱，再選按 **搜尋網域** 鈕，下方即會顯示相關的網域名稱及價格，於欲購買的網域名稱右側選按 **領取網域** 鈕。(搜尋結果中如未出現輸入的名稱，表示該名稱已被使用。)

10-39

STEP 04 接著要登記詳細資訊，依序輸入名字、姓氏、電子郵件、居住地…等相關資料，再選按 **儲存** 鈕。(所有內容皆須以英文字母及數字輸入)

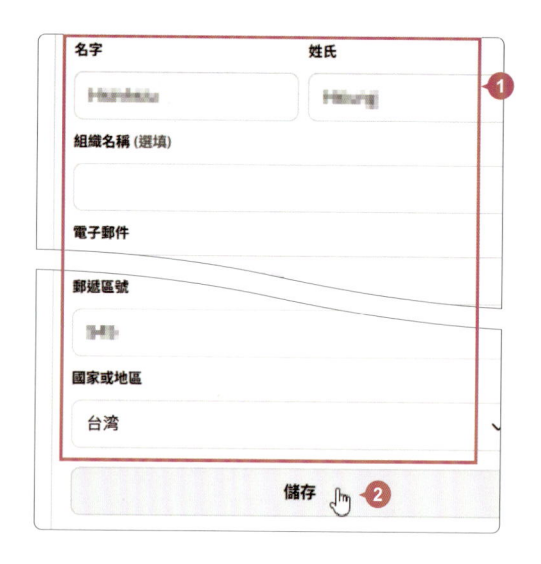

STEP 05 最後選擇付款方式 (信用卡或 PayPal)，輸入相關資料，選按 **送出訂單** 鈕，再選按 **驗證** 鈕 (會開啟驗證信用卡的步驟)，這樣即完成網域的購買，最後選擇已購買的網域，完成子路徑名稱及相關設定，選按 **發佈** 鈕完成發佈。

小提示

驗證網域

透過 Canva 所購買的網域，在完成購程序後，會使用電子郵件寄送一封驗證網域的連結，收取後選按 **Check and Verifty** 鈕開啟瀏覽器，再選按 **Verify Niformation** 鈕驗證之後將在 15 分鐘至 72 小時內開放使用，請務必在購買網域後的 15 天內完成此操作，否則網域將會遭停用。

10-40

Tip 19 將網站發佈至自己購買的網域

Canva 無法代購 .tw 的網域名稱，可以透過中華電信、遠傳 FET、網路中文...等其他平台註冊購買 .com.tw 或是 .tw 的網域名稱。

若自己或公司已有付費購買網域，在升級為 Canva Pro 或團隊版後，可以連接至已購買的網域。

STEP 01 開啟網站設計專案，畫面右上角選按 **發佈網站** 鈕，選按 **使用自訂網域** (若已操作過 Tip17，則選按 ✏ \ **取得新網域**。)

STEP 02 選按 **使用自有網域** 項目，選按 **繼續** 鈕，接著輸入向其他公司購買的網域名稱，再選按 **繼續** 鈕。

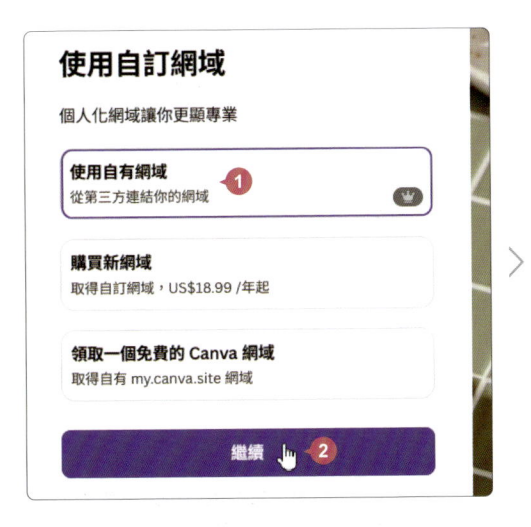

10-41

(以下操作需要配合 DNS 設定，不同網域供應商都有自己更新 DNS 記錄方式，流程可能有所差異，如果操作上遇到問題時，可以向網域供應商尋求協助，或是由公司的資訊管理員來操作此部分設定。)

STEP 03 接著要更新 DNS 記錄，選按 **檢視步驟** 鈕。

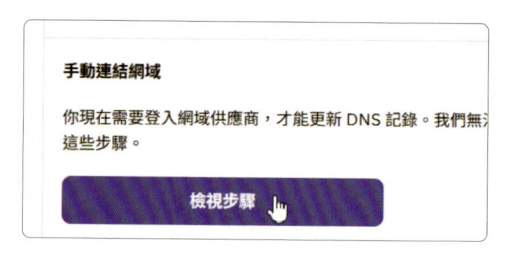

STEP 04 依序分別完成 **新增一筆 A 記錄，將網域連結至 Canva**、**新增一筆 A 記錄，將子網域連結至 Canva**、**新增一筆 TXT 記錄以驗證網域擁有權** 的設定，再選按 **我已更新自己的 DNS 記錄** 鈕。(接著會跳出一對話框，說明 DNS 記錄設定非即更新，完成後會收到電子郵件的通知，再選按 **開始設計** 鈕即完成。)

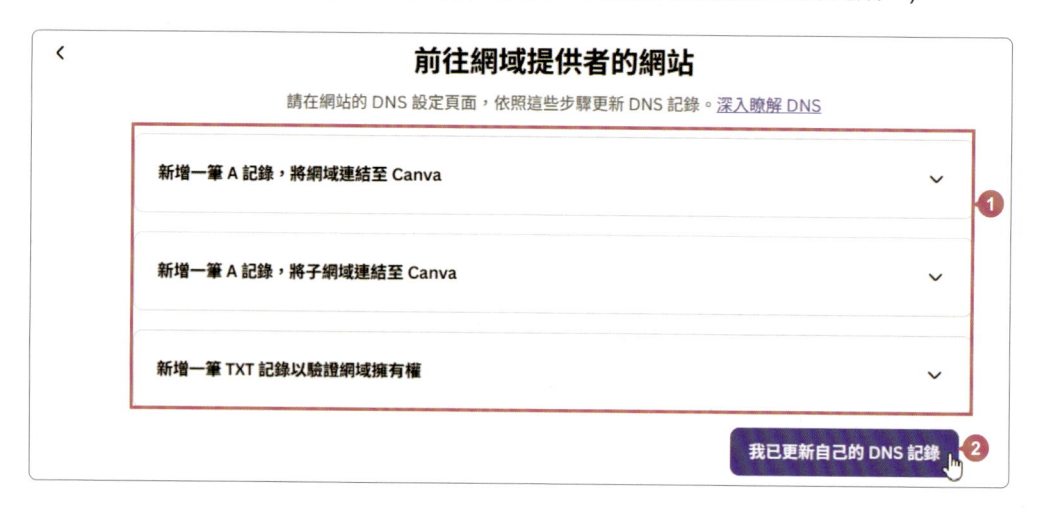

STEP 05 輸入子路徑名稱，選按 **完成**，再選按 **設定** 鈕完成進階設定 (可參考 P10-37 說明)，完成以上步驟，再選按 **發佈** 鈕完成發佈。

(Canva Pro 與團隊版的使用者，最多可以連結 5 個現有的網域，可參考 P10-44 操作說明來管理已發佈的網域。)

Tip 20 取消已發佈的網站

想關閉已發佈的網站,可在 Canva 中取消發佈狀態,該網址即會失效,其他人就無法再造訪該網站。

STEP 01 開啟要取消發佈的網站專案,畫面右上角選按 **發佈網站 \ 設定** 鈕,再選按 **取消發佈** 鈕。

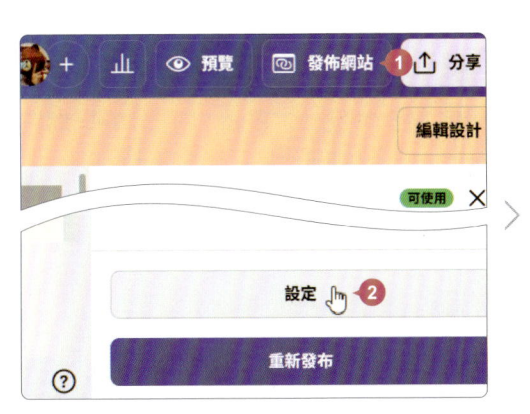

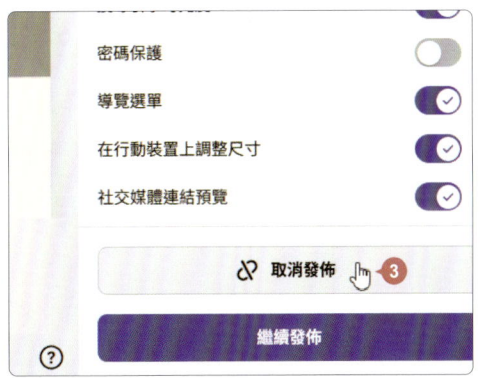

STEP 02 選按 **取消發佈網站** 鈕即可取消。

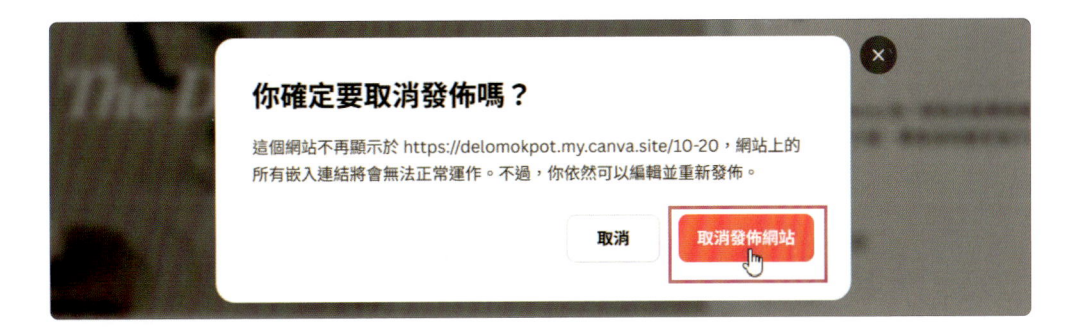

小提示

重新發佈網站

之後如果想再重新發佈網站,只要依 P10-37~38 的操作方式即可再重新發佈,但會延用原本已設定好的網域名稱,如需變更網域名稱可參考下一頁的說明。)

Tip 21　管理發佈的網域

不管是變更免費網域的名稱，或是要取消續訂網域，都可以透過 Canva 的網域管理來維護。

Canva 免費網域名稱的變更或移除

Canva 免費網域名稱可因應品牌或網頁內容變更相對應的名稱，或是刪除已不再使用的免費網域 (免費版的網域最多可設有 5 個上線網站)。

STEP 01　Canva 首頁左下角選按帳號頭像 \ ⚙ **設定** 進入帳號設定畫面，選按 **Web 網域** 開啟網域管理的畫面。

STEP 02　於要變更免費網域名稱的項目右側，選按 **檢視** 鈕。

10-44

STEP 03 選按 **編輯** 鈕,再輸入欲變更的名稱,選按 **儲存** \ **確認** 鈕 \ **確認** 鈕即完成。(網域名稱變更後,設計轉移到新網域期間,你的網站可能會離線幾分鐘。)

STEP 04 若是不想再使用此組免費網域,可於該網域的檢視畫面中選按 **移除** 鈕,再選按 **移除網域** 鈕即可。

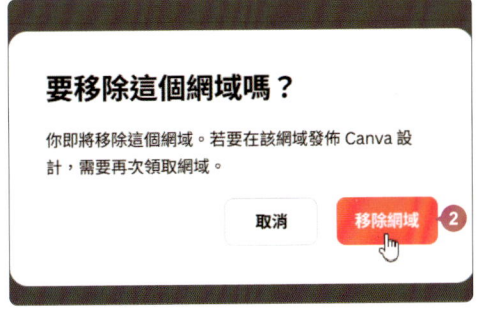

取消 Canva 代購網域自動續訂

透過 Canva 購買的網域,預設為每年自動續訂,如果不想再使用,可以將自動續訂功能關閉。

STEP 01 Canva 首頁左下角選按帳號頭像 \ **設定** 進入帳號設定畫面,選按 **Web 網域** 開啟網域管理的畫面,於要取消自動續訂的網域名稱右側選按 **檢視** 鈕。

10-45

STEP 02 將滑鼠指標移至 **網域註冊** 右側 自動續訂開啟 上按一下左鍵，呈 自動續訂關閉，這樣即可取消自動續訂的功能。

管理第三方網域

在 P10-41 所操作的設定即為第三方網域，透過 **網域** 管理畫面，可以檢視 DNS 設定記錄值相關資訊，如果不再使用此網域也可以在此中斷連結。

STEP 01 切換至團隊，Canva 首頁左下角選按帳號頭像＼設定 進入帳號設定畫面，選按 **Web 網域** 開啟網域管理的畫面，於要管理的第三方網域名稱右側選按 **檢視** 鈕。

STEP 02 於檢視畫面中選按 **移除＼移除網域** 鈕，就可以讓此網域連接失效；畫面下方則是顯示 **DNS 設定** 的各項記錄值相關資訊。

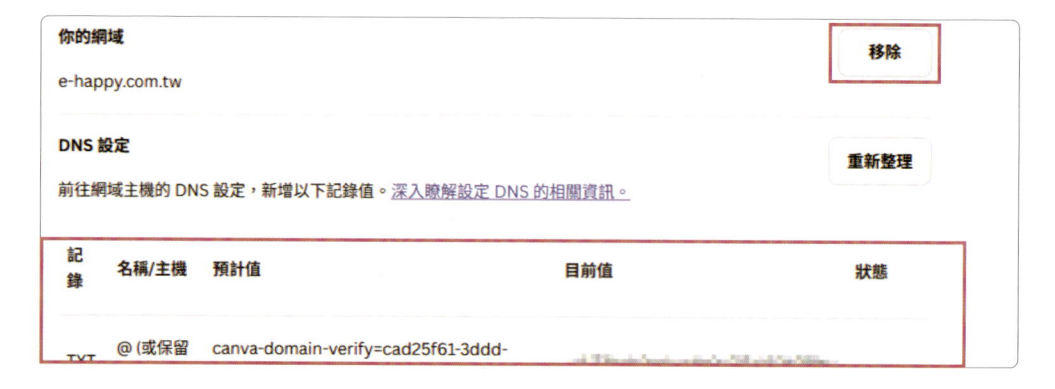

Tip 22 管理發佈的網站

不管是變更免費網域的名稱,或是要取消續訂網域,都可以透過 Canva 的網域管理來維護。

STEP 01 Canva 首頁左下角選按帳號頭像 \ ⚙ **設定** 進入帳號設定畫面,選按 **Web 網域** 開啟網域管理的畫面。

STEP 02 在已發佈的網域名稱右側選按 **檢視** 鈕,進入管理畫面後即可看到已發佈的網站。

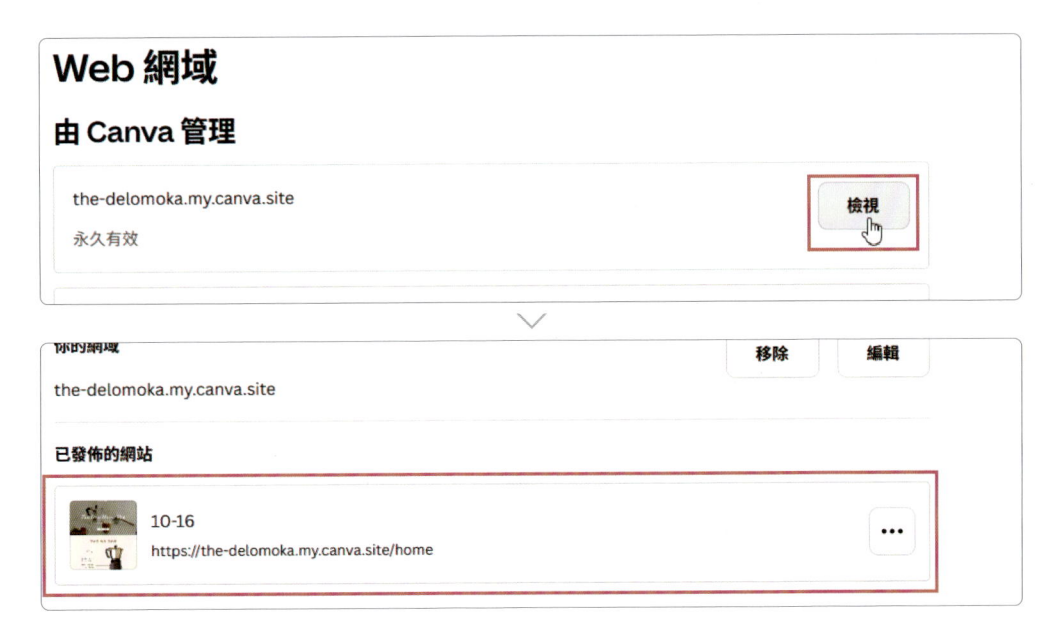

10-47

STEP 03 於右側選按 ⋯，選單中可選按 **取消發佈**、**編輯設計**、**查看網站** 及 **複製連結**，在此要調整網站內容，選按 **編輯設計**。

STEP 04 接著就會開啟該網站專案，已發佈的網站會呈鎖定設計狀態，於右上角先選按 **編輯設計** 鈕啟用編輯功能，完成調整後，右上角選按 **發佈網站** 鈕，再選按 **重新發布** 鈕即可。

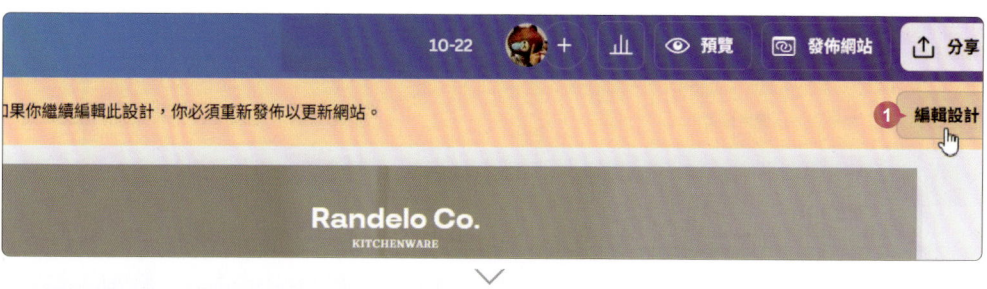

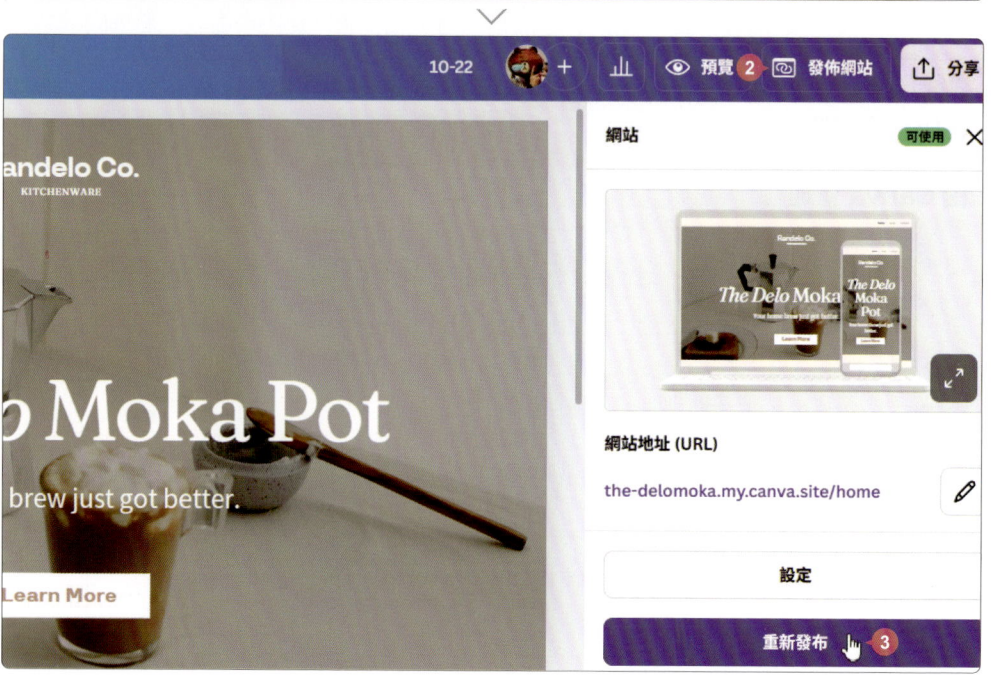

10-48

Tip 23 Canva 網站數據分析

已經發佈的網站，Canva 會記錄網站的瀏覽數、流量以及互動率...等相關資訊，可以透過這些數據分析，加強網站的營運或是內容補強。

STEP 01 開啟已發佈的網站專案，於編輯畫面上方選按 ⛰ 開啟 **分析資料** 面板，於 **活動** 選按 **造訪次數**，可查看共同協作成員造訪此設計的成效如何；選按 **投票和測驗回應**，則可建立投票或測驗，瞭解共同協作成員的回饋。

STEP 02 於 **外部流量** 選按 **公開檢視連結**，可查看網站公開後的造訪人數；選按 **社群媒體**，可直接將設計分享至指定的社群平台，並取得分析；選按 **網站**，則可查看至發佈後，總共被造訪的次數，並詳細列出國家或地區、裝置數、流量來源...等資訊。

10-49

Canva+AI 創意設計與品牌應用
300 招(第 2 版)：從商業技巧、社
群祕技到 AI 圖文影音特效

作　　　者：文淵閣工作室 編著 / 鄧君如 總監製
企劃編輯：王建賀
文字編輯：江雅鈴
設計裝幀：張寶莉
發　行　人：廖文良

發　行　所：碁峯資訊股份有限公司
地　　　址：台北市南港區三重路 66 號 7 樓之 6
電　　　話：(02)2788-2408
傳　　　真：(02)8192-4333
網　　　站：www.gotop.com.tw
書　　　號：ACU088100
版　　　次：2025 年 08 月二版
建議售價：NT$560

商標聲明：本書所引用之國內外
公司各商標、商品名稱、網站畫
面，其權利分屬合法註冊公司所
有，絕無侵權之意，特此聲明。

版權聲明：本著作物內容僅授權
合法持有本書之讀者學習所用，
非經本書作者或碁峯資訊股份有
限公司正式授權，不得以任何形
式複製、抄襲、轉載或透過網路
散佈其內容。
版權所有‧翻印必究

本書是根據寫作當時的資料撰寫
而成，日後若因資料更新導致與
書籍內容有所差異，敬請見諒。
若是軟、硬體問題，請您直接與
軟、硬體廠商聯絡。

國家圖書館出版品預行編目資料

Canva+AI 創意設計與品牌應用 300 招：從商業技巧、社群祕技
到 AI 圖文影音特效 / 文淵閣工作室編著. -- 二版. -- 臺北市：
碁峯資訊, 2025.08
　　面；　公分
ISBN 978-626-425-143-3(平裝)

1.CST：多媒體　2.CST：數位影像處理　3.CST：人工智慧
4.CST：平面設計
312.837　　　　　　　　　　　　　　　　　　114010545